ALTARS
OF
MADNESS

A BOOK OF PSYCHOSIS INDUCING PUZZLES
BY
Inside the Castle

This is a book, and like all **Inside the Castle** books it is our expectation that the onus of its ultimate completion lies on you, the reader. Never has this been more true than in **Altars of Madness**. The pages are achingly incomplete. The scenario is itchy. The reader is physically uncomfortable without attempting to engage the book.

How does the reader engage? It should be quite obvious. The 100 puzzles in this book are identical grids of 1025 randomly numbered dots. As you have done since childhood, your task is to connect those dots in sequence with straight lines. It is as simple as that. We do not know what a finished puzzle looks like. How could we? We've never read one of our own books. It's not time to start now. We simply lay the trap, meticulously, methodically, mechanically.

We do however have some recommendations as to your toolkit. Due to the density of the dot grid, and with the knowledge that lines will be crossing over the number annotations as they head for their destinations, a very fine pen is probably wise. We are fans of Pentel's "Slicci", a high quality roller-ball type pen whose lineweight is a striking .25mm thickness. We also recommend using a drafting triangle, preferably one with an "inking edge." The longest possible line you would have to draw is approximately 11.65", so the hypotenuse of an 11" 30/60/90 triangle would do the job. A 10 incher would come up just shy. Blame Pythagoras. Freehanding these lines seems like it would lead to chaos, but you might like that, and what is done with our books is not remotely our problem.

As far as our end of the book is concerned, it was inspired by magazines seen at the grocery store touting "tens of thousands of dots," in which adults were supposed to spend their precious free time struggling toward completed drawings of puppies and place settings. Feel sorry for those people, as we did, at your own peril. Through some inescapable musings we arrived at the concept found in **Altars of Madness**. Then came the technical challenges. Creating 102,500 randomly numbered dots manually sounds like a challenge **Inside the Castle** would be up to, but in this case the joy was found in discovering a methodology to automate the process. Our fear that we would never complete the project was coupled with the fear that the manually numbered dots would, to quote Hannibal Lecter, appear "desperately random." We arrived on using a parametric modeling plug-in for the 3D modeling software, Rhinoceros. This plug-in, called Grasshopper, allows the user to string together commands and anchor those commands to data sets. In our case the data set was the centerpoints of the dots in the grid, which were established by using the "array" command in Rhino, and then established as the raw materials for our Grasshopper code. With those centerpoints we asked Grasshopper first to draw circles around them, and then create a solid hatch within those circles. Next we asked Grasshopper to count the dots, thus creating a numerical data set. Then that number set was given a random order with Grasshopper's "jitter" command. This jitter command has a "seed" input for which we created a floating point integer slider numbered from 1-100 so that each puzzle could have its own randomizing seed. Finally this randomized number set was sent to something called a "tag", which is basically an annotation, that was located in relation to each dot by placing it adjacent to the centerpoints of the original dot grid. It took about 8 months of procrastination and mulling to crack this system. Once we did, the whole book was done in a matter of hours. For you however, the suffering will be legendary, even by **Inside the Castle** standards.

This shit was made by John Trefry, with the most intense devotion to **Inside the Castle**. The minimal text of the book, like these notes, are set in Tablet Gothic for some reason.

Life betrayal - a warping rage
Evil ripping caverns through your mind
Immolation - in blood you've signed your soul away
Sickening life ends but the horror has just begun

Vultures moaning a funeral dirge
Walls await to cradle you and rip your soul apart
Incessant screams echoes through the maze
Insanity approaches - imminent demise

Maze of torment...
Maze of torment...
Maze of torment...
Maze of death

Stricken from the holy book deliverance to pain
Effigy of Jesus Christ burning in your mind
Voices cry out to bid you welcome
Locked within the dungeons of darkness - no escape!!

Maze of torment...
Maze of torment...
Maze of torment...
Maze of death

Passing through corridors embedded with
Scars of those who have gone before you
And left their marks

Warning comes to late to save you now
Visions of suffering stab from the inside

You pray for death
Mourning does no good as you can only die once

Maze of torment...
Maze of torment...
Maze of torment...
Maze of death

"Maze of Torment" by David Vincent, from the album "Altars of Madness" by Morbid Angel

ALTARS OF MADNESS

736	901	597	201	117	963	603	1005	422	377	317	14	702	35	338	162	414	42	135	115	372	69	852	663	955
970	206	480	76	946	554	349	185	888	525	494	740	681	449	735	712	885	813	396	727	59	605	311	869	540
582	378	418	986	258	226	121	567	300	539	8	395	665	227	673	79	637	698	529	661	57	217	21	400	547
263	729	981	659	489	139	977	464	388	720	580	912	676	407	229	745	633	583	770	985	132	482	337	1025	726
438	195	516	791	334	302	502	917	95	30	884	238	669	879	327	408	799	182	979	1009	723	415	590	367	715
119	169	91	330	769	952	37	394	186	781	866	679	660	523	891	653	962	854	97	188	163	170	70	783	961
490	768	222	305	717	486	1016	895	878	833	636	1010	90	496	837	469	498	721	467	737	944	932	137	602	114
174	1015	560	807	36	731	754	461	635	476	766	506	739	903	975	902	234	208	199	29	714	815	279	134	166
751	898	355	654	211	485	398	442	848	450	625	651	779	931	27	746	320	921	437	177	565	900	71	25	750
957	572	945	984	691	336	758	419	894	271	4	513	959	78	92	426	301	936	623	468	433	771	832	420	620
915	699	780	778	552	545	255	707	381	173	704	176	531	773	143	645	501	370	857	541	111	892	390	443	1001
971	566	19	774	960	646	631	564	478	954	549	996	853	724	553	514	966	933	32	687	259	939	463	492	184
760	332	950	123	576	392	709	54	43	785	627	310	138	1006	462	614	619	604	503	120	33	973	826	167	20
46	810	587	47	928	266	734	452	652	146	538	325	285	987	387	15	303	157	972	834	581	233	641	558	198
571	243	924	821	610	16	1020	257	307	998	411	5	943	447	844	804	756	845	410	223	776	719	459	534	644
851	239	360	877	500	526	942	983	147	528	803	656	472	61	995	763	606	10	281	356	189	811	997	118	269
542	421	893	362	350	282	859	828	624	559	397	18	89	696	705	412	775	836	245	153	563	348	919	550	716
599	808	692	318	341	504	297	749	842	595	156	767	253	941	385	446	632	965	667	881	864	830	250	154	473
708	314	752	67	907	824	357	935	31	105	947	666	718	911	629	608	875	575	150	598	788	508	922	927	292
940	273	725	221	287	969	40	948	51	761	393	192	797	441	880	867	818	160	448	510	1012	122	865	425	592
823	339	220	548	748	578	308	738	706	495	713	671	178	436	569	237	846	431	315	39	612	835	617	417	819
380	622	84	171	294	48	403	133	588	103	782	98	384	703	730	207	242	319	694	267	298	60	1011	814	81
743	224	873	929	906	386	841	474	451	806	855	616	722	331	1002	347	728	359	466	926	371	685	278	427	3
918	361	491	695	527	75	993	444	533	6	908	45	795	505	225	732	517	684	522	191	110	210	937	562	324
86	561	609	532	344	316	55	817	1014	335	424	551	573	77	488	613	920	861	291	956	190	231	363	530	268
544	102	658	640	454	1024	251	512	354	980	194	484	951	241	175	733	843	24	850	203	910	677	181	44	470
789	180	518	755	555	193	53	455	159	639	50	7	364	471	165	288	235	85	228	340	648	104	812	460	87
440	141	116	860	693	520	82	13	890	284	196	584	682	202	589	674	197	607	323	456	254	925	772	439	248
333	672	129	741	247	618	99	479	930	187	909	883	863	790	106	849	68	28	556	596	66	168	306	158	401
896	246	829	382	351	1013	762	41	406	992	765	897	499	753	543	793	216	874	579	17	670	366	868	521	172
683	365	148	358	151	802	49	430	1	12	475	711	515	999	634	689	200	434	630	786	296	483	628	882	109
375	759	978	838	72	209	152	428	1018	591	96	638	402	889	249	537	477	368	798	286	345	1017	213	840	536
862	312	913	432	1022	856	326	967	142	938	244	130	870	535	379	391	290	801	404	493	764	309	346	64	871
264	958	905	108	26	293	52	744	429	487	280	690	299	742	212	112	161	252	277	872	144	74	155	700	809
916	215	990	668	256	611	574	218	369	465	435	416	321	56	204	260	399	787	1007	577	409	23	124	976	953
63	262	136	80	100	509	519	101	376	650	127	794	322	283	664	688	831	886	113	647	594	423	304	405	343
675	219	968	9	73	568	904	974	678	601	784	847	626	800	2	697	232	642	313	374	275	701	481	899	615
680	131	710	145	373	329	858	58	457	270	65	289	839	93	383	274	389	1004	22	757	934	445	989	511	205
140	230	1008	164	272	923	236	83	38	593	887	662	107	747	497	876	657	128	458	1019	179	914	507	792	643
126	649	796	453	621	94	342	600	11	265	686	149	413	1021	276	1000	949	183	825	982	62	546	328	827	816
655	964	1003	295	988	1023	352	353	261	88	240	214	586	557	585	524	34	822	994	777	570	805	125	991	820

622	279	591	32	952	216	577	730	791	4	472	195	529	218	374	507	924	964	525	478	263	899	322	656	896
629	948	327	520	72	443	857	45	164	955	280	939	811	232	410	68	331	944	432	242	705	297	932	775	601
570	792	239	380	985	977	276	450	731	1004	393	635	430	526	690	335	572	651	150	521	784	219	625	554	940
648	872	221	707	826	363	499	461	632	580	585	636	31	97	829	28	477	286	67	513	1024	390	490	484	679
464	210	354	998	105	248	54	25	988	292	282	980	861	165	749	348	849	953	497	148	766	87	156	90	162
697	151	429	449	870	62	402	951	799	121	379	606	568	130	761	447	131	822	929	494	422	1010	149	943	966
460	344	226	532	928	595	626	812	911	965	309	370	916	483	290	178	780	668	203	264	717	561	386	752	318
541	578	543	409	607	894	516	845	776	972	437	666	228	137	420	109	782	36	503	619	771	993	772	685	317
26	724	510	909	875	522	574	676	930	603	1021	660	412	486	1011	842	864	298	214	814	167	609	551	922	78
847	110	66	487	192	378	612	1016	320	414	227	388	407	81	304	215	384	7	190	630	790	994	674	104	76
199	599	937	762	680	913	956	876	11	879	79	475	564	1	739	566	91	138	223	400	990	120	366	188	465
957	466	257	982	428	556	439	38	789	136	684	527	981	421	592	114	663	530	181	170	424	760	125	669	611
866	135	688	667	514	853	365	638	502	691	542	265	139	122	800	193	628	540	98	24	19	118	359	446	341
275	186	518	243	759	873	423	946	714	444	927	888	584	785	17	201	687	569	614	837	969	608	665	411	179
746	316	560	389	989	338	795	300	605	677	367	106	974	299	39	810	310	37	251	369	333	343	868	415	30
597	171	51	323	850	733	616	796	433	240	594	804	61	27	93	212	1013	313	256	144	672	376	700	1007	113
52	557	504	642	362	979	831	463	559	255	355	101	745	854	996	511	154	258	314	217	74	934	781	919	807
83	147	303	404	821	631	71	134	55	925	901	838	860	451	259	536	835	774	824	571	357	84	505	593	506
288	326	160	254	46	748	305	391	345	456	501	863	270	261	740	394	246	963	328	339	480	602	747	266	912
70	555	225	1014	64	858	285	725	819	515	293	200	289	887	935	898	519	211	634	886	175	661	73	267	145
172	202	788	509	997	681	986	235	548	157	755	600	438	123	553	332	287	962	961	237	867	827	146	442	479
435	581	1001	848	291	272	44	565	115	408	931	645	562	699	14	777	417	817	950	241	589	330	805	920	877
834	915	702	142	397	701	756	1000	283	649	992	558	954	119	528	294	500	50	983	48	116	808	743	695	353
56	58	108	247	823	436	839	624	324	95	253	621	89	8	401	713	271	260	1023	349	547	908	458	659	689
727	2	708	637	767	176	1005	947	741	732	613	1015	99	769	604	133	350	281	682	970	995	806	841	959	862
278	573	895	984	618	617	856	878	161	933	658	492	15	720	907	978	859	94	342	198	802	182	620	244	723
213	277	673	975	488	111	923	206	371	654	143	452	368	177	910	249	750	140	312	623	945	524	843	473	949
833	471	871	23	587	627	889	262	319	647	758	1020	22	126	80	398	35	49	485	340	63	132	1012	364	549
991	311	6	1022	337	205	883	377	531	381	973	905	787	729	539	481	711	103	765	793	351	830	596	686	196
884	958	938	735	459	550	706	117	454	189	643	334	60	155	610	742	715	545	469	269	127	86	274	425	373
832	124	801	544	874	43	897	825	710	641	652	590	734	698	413	42	183	737	903	840	16	891	751	918	1002
163	493	764	347	671	836	538	112	252	683	184	153	770	820	914	798	670	92	783	470	302	1003	693	491	245
726	476	1008	329	230	869	191	709	582	445	9	180	704	361	773	906	890	537	427	576	224	141	197	18	236
885	306	385	517	307	646	152	1018	744	129	694	426	967	657	220	88	778	893	828	552	650	653	797	644	403
82	921	194	3	336	234	468	69	416	231	719	892	615	467	100	372	296	207	768	457	512	453	268	779	431
881	308	675	399	880	238	721	851	803	406	703	696	809	448	358	678	728	813	392	926	419	941	960	128	96
418	395	383	474	815	174	1025	917	754	284	495	716	846	588	968	575	1009	346	208	855	900	229	583	204	818
655	65	763	295	209	59	942	20	902	40	523	753	187	352	29	567	586	33	434	971	233	999	5	396	662
405	865	598	757	508	325	579	498	987	107	168	786	633	489	53	57	546	77	441	563	976	482	852	533	21
1006	816	169	34	640	936	41	1017	440	222	534	102	75	85	712	736	321	273	1019	159	462	375	844	382	158
722	718	360	250	13	185	535	10	166	173	738	301	356	47	794	496	639	692	904	664	12	455	315	387	882

677 627 405 370 945 353 97 838 90 858 98 964 549 587 512 984 976 25 95 289 427 679 73 972 251

702 268 886 550 592 167 554 194 547 323 209 269 985 403 623 111 999 519 536 444 977 404 769 143 671

878 771 580 795 284 177 955 654 973 231 649 272 750 316 1010 610 517 873 349 599 8 189 904 321 434

970 122 507 182 16 794 850 894 391 293 717 420 733 326 724 758 541 723 753 1000 694 220 895 664 509

207 899 860 446 345 531 223 78 437 786 381 969 398 341 36 975 187 421 797 245 375 485 569 459 1023

64 608 720 570 652 18 138 734 39 621 579 431 925 637 836 120 799 464 3 322 374 164 545 246 153

283 927 585 218 1005 564 435 168 634 616 43 727 667 542 701 641 601 276 1017 728 458 137 566 382 926

538 855 158 577 828 41 882 12 494 219 171 118 535 121 893 486 703 863 515 232 257 200 833 760 162

184 440 308 226 751 588 660 474 576 254 58 449 839 422 988 320 505 456 385 792 516 55 1004 784 53

880 1016 288 149 495 77 451 260 94 342 159 822 709 411 84 280 19 51 644 479 673 469 132 206 448

676 555 690 317 314 524 102 307 903 818 739 533 92 941 729 243 591 832 896 846 85 497 142 432 172

552 539 199 715 72 949 2 737 589 108 62 755 640 202 334 56 175 455 773 614 785 957 514 704 853

862 691 388 646 719 884 310 140 216 992 696 337 235 575 778 131 687 891 35 188 639 835 91 810 13

803 430 804 879 114 241 851 603 923 126 919 116 40 568 824 154 76 504 61 357 75 1014 407 689 881

392 476 302 817 477 716 920 783 225 669 426 68 377 170 590 697 311 559 378 953 362 227 214 872 339

291 698 981 79 991 892 414 117 994 520 163 735 400 1021 244 267 626 44 960 748 521 441 686 50 286

695 5 508 130 571 770 264 63 160 148 336 247 562 714 779 837 865 429 401 829 161 273 22 668 916

722 942 312 725 28 996 262 870 419 42 237 315 548 802 819 502 866 499 379 856 80 978 653 598 468

205 682 741 373 402 867 186 277 233 99 139 287 821 763 463 935 560 563 768 647 921 738 743 746 147

183 335 11 417 249 33 971 48 1003 467 151 643 774 413 409 309 27 582 37 234 481 290 433 274 255

820 127 20 266 807 331 825 622 540 574 259 415 1024 484 45 730 368 125 849 294 30 23 726 663 303

648 618 215 325 26 987 248 844 847 242 876 304 367 905 900 213 355 869 665 788 483 631 787 692 908

1022 914 534 742 38 135 201 109 982 174 208 721 324 46 946 889 888 49 754 165 680 87 871 718 710

940 958 877 487 806 885 808 88 990 354 841 265 815 236 380 465 781 462 250 155 506 300 363 613 980

360 501 29 1006 351 10 823 1008 146 387 285 230 732 854 711 605 658 71 713 238 543 356 997 861 948

372 979 47 133 843 124 393 1009 656 917 134 332 297 123 938 765 157 793 338 436 902 136 611 772 951

657 913 397 500 596 179 983 69 210 229 583 460 364 453 910 607 630 9 573 561 812 629 445 203 329

252 801 112 344 909 340 523 705 532 929 217 196 775 228 528 258 930 924 800 472 553 950 813 745 150

240 418 475 1 253 674 688 31 602 756 650 898 498 211 221 471 581 67 936 597 790 1025 488 840 883

624 708 645 764 493 89 609 275 394 798 442 410 457 993 796 558 366 278 305 478 395 173 386 811 699

32 685 128 239 632 897 7 396 912 762 104 683 989 423 371 954 428 301 567 66 947 526 551 974 222

907 782 292 633 86 369 178 767 744 350 615 156 537 105 557 482 100 1001 343 617 489 761 874 389 834

522 299 190 4 57 281 848 678 313 496 565 59 638 915 967 454 901 931 939 21 995 749 670 169 93

330 1007 759 857 675 556 961 6 348 934 962 282 319 628 480 586 70 416 693 113 752 376 352 365 166

141 439 968 1012 1011 662 911 1018 594 152 298 655 852 443 814 103 859 256 593 740 295 318 511 438 578

279 736 110 998 271 826 101 965 595 604 712 890 642 144 572 212 473 383 700 197 918 661 963 544 789

651 60 198 83 986 390 204 809 408 180 447 424 119 831 625 181 470 943 399 606 17 666 261 956 384

65 328 922 510 530 959 791 868 491 195 450 707 263 944 74 81 932 54 296 193 546 952 129 96 1002

864 106 612 966 358 306 34 527 875 842 425 52 107 176 681 706 584 937 24 731 15 635 333 747 513

224 1015 461 672 412 327 525 14 529 1019 361 490 928 757 192 933 270 492 1013 346 452 518 830 684 185

619 766 503 115 359 777 780 906 191 82 636 827 776 805 620 466 659 845 816 347 887 145 406 600 1020

336	611	964	165	171	470	563	56	479	622	140	2	1010	223	541	608	648	331	771	730	302	977	55	136	942
554	542	377	927	346	667	163	1012	779	172	1001	597	108	179	505	311	420	985	394	763	894	126	358	281	87
931	363	692	491	1002	580	240	437	36	138	288	306	859	419	980	78	120	800	543	242	717	233	923	915	468
118	451	202	796	84	653	921	117	848	976	971	33	913	257	565	473	698	555	686	60	862	912	566	735	354
234	20	706	904	951	688	175	51	991	689	380	768	755	718	992	861	405	564	589	760	772	770	630	955	406
561	989	425	940	467	203	464	962	974	557	325	812	361	987	930	137	70	275	799	321	235	604	82	607	844
411	486	271	664	224	228	475	314	438	507	389	1	198	999	250	209	330	909	42	116	961	460	948	22	901
241	726	15	835	906	19	320	93	161	532	210	191	794	512	434	63	900	347	534	582	1014	480	244	423	790
516	121	174	297	754	1003	369	899	929	427	262	356	740	164	428	462	366	570	393	80	344	243	674	343	830
387	205	920	585	274	375	817	856	762	374	162	176	119	208	629	373	194	360	959	276	661	313	413	10	50
113	312	643	481	614	225	656	408	452	357	785	934	44	978	376	284	183	753	660	647	66	721	963	322	494
810	786	815	820	386	933	1020	671	609	511	802	299	504	601	514	247	593	401	1006	268	869	853	339	150	824
61	261	67	739	187	422	551	226	104	957	221	231	449	986	638	993	517	7	47	154	825	1016	277	403	492
127	559	642	29	362	31	219	23	310	218	256	924	267	687	919	594	705	365	748	232	1007	291	472	775	988
787	577	694	620	101	681	685	199	382	1015	741	902	249	562	804	238	99	579	587	784	1017	792	1004	759	628
328	984	831	269	905	556	811	91	627	550	535	144	700	885	212	682	676	368	710	822	220	549	83	695	691
410	213	548	178	743	882	236	610	945	143	317	12	168	190	160	914	1009	747	782	761	189	917	188	88	149
280	623	388	239	725	74	871	173	789	439	3	111	105	819	237	478	659	936	526	497	632	207	41	797	522
155	62	1022	245	749	728	372	49	1008	926	17	889	407	292	114	95	523	973	583	230	742	14	229	158	156
294	69	115	958	432	813	752	170	935	600	48	459	270	52	571	76	867	879	53	769	618	16	287	498	431
703	227	131	868	591	417	378	177	153	690	887	908	1025	301	453	440	814	654	777	750	298	669	32	578	805
878	657	381	424	282	418	9	896	110	18	193	333	222	855	445	836	758	956	181	603	329	145	827	1011	147
938	837	289	734	73	714	8	384	485	395	711	531	584	124	159	911	214	895	939	547	348	318	353	996	821
723	641	77	613	530	85	588	1013	24	858	351	702	400	324	975	981	545	463	72	106	349	568	398	474	652
866	937	81	965	697	169	489	828	102	793	595	765	666	43	182	303	746	308	774	4	79	255	567	893	788
533	953	650	112	166	13	482	857	841	496	527	519	502	396	1021	994	455	433	649	414	385	672	518	658	560
732	838	606	639	801	684	510	626	259	538	495	457	998	443	272	27	633	640	806	872	970	266	252	448	216
572	713	128	612	536	364	139	447	37	922	826	843	840	430	21	880	1023	943	596	846	404	1000	631	186	886
54	941	644	355	842	251	286	883	509	807	875	46	808	720	477	59	637	833	823	910	576	57	573	196	818
359	279	877	625	615	100	75	429	798	390	709	184	352	864	68	466	436	493	192	764	340	668	133	30	916
655	852	295	663	1005	744	391	683	651	488	997	307	326	677	727	751	323	621	707	293	264	586	471	415	521
469	379	537	40	458	412	665	146	125	897	966	540	285	444	98	520	11	829	148	513	367	130	450	678	575
123	195	736	157	662	345	704	416	92	675	316	881	832	967	928	696	506	635	731	712	944	870	874	932	952
290	552	719	968	946	776	132	71	903	278	409	670	501	500	781	983	499	873	263	791	845	397	773	332	701
300	876	972	950	592	441	646	860	851	309	383	28	673	778	850	435	64	795	246	283	206	733	402	528	888
546	134	454	737	599	461	847	152	58	839	151	86	135	490	553	854	780	253	371	729	803	574	201	619	503
265	891	26	399	185	215	38	200	515	947	581	756	273	94	342	304	680	925	708	334	716	693	634	982	1018
107	483	863	167	122	524	65	979	722	204	392	370	34	624	849	617	25	89	605	569	766	636	865	715	327
197	738	90	338	335	898	6	598	907	211	508	525	426	337	679	141	960	315	884	539	558	699	969	809	529
954	616	645	446	258	456	949	39	476	97	990	350	1024	319	35	421	745	544	484	96	890	260	465	767	341
180	783	816	995	590	918	254	724	103	757	129	1019	442	142	305	5	217	487	109	892	45	602	248	296	834

141 717 816 413 985 1019 495 566 540 257 51 398 80 429 161 448 665 815 270 78 385 777 116 641 663

781 373 782 869 827 789 975 125 887 439 52 262 964 11 118 437 264 950 36 43 71 757 96 708 190

296 178 1014 521 205 564 554 617 353 8 761 274 880 890 553 68 522 197 145 183 947 760 547 846 17

624 888 241 902 129 89 825 856 946 481 581 130 818 647 29 6 538 723 544 820 756 349 643 811 580

410 526 358 180 319 907 238 300 868 870 73 829 312 134 978 289 854 105 379 314 632 75 148 702 182

970 193 699 478 135 411 955 409 802 239 767 558 292 576 918 835 156 333 346 277 201 941 858 520 50

290 584 885 23 936 752 917 814 44 298 578 137 956 350 920 401 649 644 876 470 817 749 181 247 103

184 211 19 309 1013 464 106 306 979 833 976 574 225 243 110 982 1011 709 127 402 1009 499 424 799 173

787 28 720 265 38 1000 904 339 995 954 40 1023 486 307 680 88 605 834 405 575 710 519 272 847 898

491 905 236 229 498 914 672 751 530 886 406 291 32 1012 151 523 824 384 637 249 24 304 357 320 645

748 301 305 338 602 838 348 26 321 518 745 696 442 1002 741 881 368 281 99 504 583 215 911 318 282

217 81 664 527 1001 939 562 516 230 514 810 509 859 372 937 853 682 60 258 507 614 154 404 267 785

773 660 849 621 1025 469 92 666 121 919 915 832 209 704 570 61 222 213 813 82 695 536 441 1008 727

162 453 687 310 990 552 559 957 965 871 684 851 999 742 1005 164 394 362 465 473 595 794 719 69 483

743 931 597 804 49 510 903 899 434 646 739 1022 585 293 273 778 276 889 155 361 418 803 706 1016 494

998 618 391 449 612 335 226 848 160 548 445 565 865 458 374 136 326 329 395 251 716 4 487 958 722

943 601 912 169 691 323 819 422 315 237 611 1024 484 857 425 9 657 109 606 179 322 224 922 132 512

701 677 826 906 729 166 447 875 725 489 496 604 466 738 240 199 988 673 443 567 375 347 191 206 248

198 165 427 396 345 284 287 91 482 232 648 194 48 334 45 753 192 598 359 392 842 508 800 124 737

792 444 331 54 935 891 435 830 218 188 87 908 867 786 572 283 294 676 711 960 938 633 219 796 864

571 330 21 15 58 316 342 187 351 268 417 839 64 426 271 98 784 962 715 622 822 730 543 1004 70

901 57 517 557 765 112 231 688 1017 942 707 577 317 438 149 457 980 5 884 650 390 246 913 94 961

850 242 613 579 412 388 476 59 892 671 524 354 733 630 563 873 337 147 860 114 403 625 793 252 539

879 821 658 959 966 452 497 176 989 772 801 651 634 795 974 128 763 407 535 275 382 480 363 324 279

788 12 951 119 692 845 669 590 783 76 996 861 352 840 925 336 1020 35 389 200 515 170 928 450 513

952 168 806 932 949 93 635 776 380 731 779 930 882 62 592 492 841 423 586 607 596 933 302 233 740

852 364 295 419 732 812 475 408 909 843 863 615 227 220 1 100 260 463 468 41 280 944 661 378 694

619 798 33 195 790 561 255 774 972 837 460 883 303 963 599 603 493 343 163 764 203 714 196 718 655

746 744 986 2 432 780 428 569 263 313 126 678 131 158 228 369 791 573 587 140 910 311 712 971 503

122 948 3 376 56 433 593 549 683 823 934 366 690 940 921 713 207 340 214 981 266 142 736 377 550

511 923 653 259 1015 113 620 189 471 675 591 490 662 20 53 627 532 969 797 844 400 456 674 560 269

728 416 762 250 325 698 440 537 610 987 808 27 254 926 79 631 768 108 344 735 210 461 261 133 866

39 929 370 143 874 341 66 431 686 167 968 234 896 117 616 488 770 479 967 897 984 299 436 568 502

467 245 37 446 1021 72 534 256 994 636 1007 421 594 638 393 186 25 681 766 383 172 55 414 945 46

623 139 609 7 355 505 83 185 16 855 862 670 171 365 807 546 703 877 159 973 642 697 327 991 111

360 85 10 626 993 953 153 551 386 328 90 759 659 462 679 900 104 288 101 459 608 997 356 629 297

202 278 18 77 582 700 831 144 1018 555 747 95 223 836 150 474 212 42 152 724 30 872 628 34 529

750 415 541 542 455 22 107 589 588 216 221 102 97 146 667 399 769 65 656 387 927 689 285 992 525

640 157 381 84 556 430 454 308 208 758 397 1006 177 86 693 67 204 726 755 771 754 174 13 654 14

120 367 893 531 472 652 705 533 721 639 31 775 332 420 809 734 47 123 175 500 983 451 1010 371 894

828 501 253 895 545 286 485 805 1003 244 878 924 235 477 506 74 668 138 600 115 528 977 685 916 63

326	301	729	53	673	684	401	630	980	710	355	206	989	737	498	247	314	807	414	127	693	809	974	275	88
757	939	354	595	391	587	920	440	1021	3	835	583	389	817	1019	454	816	666	740	964	229	207	994	960	86
242	96	701	926	697	363	914	146	236	772	797	371	251	285	580	965	787	661	408	896	550	554	334	139	44
715	627	372	189	323	963	141	549	905	411	942	222	30	510	225	5	72	269	249	397	891	426	423	728	93
159	741	343	528	339	951	99	626	986	332	930	610	607	1025	123	813	230	861	612	431	368	157	500	983	563
137	435	342	466	345	69	475	253	677	892	953	1015	922	884	291	296	1	243	890	1008	763	197	620	415	283
692	539	359	955	812	380	855	418	824	703	369	58	984	313	839	357	4	19	909	606	476	94	998	872	708
428	367	945	64	857	85	617	203	245	790	213	947	943	934	593	506	501	143	799	453	875	682	337	544	129
216	511	228	346	871	464	233	561	486	336	395	447	524	748	842	376	267	504	358	742	261	192	460	950	6
13	1022	864	102	553	154	366	695	474	155	77	718	169	111	562	180	113	444	246	71	16	826	443	320	973
624	319	916	89	540	153	590	98	958	674	681	785	430	663	166	779	783	756	496	459	889	455	316	665	329
405	853	532	810	836	419	860	907	657	588	976	918	299	567	49	623	489	668	581	468	614	35	302	445	781
103	948	429	286	344	733	639	971	919	125	634	61	940	33	54	572	477	514	640	11	904	18	470	762	9
633	200	559	638	515	533	743	66	642	659	949	618	264	163	482	767	308	256	873	306	210	1007	850	362	594
921	750	769	406	654	328	687	321	390	925	957	888	310	95	124	350	844	854	795	558	516	946	134	396	83
325	68	987	381	121	734	177	758	160	804	300	893	707	365	311	101	250	699	412	20	929	260	548	507	660
7	664	531	828	201	385	739	759	377	393	130	938	521	819	448	747	625	237	495	126	1016	140	570	21	652
1002	379	628	846	641	2	144	148	164	966	725	494	1012	834	279	995	609	212	831	653	768	14	711	863	491
845	829	534	878	457	513	234	735	485	209	880	592	898	954	870	211	794	57	135	700	651	104	928	545	162
409	386	351	908	770	923	82	993	56	398	691	645	876	895	979	450	142	698	650	59	551	276	48	585	43
199	975	605	356	867	600	252	982	449	117	520	112	115	226	899	818	776	75	999	60	629	281	297	294	287
569	150	10	360	793	290	434	442	422	538	635	462	859	765	374	456	777	935	731	686	467	805	128	599	108
309	602	900	499	988	547	305	801	322	38	944	952	972	221	402	270	74	265	417	932	352	680	556	574	847
353	723	969	304	613	67	706	122	1001	656	827	479	887	473	601	941	586	91	8	991	745	619	361	503	254
215	512	295	655	658	685	852	576	195	258	375	182	172	188	840	52	676	145	780	324	349	338	915	387	571
42	754	17	26	174	263	582	775	712	232	217	702	100	147	224	615	862	644	55	1006	31	791	616	28	151
289	924	736	490	709	347	208	425	792	341	191	753	40	575	822	39	472	190	789	47	596	705	394	219	439
196	288	970	421	167	184	786	522	284	307	782	784	678	931	821	841	906	114	73	726	461	218	493	1004	764
649	732	761	744	465	848	833	388	370	565	446	883	149	788	22	317	806	843	364	171	194	858	798	721	505
879	608	577	849	696	202	910	766	675	555	604	25	815	483	990	992	881	427	868	407	662	689	597	996	178
487	497	416	136	1023	272	755	463	669	63	340	912	268	720	811	1017	751	1003	589	333	636	683	573	170	187
869	713	774	383	181	579	471	967	413	535	303	1000	519	537	76	193	179	632	327	637	968	830	198	105	441
679	161	1013	185	714	526	378	517	611	255	724	897	175	956	29	667	223	80	244	823	382	240	584	231	927
15	837	546	704	874	109	373	851	133	183	424	719	227	403	262	62	451	410	902	84	542	292	106	156	90
335	70	820	205	752	110	749	92	116	274	832	488	773	800	271	671	722	239	886	814	235	273	266	298	578
882	280	825	771	330	34	248	238	478	808	552	643	436	1024	469	484	796	12	962	603	541	746	1011	803	529
51	168	41	509	894	404	631	981	670	838	525	481	647	560	646	716	24	961	778	259	672	865	727	97	433
107	1014	65	400	866	452	738	214	27	1010	518	131	903	1005	138	420	856	384	936	438	530	621	120	173	315
911	118	79	1009	502	557	566	432	694	536	959	399	901	1018	978	165	45	1020	312	257	917	176	152	648	46
717	527	760	933	688	32	937	158	480	204	877	690	282	598	913	220	977	277	241	885	508	87	78	318	543
523	119	37	278	568	985	458	622	730	591	23	81	997	564	293	50	331	802	392	186	348	492	36	132	437

597	964	981	993	395	515	830	733	547	311	231	453	741	551	99	443	603	777	560	864	826	631	634	805	98
873	496	644	768	465	339	580	1019	723	554	198	291	816	169	27	8	517	270	386	850	809	411	200	576	46
182	353	297	629	887	575	757	213	827	140	877	377	742	126	280	403	534	693	866	653	40	12	74	166	260
567	145	357	502	483	86	131	489	572	871	243	671	234	214	278	795	882	400	925	54	556	682	990	912	349
770	179	19	168	445	698	150	1022	702	2	136	307	52	849	735	41	79	997	15	356	155	454	824	709	329
467	695	923	482	562	412	504	137	9	462	863	271	186	240	10	184	748	487	360	889	267	221	657	958	96
17	289	833	962	396	656	611	696	707	70	141	142	690	56	67	117	633	355	390	37	371	807	49	881	432
796	694	397	961	800	296	568	146	441	486	387	158	789	955	439	285	330	73	686	414	154	900	685	799	970
438	966	751	928	1020	124	785	220	618	649	139	464	591	994	109	592	452	890	190	625	197	31	108	858	320
30	720	853	959	472	919	61	743	157	456	129	651	810	705	845	279	1006	991	775	176	500	614	1021	983	21
776	754	450	346	708	1024	248	174	484	53	332	273	253	335	514	544	782	362	358	513	123	522	528	722	47
557	207	704	479	6	582	569	492	901	896	272	938	254	440	719	559	599	637	924	697	933	1023	868	57	851
310	832	92	160	457	519	865	773	72	178	415	480	711	947	803	3	42	761	180	333	208	1000	617	59	548
122	819	626	804	721	926	950	315	635	716	957	501	237	687	119	972	552	726	731	650	405	862	904	976	172
918	944	55	953	45	932	738	619	778	193	503	728	550	646	543	165	469	587	688	506	913	797	648	516	969
553	71	105	974	275	352	872	811	252	470	815	886	181	1013	367	112	584	87	128	725	351	319	616	952	660
189	507	431	903	408	739	908	907	121	632	956	22	306	624	989	89	48	269	727	780	756	1016	159	740	106
801	665	341	1005	288	195	793	331	630	570	765	287	627	586	389	549	598	39	321	103	661	424	581	294	508
703	855	838	494	505	689	767	980	791	730	867	509	622	1003	110	814	526	292	406	610	781	156	578	298	621
29	239	935	164	752	963	392	749	263	93	1011	664	162	295	655	404	85	992	410	171	852	691	540	672	663
461	794	558	840	585	490	167	916	869	413	446	902	350	354	417	1015	423	63	712	202	555	421	24	216	620
960	363	134	455	102	226	77	530	132	13	125	199	100	245	615	518	613	11	984	430	668	276	772	589	986
946	477	242	343	244	183	945	854	737	699	658	608	324	449	384	370	80	209	755	491	474	478	143	536	736
820	264	25	930	82	678	673	458	1012	888	422	286	571	206	596	238	729	973	1002	161	262	16	429	373	899
936	175	300	153	91	369	995	459	861	639	205	111	475	493	766	640	313	173	764	588	293	607	1	274	999
927	662	147	527	836	798	426	318	909	563	911	825	934	937	988	636	261	643	834	942	593	334	5	374	951
201	675	481	211	891	308	676	196	623	533	667	376	282	188	84	326	18	434	322	451	954	744	116	60	235
380	724	348	645	327	681	113	391	763	281	790	81	542	843	917	812	223	511	364	601	841	883	428	647	898
228	521	859	885	788	90	561	692	979	892	821	856	683	68	732	701	130	135	460	684	1009	715	203	32	806
219	822	870	876	114	978	383	299	232	148	185	573	476	379	251	312	666	884	375	968	366	910	679	416	361
996	734	323	1014	473	792	605	512	301	448	498	51	277	967	340	523	595	537	674	495	442	706	541	659	893
381	939	758	539	529	336	652	1004	385	94	762	594	95	750	982	771	718	233	546	342	829	965	409	654	283
241	435	532	120	784	839	602	97	897	510	317	218	846	642	177	305	256	83	471	828	388	337	769	88	1007
328	344	680	874	880	34	265	638	710	127	531	407	915	583	802	345	23	149	138	753	1001	229	894	224	58
290	75	1010	191	50	940	786	677	574	38	524	612	66	463	525	823	879	170	713	520	641	257	745	847	420
922	774	906	488	818	425	402	43	783	64	466	133	468	222	247	566	948	303	347	284	101	210	118	779	545
255	878	304	760	787	577	914	499	971	236	78	302	309	14	33	485	258	747	338	365	590	194	419	401	669
187	714	929	977	372	436	497	217	246	266	817	759	831	107	606	998	314	65	394	76	35	895	670	398	359
700	931	837	249	4	378	538	905	192	844	813	144	427	808	1017	215	717	1025	36	44	875	564	212	437	920
941	1008	69	746	20	28	316	115	26	535	227	1018	151	842	628	230	943	7	250	444	163	975	399	152	835
382	325	987	860	433	949	604	418	921	225	579	600	259	368	104	848	393	62	857	985	565	204	268	609	447

224 208 772 592 633 533 808 958 266 111 1022 354 473 193 459 482 886 669 255 657 153 707 753 445 204

68 824 554 243 396 106 580 714 181 392 357 343 18 964 456 308 836 130 889 786 584 9 582 442 1013

261 721 837 267 305 379 1019 966 956 313 605 577 49 521 191 621 928 876 625 816 363 284 42 76 1005

424 982 194 479 695 562 1 369 378 509 602 845 105 497 870 254 148 593 726 915 347 748 809 623 1001

862 599 433 631 21 227 838 651 279 425 504 409 960 632 607 259 19 242 746 757 475 906 930 934 811

578 511 124 298 110 909 265 560 681 132 376 745 1017 951 861 693 672 187 829 776 172 513 404 815 569

603 57 1011 427 526 24 154 113 38 535 847 448 618 428 156 292 46 893 680 137 737 62 814 495 450

96 206 749 338 122 563 969 734 846 454 981 385 752 812 877 258 790 729 22 27 278 86 574 5 942

866 750 203 530 334 59 654 616 799 394 972 652 268 382 239 659 828 673 536 520 55 579 518 410 290

177 304 931 619 95 503 635 1003 309 75 938 217 785 880 731 402 743 758 380 320 458 460 426 381 486

231 141 891 641 464 61 810 902 400 919 499 531 457 228 384 293 561 997 614 763 769 955 299 29 366

39 689 12 674 215 952 288 478 83 594 650 818 692 848 944 214 853 565 280 371 604 711 362 932 502

186 505 882 715 326 762 830 548 43 992 892 63 559 413 131 256 296 79 1007 642 517 780 514 545 869

476 911 391 112 638 198 37 527 555 160 355 171 485 202 807 151 352 26 403 128 937 341 890 197 328

936 146 671 310 397 819 183 101 878 398 318 589 701 351 285 80 238 28 41 237 252 884 532 718 173

446 791 244 81 820 687 538 346 262 804 282 421 747 344 358 66 597 373 586 168 233 195 895 129 14

348 263 15 48 975 167 912 940 205 210 690 941 365 500 414 983 684 544 274 725 336 161 432 957 755

568 708 253 608 157 490 461 948 94 801 139 831 793 465 825 643 337 655 342 539 295 516 765 852 908

158 779 839 144 287 370 332 990 660 6 180 405 212 123 917 904 712 759 294 976 994 528 283 32 251

524 419 116 600 947 929 739 33 647 591 468 1009 617 435 30 1016 481 700 323 1021 271 58 115 175 666

885 590 575 777 7 694 240 179 805 136 840 121 345 783 40 100 483 615 595 235 576 628 867 971 736

8 104 697 918 609 856 301 417 962 510 507 849 927 935 220 487 547 766 70 84 302 965 644 451 25

678 35 1020 306 321 64 677 501 636 939 319 470 950 330 667 452 498 250 691 415 570 523 723 844 613

596 307 978 353 176 551 20 506 349 440 896 324 709 611 612 312 223 494 182 542 658 961 393 270 53

103 164 662 406 325 229 624 800 438 72 987 89 74 88 907 724 277 887 796 466 493 827 162 764 163

3 675 145 798 744 207 367 585 71 359 327 386 881 626 922 921 184 959 246 553 583 199 664 993 756

767 196 802 679 449 949 953 51 492 127 90 23 794 222 696 710 556 571 702 1014 109 581 276 226 933

841 209 797 901 316 843 728 833 311 534 872 192 541 364 444 297 926 629 998 875 241 606 883 52 441

943 550 914 350 653 557 480 50 970 665 771 416 842 236 899 683 860 634 968 91 422 781 185 147 768

540 558 1025 150 98 732 372 356 722 787 1024 289 484 119 138 491 335 248 4 383 120 247 587 806 159

260 546 140 813 273 97 999 529 257 188 73 374 200 910 126 751 515 663 377 447 894 988 401 221 234

230 851 826 462 821 649 850 788 269 118 858 573 420 1002 10 864 17 537 431 676 82 857 360 967 733

601 443 913 34 249 698 685 720 719 688 817 69 789 1010 735 1012 67 439 189 134 566 699 905 340 322

760 865 656 314 703 740 854 897 627 855 925 549 44 216 920 916 125 873 434 1008 770 85 11 525 418

661 368 989 315 60 637 946 430 275 795 974 165 995 610 704 648 803 190 2 543 78 467 408 668 471

272 832 92 45 87 738 716 564 888 996 117 923 900 13 395 169 453 387 773 114 835 31 834 874 1023

620 713 375 823 717 232 1000 977 477 225 300 822 863 954 429 36 389 77 552 437 102 455 54 496 166

898 1006 211 1015 107 705 65 782 286 245 281 142 778 686 264 474 572 522 219 646 775 741 99 56 868

407 640 201 567 93 742 1004 670 317 463 333 47 645 984 489 963 472 519 133 361 488 469 792 388 630

991 16 399 980 218 423 879 924 784 588 149 985 170 598 213 108 331 291 639 859 508 303 412 986 143

727 155 135 1018 436 390 979 411 903 973 754 730 178 871 682 622 152 339 761 706 774 174 945 329 512

562 134 616 1018 695 547 204 159 748 822 797 267 777 122 527 699 969 243 152 728 805 937 55 663 824

342 413 554 57 307 972 995 219 964 929 911 337 539 303 124 580 60 709 388 8 232 869 463 723 628

901 816 407 19 689 834 125 11 774 63 317 779 587 173 792 94 504 854 436 182 109 375 550 318 7

419 184 936 1019 916 431 992 282 283 684 1004 971 349 731 270 879 468 288 618 881 619 503 81 170 33

361 954 809 266 216 696 784 58 39 668 827 255 557 839 119 808 946 149 353 238 480 104 59 609 635

189 74 590 932 844 202 250 348 154 669 80 505 435 281 524 888 441 757 218 183 269 251 85 783 887

262 702 341 898 512 589 211 457 171 952 820 703 551 137 300 323 373 393 938 944 780 855 430 555 302

693 610 650 706 993 161 1024 753 244 484 666 429 335 549 274 743 627 859 645 13 345 32 714 248 145

325 286 408 785 786 987 35 556 643 77 386 755 837 825 917 264 102 711 76 833 455 20 477 722 205

473 1009 919 970 913 224 378 614 631 64 128 352 746 421 320 486 273 163 201 688 799 740 595 259 52

112 548 481 275 974 227 86 677 195 979 510 751 96 284 661 921 497 362 810 433 577 61 965 446 474

514 442 464 639 620 289 167 559 647 640 586 252 791 191 135 851 955 543 46 278 560 245 454 989 853

523 498 160 246 588 534 389 865 877 73 1015 194 939 347 165 719 175 612 351 885 301 648 297 608 629

295 819 720 655 143 949 852 187 87 315 235 803 237 858 1017 490 27 649 461 62 906 116 984 263 466

922 945 311 150 535 221 856 712 359 130 738 17 768 305 981 704 963 425 141 16 45 603 370 1001 915

804 793 725 93 153 371 801 653 630 765 84 773 866 296 997 533 973 716 310 876 356 451 605 986 602

427 583 1023 10 521 88 379 982 552 234 927 687 48 360 308 832 229 908 312 92 789 459 637 68 439

294 745 377 316 667 277 18 382 646 67 634 685 978 148 25 736 444 870 111 836 423 579 197 957 890

287 508 265 542 140 980 331 100 998 615 268 190 272 606 222 409 126 192 502 462 400 766 875 860 778

186 735 280 730 680 622 79 842 829 200 260 710 346 656 636 516 598 515 840 223 358 469 129 214 1000

733 772 285 724 868 397 467 343 354 867 660 131 943 258 355 98 807 770 698 31 623 847 23 127 38

313 931 739 495 522 976 447 261 904 4 678 850 1016 146 802 574 37 387 338 1014 519 544 394 231 12

369 914 893 500 775 983 448 241 217 333 417 51 782 290 864 2 935 236 517 882 593 613 903 405 900

848 6 826 565 1 923 873 727 662 493 764 121 372 705 520 117 658 180 327 925 857 363 1025 934 604

528 385 247 691 50 309 90 930 681 787 41 392 403 846 472 253 324 475 304 1006 813 830 402 596 708

432 332 617 798 242 401 75 686 168 123 828 511 734 443 744 541 679 414 886 376 795 675 47 607 157

113 861 947 909 193 951 863 1005 690 215 69 418 671 198 230 56 924 178 570 761 880 652 139 507 499

196 754 30 321 174 138 960 568 185 758 584 1008 659 750 621 120 494 905 994 654 428 771 381 142 1013

108 769 790 531 641 991 470 968 26 1021 306 95 181 818 169 894 199 918 54 162 177 257 106 883 249

15 529 956 420 597 920 843 164 383 44 97 453 683 319 812 416 496 395 166 118 151 509 364 571 817

424 460 406 838 546 203 28 299 43 5 950 841 226 368 737 566 942 591 585 664 158 208 545 132 572

561 907 103 794 228 672 967 83 760 380 105 449 147 806 415 412 1010 366 912 404 501 563 276 314 582

99 741 256 271 1007 506 34 42 721 89 525 624 632 642 697 78 485 811 910 729 537 732 835 594 489

814 878 564 578 456 553 398 422 334 298 763 573 674 726 328 225 110 673 426 756 465 91 206 567 694

437 897 53 536 156 292 209 581 71 941 899 788 692 815 895 990 707 742 24 538 592 340 220 762 390

452 240 291 482 526 254 717 988 471 101 891 440 638 767 367 518 188 14 821 36 213 1011 896 458 329

530 532 374 862 155 962 892 293 1020 975 136 874 657 179 633 445 752 626 70 871 676 977 747 72 479

344 107 350 396 487 845 715 9 339 718 958 1022 966 999 172 491 625 66 239 330 410 483 928 682 749

558 576 985 233 601 22 411 3 476 831 207 849 599 40 781 889 569 322 82 365 384 953 961 176 65

513 796 644 434 29 212 611 759 114 438 279 115 713 210 959 776 651 823 872 665 575 884 1002 996 326

492 948 478 450 391 800 700 1012 600 701 540 357 926 399 336 133 902 21 1003 144 933 670 940 49 488

1000	488	880	369	713	734	15	932	697	246	823	828	934	780	1009	341	949	618	399	670	374	272	469	768	643
190	204	597	133	67	466	580	26	152	952	71	10	652	653	996	767	311	681	685	755	612	360	944	504	581
601	462	930	938	481	511	367	457	381	491	376	114	151	322	554	475	1018	939	301	964	234	363	19	999	1
896	154	656	350	377	868	659	816	446	523	607	647	519	498	421	750	359	818	758	82	885	912	903	654	694
463	428	634	909	95	72	1002	242	440	434	31	126	1019	626	392	28	531	113	650	53	177	271	220	922	641
137	558	781	316	195	128	545	116	822	608	333	860	522	444	861	436	140	352	951	175	303	711	743	727	769
790	232	452	1012	953	192	515	875	791	856	260	774	235	782	467	698	770	735	388	387	465	167	757	809	43
1005	879	705	812	785	317	998	112	88	407	170	960	583	900	606	586	775	990	808	1020	665	886	219	200	229
320	370	84	61	842	614	699	919	485	240	962	375	490	263	872	222	451	312	299	266	255	461	252	792	70
149	366	203	277	978	351	2	548	179	799	3	1004	810	1006	733	83	207	540	98	330	486	60	621	472	362
942	761	878	642	669	943	995	693	295	134	538	47	941	655	1013	594	193	398	850	117	852	176	136	663	460
447	925	514	710	218	563	924	561	483	895	228	380	1007	256	328	5	584	923	784	559	927	853	712	961	178
674	181	933	23	438	361	728	955	464	127	237	854	864	4	667	959	487	714	132	834	106	160	737	509	926
793	796	86	174	259	849	837	11	736	125	797	975	766	492	542	765	762	801	14	819	873	159	96	686	25
426	404	40	638	747	746	802	826	512	729	763	281	631	754	454	956	223	611	795	838	101	954	56	76	857
100	334	615	378	48	914	206	800	424	372	692	310	636	916	908	863	433	142	1014	725	278	753	1025	946	236
587	532	294	687	241	560	208	898	211	576	786	724	859	706	443	813	991	668	46	672	550	575	804	888	673
247	224	582	831	430	891	365	85	957	141	877	840	787	51	66	644	431	577	108	216	645	227	300	105	497
578	269	54	24	536	855	678	298	27	718	230	901	69	892	287	50	296	115	284	458	811	418	110	344	632
867	144	264	905	518	169	191	62	600	189	1008	13	327	703	759	480	721	371	212	401	119	109	429	814	473
307	726	194	700	156	496	90	292	1011	709	166	603	516	210	805	715	293	981	197	42	890	477	557	201	997
660	77	815	493	940	764	679	249	476	866	979	723	613	286	102	395	233	541	572	1017	347	547	777	662	455
948	182	596	1016	884	535	129	658	346	935	417	610	358	442	752	412	453	526	881	549	906	530	187	627	8
904	326	368	44	257	239	441	410	696	425	324	474	336	744	184	138	817	456	771	739	120	628	135	749	675
305	405	544	592	639	353	640	118	976	7	894	270	248	408	185	929	1001	400	489	915	384	349	920	798	502
420	688	887	391	427	214	707	602	397	862	245	479	827	390	691	382	567	701	254	1024	484	335	121	579	740
180	268	130	620	196	539	883	913	337	146	588	609	104	605	661	968	722	97	807	355	566	186	79	314	285
468	527	342	275	1015	760	131	971	29	280	974	702	74	37	937	835	383	779	416	33	172	99	876	529	741
902	507	478	419	982	546	928	482	570	94	833	984	329	225	145	6	500	1010	364	22	683	983	273	742	989
625	393	389	571	569	1003	250	845	68	966	213	379	253	551	143	494	533	633	12	16	543	78	745	843	708
162	34	967	871	973	153	945	648	157	564	525	148	783	841	599	911	283	528	231	657	445	844	521	870	199
459	524	590	302	291	396	52	123	537	993	970	58	851	318	963	751	882	265	155	321	839	409	165	308	617
719	87	680	435	732	258	910	386	437	836	1022	865	869	958	517	776	947	682	684	9	986	332	556	81	806
829	585	315	918	93	513	139	847	20	251	111	279	226	306	282	38	164	18	394	36	147	414	55	651	173
323	276	403	616	604	122	325	738	936	289	630	987	339	969	664	803	573	889	338	413	717	931	45	470	41
163	35	30	406	704	73	690	348	217	423	994	345	897	21	168	238	830	63	319	574	432	450	449	977	340
671	1021	623	629	972	874	992	288	773	411	290	471	921	858	788	794	568	49	91	720	716	848	649	565	689
907	820	57	402	501	980	520	103	832	198	304	80	64	552	92	65	107	32	821	495	422	297	950	666	183
262	343	267	731	899	595	202	778	893	124	824	39	188	646	637	534	309	448	985	619	503	357	331	373	17
158	598	243	917	221	591	846	676	622	677	274	209	988	635	508	261	748	562	505	1023	415	695	555	624	89
553	356	75	171	385	825	313	789	59	593	244	506	354	205	161	510	772	499	215	439	589	150	730	965	756

399 777 424 19 740 718 144 723 547 745 982 805 588 759 88 881 235 139 608 422 222 245 212 414 408

184 620 696 248 41 441 195 312 352 754 670 700 8 892 891 580 517 167 943 925 672 188 650 174 686

988 873 56 154 204 870 458 711 68 823 899 447 152 488 128 688 676 994 964 554 210 30 661 182 379

4 984 1018 84 743 409 690 1015 950 105 148 335 103 521 978 713 484 1024 864 533 451 432 277 265 791

715 974 461 795 931 710 586 110 536 233 628 142 208 349 133 258 209 16 394 913 940 568 907 403 168

374 624 948 298 476 263 632 24 308 830 38 370 863 680 604 989 275 996 490 816 501 1021 143 722 991

756 137 827 108 518 252 23 945 826 927 1019 293 973 127 814 112 578 847 338 857 270 89 811 153 353

667 574 295 1025 1011 655 336 836 929 852 887 217 543 671 114 273 848 884 565 7 415 389 459 829 582

833 919 702 111 530 601 802 372 809 785 443 156 351 999 986 236 322 721 553 292 712 757 506 18 963

810 290 158 303 74 42 463 752 609 614 25 104 813 61 165 362 548 542 914 581 648 591 198 767 436

787 774 54 736 304 87 559 799 851 697 93 749 223 486 815 766 71 326 320 82 1014 726 145 491 526

970 69 779 367 309 630 495 388 520 239 410 808 822 402 33 160 241 434 801 865 418 384 853 751 701

169 419 247 51 623 724 819 793 1002 468 423 230 315 391 350 551 719 539 45 237 971 765 636 337 514

464 100 572 219 879 615 1008 496 342 232 215 407 166 693 255 803 250 50 393 170 448 52 266 738 15

704 716 896 48 937 626 725 694 558 395 792 908 846 905 401 955 993 499 556 844 893 412 94 456 317

862 283 249 26 440 220 669 149 840 1004 72 453 310 385 53 597 375 289 96 781 386 1012 527 783 75

327 478 714 331 524 58 828 29 880 649 839 592 343 912 73 479 773 590 254 720 980 261 302 294 804

911 699 541 987 953 832 313 90 92 454 489 902 593 858 552 665 687 151 734 60 271 86 784 20 678

837 318 730 354 679 778 934 508 368 772 707 817 278 435 622 259 957 390 287 646 172 22 325 218 652

663 251 138 28 134 76 381 872 120 746 920 818 540 369 1003 44 637 81 995 598 684 631 567 662 681

323 613 282 834 46 750 141 921 35 297 17 1020 1023 493 758 361 257 764 867 433 654 163 629 452 771

658 560 877 659 869 177 894 531 3 207 469 569 475 296 511 118 345 378 376 465 641 928 1 675 173

439 990 936 962 935 272 599 99 314 185 741 417 534 930 966 70 482 854 845 516 753 512 363 744 596

420 660 1000 113 176 240 497 413 566 545 330 798 281 954 221 607 789 348 769 95 633 625 227 742 329

213 706 445 428 657 179 225 27 1016 11 238 926 97 125 55 64 577 197 890 150 835 371 324 786 43

959 242 871 685 358 951 346 396 529 997 968 859 136 946 63 760 728 909 903 356 961 666 776 159 739

224 689 916 513 279 797 360 383 122 888 898 190 933 284 211 392 129 861 32 616 768 1010 969 155 651

668 300 1022 492 603 483 691 595 904 677 958 183 438 196 485 883 10 62 519 78 981 67 416 645 9

473 364 405 820 80 727 868 976 288 538 311 450 653 564 992 121 683 941 866 790 682 487 291 546 949

972 34 550 843 917 544 194 878 216 796 1017 21 812 889 525 83 462 373 191 246 510 299 234 398 965

587 36 202 339 612 967 333 642 535 366 274 31 431 437 960 187 594 85 347 849 430 611 656 262 895

505 201 397 571 161 1009 49 400 1007 256 537 205 429 39 800 841 825 555 522 906 460 466 203 328 502

57 13 199 494 126 979 975 285 507 228 855 782 264 40 589 1005 180 643 570 886 244 619 717 503 377

140 732 171 425 621 269 186 703 910 807 301 977 731 355 942 146 359 939 387 442 380 477 561 806 14

500 698 901 735 770 983 189 382 775 162 411 762 634 579 455 467 575 286 674 563 79 635 214 5 6

860 737 340 523 77 885 321 900 915 576 705 708 37 498 747 341 573 119 101 147 922 135 755 102 124

267 226 647 932 131 824 695 472 316 644 193 132 427 444 260 357 253 1013 638 59 780 897 481 1001 480

157 763 471 178 107 610 585 268 549 200 617 748 944 528 584 1006 164 627 509 280 562 515 305 557 109

729 12 421 426 947 276 664 123 449 306 618 692 788 875 243 192 602 47 985 474 106 65 952 874 761

334 457 733 838 175 821 998 365 606 831 918 2 91 66 470 446 605 532 115 117 181 640 639 924 332

600 319 856 956 130 850 583 938 344 794 842 406 882 673 231 98 404 116 307 876 504 923 709 229 206

438	449	372	637	95	586	769	216	253	492	236	475	927	43	545	214	490	79	370	1	136	461	711	585	783
201	528	283	579	802	937	363	930	430	664	399	617	914	154	743	20	813	590	91	276	821	302	580	37	263
483	670	487	442	607	979	964	112	550	58	429	54	554	524	1023	325	839	113	667	425	85	527	306	987	382
587	280	794	712	1014	542	123	295	152	428	418	796	655	264	204	17	918	852	947	470	131	252	469	431	157
1001	816	272	823	855	297	25	435	1018	915	188	69	485	13	406	787	941	909	488	427	629	477	456	332	422
911	766	496	1000	703	921	572	319	241	286	166	163	351	951	412	268	223	29	478	230	135	713	538	611	169
318	81	247	102	1008	789	269	305	684	903	35	676	12	1019	902	133	439	800	862	137	398	455	861	242	849
362	895	139	602	299	83	51	189	919	77	50	221	548	785	395	899	251	736	790	392	534	988	479	878	254
1003	901	453	40	812	172	801	231	810	119	614	757	401	882	323	150	724	345	592	22	636	61	905	996	414
190	160	950	627	474	366	374	486	30	173	685	480	765	356	559	519	605	328	320	642	809	594	103	282	209
64	436	41	640	460	203	615	575	639	390	237	489	799	853	994	549	114	727	1007	256	610	793	907	975	249
130	690	109	745	89	624	936	432	501	10	348	868	869	768	960	514	819	876	14	557	67	360	100	707	517
101	817	653	747	413	569	756	999	666	380	601	644	908	368	168	1021	561	322	463	982	303	568	567	228	576
415	90	774	44	808	1005	541	311	245	464	588	942	234	333	327	462	949	840	48	403	238	762	725	674	928
830	82	767	693	294	522	408	966	506	32	265	955	638	379	31	656	677	553	563	920	678	886	599	845	5
138	521	148	625	409	246	822	120	258	68	804	621	482	581	388	595	679	55	604	931	491	63	870	394	310
71	307	115	776	183	96	170	38	680	737	620	329	965	671	510	255	771	434	662	533	257	782	633	740	266
1015	763	831	881	969	848	847	387	565	661	132	377	616	879	591	287	407	118	689	338	99	742	741	709	687
80	365	445	532	308	126	612	158	692	1002	217	657	493	219	66	764	957	122	984	894	16	820	232	317	314
835	467	288	829	600	193	513	792	198	509	213	143	396	373	917	651	775	248	992	675	697	466	1013	688	350
484	744	584	1024	669	696	454	212	805	547	185	574	140	225	613	867	723	566	426	86	367	153	279	705	441
359	1004	8	9	945	596	149	274	974	184	759	900	344	777	698	262	913	729	155	871	335	735	420	973	770
334	798	1006	205	958	761	760	278	178	182	825	836	97	714	634	1009	144	459	450	375	106	275	989	472	658
181	718	260	244	555	972	47	784	935	259	673	301	290	161	643	722	206	1022	417	1012	939	558	202	18	700
924	986	837	968	111	304	781	404	505	589	39	141	963	516	1010	631	291	922	838	324	529	21	682	860	389
896	564	660	402	383	619	503	891	498	200	60	746	15	892	296	889	543	626	349	210	78	316	218	515	444
877	2	672	940	739	53	270	546	171	72	1016	885	353	520	694	117	416	628	523	76	309	46	956	273	433
923	93	458	683	339	560	875	57	49	378	827	731	215	165	192	196	648	665	755	481	440	424	699	883	495
36	833	623	715	364	733	499	34	174	448	953	437	361	341	371	887	948	647	635	197	995	890	525	220	233
846	536	630	893	834	753	929	998	98	850	780	686	540	754	702	358	87	346	134	227	476	691	597	606	7
932	110	997	865	59	75	872	26	121	904	663	967	124	497	27	271	842	423	105	129	851	512	843	717	912
298	411	977	405	222	976	609	583	385	104	315	751	944	577	24	786	537	293	884	336	74	229	925	145	45
828	856	970	811	116	954	88	880	175	446	281	943	814	578	738	518	208	151	854	56	632	841	421	719	952
207	235	748	864	866	447	62	734	910	544	142	806	824	267	562	1020	706	873	991	452	571	981	803	357	695
52	224	716	312	582	11	570	530	343	199	292	551	125	608	795	652	863	618	859	284	732	261	1011	603	3
70	779	313	465	211	721	971	108	340	818	507	243	593	897	980	946	704	457	326	4	494	573	33	28	156
681	176	250	1017	381	468	337	159	938	962	556	701	926	393	107	331	167	978	985	752	645	147	898	277	180
194	473	504	874	654	728	749	826	710	289	162	191	451	502	330	419	993	934	857	773	526	397	539	65	888
400	726	815	384	552	641	535	42	352	285	391	750	369	84	844	240	650	772	300	990	916	195	471	720	758
410	226	355	239	961	508	531	646	791	127	342	730	832	347	321	146	668	73	386	92	649	622	354	6	187
708	376	500	19	511	164	983	443	933	1025	659	778	906	186	858	959	179	788	128	94	598	23	807	177	797

180 389 31 655 1008 603 62 162 184 522 737 241 154 66 365 852 653 592 520 600 723 663 112 172 111

692 777 311 788 223 722 580 949 25 281 763 215 872 805 656 986 532 348 712 395 295 963 252 234 547

554 144 399 397 226 50 543 666 905 759 766 597 782 284 182 869 495 132 854 954 706 936 212 8 247

238 1013 390 821 285 448 164 585 502 351 677 700 224 401 426 6 51 859 912 964 499 453 344 321 271

193 400 249 623 32 349 636 93 91 204 729 449 146 736 724 387 26 1017 489 246 413 670 707 273 509

1020 3 898 645 191 718 946 983 807 452 211 708 775 75 355 377 893 165 276 846 11 595 648 125 152

253 106 965 151 206 488 210 548 137 510 353 567 187 186 705 1018 664 334 816 194 569 207 535 500 584

472 423 61 599 87 617 347 79 1019 362 823 385 306 888 270 628 785 919 801 467 63 673 928 126 473

159 188 906 528 735 698 614 765 300 880 368 422 140 761 55 770 37 827 900 845 214 892 178 630 713

851 157 100 918 793 404 615 828 940 470 916 1006 833 891 887 133 181 926 183 794 966 810 838 612 466

28 962 917 44 237 482 734 176 702 668 625 820 320 757 70 689 406 160 728 47 45 865 947 817 559

956 652 633 776 373 819 332 330 853 616 80 7 382 924 359 465 920 233 676 579 486 123 948 315 634

458 929 90 145 797 122 425 514 672 319 818 988 719 799 327 541 996 261 992 260 131 751 969 738 809

120 959 515 343 742 216 961 274 939 840 803 476 908 715 262 1009 990 288 280 424 74 899 860 240 329

430 257 970 444 979 104 316 48 200 725 381 593 679 117 99 138 301 922 825 651 741 442 678 201 933

118 161 85 2 758 654 209 336 980 681 429 643 771 492 396 445 313 436 279 179 657 609 427 205 513

264 174 139 464 923 103 213 314 12 662 438 244 934 374 750 294 915 136 536 884 202 114 641 268 716

477 523 754 589 9 871 804 155 303 177 105 369 894 310 550 431 293 531 414 331 498 704 1001 555 450

566 882 354 773 686 551 950 659 885 13 875 39 907 24 505 772 972 52 192 135 955 110 225 463 835

420 687 511 322 487 693 1022 21 493 298 808 287 675 286 764 855 30 587 518 622 733 545 43 958 305

703 98 556 455 508 602 33 289 796 850 95 720 601 481 185 774 483 552 632 231 769 578 814 376 730

475 998 393 744 102 971 208 832 682 811 755 501 646 760 598 999 89 1 171 92 606 624 994 619 503

756 468 266 596 56 77 269 867 41 73 1011 250 889 778 779 613 842 925 993 96 291 649 957 97 647

539 189 941 798 292 341 731 991 822 858 255 605 568 690 337 419 930 113 658 517 530 432 326 611 388

943 767 222 553 142 491 637 485 170 607 229 849 635 57 78 156 701 529 82 800 1010 844 1021 386 363

721 119 324 474 581 876 86 935 780 506 434 49 428 752 879 407 873 582 415 417 583 968 168 538 564

795 232 627 94 469 749 1023 447 901 640 88 403 864 909 339 639 317 526 383 398 863 342 745 454 391

944 71 669 278 421 792 175 951 59 116 516 932 856 878 130 480 549 546 982 783 384 416 219 108 610

36 42 17 410 952 987 196 590 726 830 242 4 883 239 446 302 40 861 1002 437 815 895 525 20 124

375 591 259 265 296 1016 272 312 931 394 1004 790 34 299 604 141 235 149 350 683 325 660 557 83 714

277 109 870 697 975 608 392 58 629 575 364 826 631 857 839 1000 588 903 258 379 524 283 717 739 671

46 843 521 695 439 710 967 746 148 68 411 527 158 978 812 409 837 297 784 937 367 642 245 594 328

408 921 533 824 537 576 267 218 558 14 691 562 977 357 433 338 1007 366 789 1012 256 680 38 848 565

346 534 371 1025 84 221 217 127 203 644 460 198 457 847 443 197 435 76 877 748 167 163 451 890 618

308 243 236 372 129 960 747 727 195 904 228 938 781 150 378 519 620 740 560 35 121 841 358 60 23

791 380 674 571 54 685 762 29 984 626 661 1015 684 650 806 910 813 911 352 478 16 101 561 574 829

370 361 461 638 504 985 927 27 902 997 345 143 699 318 153 732 456 227 356 251 405 976 914 81 190

862 65 15 418 497 360 709 72 340 307 688 973 67 107 665 490 573 942 995 897 896 868 323 128 802

18 304 768 1005 115 440 512 412 667 586 711 836 53 10 263 199 694 248 459 945 881 563 5 290 753

441 64 1014 333 22 989 834 786 166 787 913 494 572 134 974 874 254 479 577 169 147 570 69 282 544

866 462 743 621 696 309 402 542 173 1003 981 540 831 335 220 507 230 886 19 484 1024 953 496 471 275

860	580	289	820	845	930	997	480	917	258	724	832	538	485	536	265	551	646	599	60	113	92	720	55	567
565	848	200	373	781	607	870	80	649	556	966	363	515	736	689	293	379	494	351	636	117	27	570	778	227
497	680	922	148	38	24	338	368	2	174	105	110	33	939	444	554	557	316	428	73	507	409	544	588	398
262	754	969	518	162	301	40	923	878	971	858	521	245	361	625	788	964	68	993	992	399	198	1009	393	616
577	814	386	180	633	801	817	288	825	779	298	122	895	847	995	637	626	217	274	776	753	250	699	482	909
920	152	866	469	83	643	844	665	951	226	786	686	109	419	44	670	632	204	981	205	548	468	512	578	533
61	299	72	321	329	326	615	408	785	192	1023	811	539	816	161	861	362	498	765	919	896	821	137	575	337
530	829	701	513	164	134	523	790	975	1018	585	208	793	733	62	574	202	1011	244	875	242	834	603	651	100
292	741	15	885	594	694	642	488	440	308	850	620	1019	328	541	6	810	53	279	555	449	614	397	91	742
285	56	925	450	606	342	823	237	276	156	445	953	589	90	576	16	98	559	160	99	540	740	327	657	396
1007	272	392	94	903	138	502	663	256	713	17	991	783	706	391	1015	320	281	14	984	644	284	505	120	812
133	1000	757	213	143	679	486	954	853	481	220	366	972	146	20	290	842	661	664	39	752	153	257	998	819
400	142	355	314	155	514	908	526	224	500	973	983	325	118	872	302	9	771	582	678	304	987	854	840	708
48	225	21	945	809	253	836	459	171	203	755	1017	306	460	422	807	799	859	647	384	188	749	590	871	721
228	863	101	297	1022	535	943	439	309	894	662	402	747	617	873	688	794	619	958	835	503	725	629	186	18
58	566	583	561	294	410	918	248	520	815	79	528	187	676	839	283	194	191	470	239	222	108	789	524	229
275	898	271	913	947	447	881	726	960	211	341	645	989	674	214	709	864	974	762	795	37	307	215	996	406
310	88	291	221	921	937	912	347	519	727	889	638	731	946	420	473	988	111	42	380	11	157	597	125	682
499	115	963	986	57	906	534	436	493	899	123	495	764	335	441	635	185	163	527	804	760	464	675	484	1024
5	116	563	35	300	26	744	1020	452	696	856	955	4	780	942	287	207	97	3	435	150	319	888	389	332
543	356	303	857	916	78	826	613	209	868	723	1010	184	831	722	49	131	448	382	175	687	579	190	114	685
944	798	926	658	805	693	1005	957	867	280	75	235	846	446	312	564	463	932	547	529	596	600	159	374	421
212	911	93	684	124	277	728	968	952	103	360	182	808	777	66	8	151	339	668	623	425	67	893	365	59
443	323	176	737	427	139	383	763	759	385	608	621	273	81	710	333	978	478	774	345	251	886	96	10	532
344	201	700	416	268	935	12	546	414	962	601	324	880	442	907	165	322	768	70	318	648	692	29	144	417
30	23	462	915	423	28	465	451	522	36	999	828	349	525	216	127	132	266	797	330	902	437	950	1025	979
372	882	240	883	734	282	653	54	34	89	656	84	1001	167	429	624	87	426	630	64	430	456	255	31	388
411	652	994	264	990	516	695	454	170	782	85	862	813	501	353	86	961	196	683	236	959	822	717	234	933
628	305	210	45	267	357	173	509	82	756	231	135	407	879	914	618	270	718	949	311	492	729	562	457	818
438	1016	434	977	334	412	491	431	261	1003	254	833	195	479	364	179	851	824	660	748	477	865	827	22	1013
381	927	1021	568	352	286	206	432	602	136	938	767	193	739	41	887	13	278	967	317	802	315	550	348	418
69	517	892	172	666	855	650	537	296	166	936	702	169	219	584	843	572	141	673	690	738	232	791	553	387
490	869	592	714	654	455	641	758	587	677	751	792	106	506	593	461	719	775	496	415	940	581	370	343	669
605	531	145	1014	948	7	149	102	168	259	803	667	377	750	691	313	128	891	230	703	681	246	705	243	787
1008	238	74	126	395	504	761	472	586	77	177	233	487	796	404	980	467	841	178	934	1002	1004	263	838	631
545	241	46	746	985	369	890	716	43	413	350	837	403	711	970	900	375	542	269	483	929	32	595	71	181
732	358	877	47	745	876	104	346	965	247	189	433	140	735	698	784	806	331	510	121	659	770	1006	910	197
672	354	707	223	511	852	65	390	956	715	95	611	897	458	453	904	609	476	905	571	769	371	704	107	772
640	19	489	591	622	830	612	639	340	800	712	295	982	129	466	112	474	655	376	573	218	25	76	50	924
671	941	634	119	604	849	51	766	697	976	405	1	336	730	773	424	130	569	1012	560	401	743	63	367	252
147	901	471	359	549	199	158	928	260	183	598	394	249	931	552	884	508	610	627	475	154	874	378	558	52

651	471	842	998	221	433	58	877	28	580	563	555	371	283	1002	839	959	600	817	547	465	746	933	721	606
920	648	405	273	921	777	784	492	182	589	329	8	513	602	44	828	129	142	805	517	477	375	240	5	961
815	212	742	554	505	481	286	66	150	410	163	350	990	71	168	431	199	13	534	279	165	147	239	365	976
527	1005	868	818	438	937	179	863	218	450	964	657	39	532	108	560	685	873	423	190	396	550	76	801	734
765	100	378	35	42	87	615	455	494	943	99	570	435	972	630	144	741	647	652	548	726	759	855	399	445
362	344	864	997	919	1012	793	171	229	102	222	703	587	692	763	788	349	700	356	795	755	541	136	605	403
138	360	333	77	670	261	544	27	9	367	120	61	583	621	137	204	447	785	213	886	737	90	327	507	67
679	132	876	865	810	697	60	10	614	745	21	353	591	152	871	45	381	816	162	227	558	155	619	503	257
487	1019	341	225	226	654	426	270	821	315	758	796	771	1018	237	641	88	559	851	269	958	830	118	314	160
628	251	681	158	604	497	738	840	750	684	189	827	345	4	982	768	593	819	835	180	678	671	343	1022	833
486	781	31	856	321	130	908	931	474	894	853	639	887	323	81	313	731	210	718	531	488	911	483	522	320
514	751	823	449	934	981	682	318	662	857	702	753	635	164	394	729	826	719	361	462	177	91	585	478	640
234	699	653	799	265	725	175	713	780	29	803	866	57	545	782	509	48	611	577	757	116	43	889	566	656
206	940	603	397	902	312	119	627	420	369	610	133	6	1013	786	276	64	659	995	800	512	334	291	980	258
949	185	198	446	716	193	849	311	664	95	379	145	673	421	549	809	626	62	294	235	892	769	848	565	760
376	764	97	285	948	74	188	584	970	338	49	710	511	409	932	772	665	870	901	443	277	675	282	331	7
310	708	68	134	502	217	704	146	456	387	106	148	59	354	588	422	680	891	834	944	493	480	941	978	38
287	78	284	1010	500	794	464	744	983	1	862	608	847	72	622	173	306	775	521	952	804	896	1025	233	929
773	540	807	529	706	404	676	348	253	557	355	339	485	104	54	475	996	564	124	730	705	245	838	538	127
186	596	761	687	613	470	953	377	955	451	181	508	372	440	533	178	53	113	1003	23	609	617	22	281	400
467	936	930	398	988	798	224	1017	918	476	663	246	254	436	694	677	472	552	954	406	236	479	813	598	666
535	363	832	720	126	829	914	900	167	412	458	859	854	867	40	92	968	52	646	15	715	528	574	658	84
214	418	47	109	956	672	408	872	770	383	220	157	869	336	172	428	878	778	899	37	607	79	957	1006	947
416	166	649	693	924	36	123	884	169	802	595	140	114	551	572	191	546	895	735	308	194	698	289	187	437
195	73	935	695	290	510	556	69	463	324	457	16	496	238	575	332	592	424	32	909	303	417	620	525	319
787	858	411	1015	34	898	153	984	927	562	83	413	374	473	347	209	211	717	965	304	618	645	96	808	740
293	393	612	748	661	352	683	774	299	993	883	946	791	466	143	11	906	125	637	357	975	267	951	536	230
242	469	667	1014	971	382	650	1008	309	328	579	790	402	576	131	395	461	973	634	861	938	196	33	370	824
280	322	128	117	779	359	63	266	215	1023	977	386	945	271	888	18	594	644	103	642	490	250	459	260	836
1007	688	3	518	844	256	542	707	860	912	241	390	468	105	967	263	300	601	597	364	110	24	516	520	14
298	537	139	999	200	366	425	660	388	454	243	183	905	586	569	907	174	247	515	86	812	453	419	207	255
974	499	923	711	822	50	316	111	578	820	539	814	739	950	392	754	1016	916	2	337	452	843	1020	917	489
203	12	922	460	272	913	427	599	401	223	668	928	275	326	632	248	504	989	159	495	170	444	55	414	903
986	811	101	567	845	852	30	1000	268	307	278	80	89	373	17	25	624	407	926	701	689	939	879	26	747
389	841	82	501	484	985	728	1024	691	301	296	442	530	295	712	141	963	249	655	1009	686	709	51	1011	881
94	616	434	882	274	262	561	756	762	201	441	252	992	979	20	783	342	208	317	966	335	766	448	112	228
724	969	176	638	806	192	219	156	232	669	325	107	846	391	743	151	910	825	75	674	491	915	987	994	292
259	629	439	776	767	70	732	875	960	590	115	897	893	714	696	216	288	380	625	1001	205	302	65	733	19
573	297	631	571	553	429	482	543	850	231	121	368	636	962	789	154	430	722	623	122	797	752	498	643	792
351	526	346	244	925	568	41	385	384	1021	633	581	727	197	98	184	56	991	890	149	161	523	736	340	330
885	837	524	582	46	831	880	874	942	85	358	202	135	690	415	904	506	723	305	93	1004	432	264	519	749

895 271 4 1015 619 503 801 740 984 82 88 552 104 874 580 584 64 153 89 121 317 425 878 233 624
714 471 3 501 541 949 92 434 9 143 12 213 575 309 646 311 609 402 106 669 29 607 30 363 428
756 826 215 904 720 346 778 902 597 661 197 491 916 387 155 973 615 832 21 890 219 207 232 427 259
282 520 909 18 120 327 404 90 358 857 765 459 775 792 554 912 548 341 836 631 871 838 268 52 100
399 314 289 882 442 46 767 975 83 149 994 793 159 705 945 668 452 476 147 1020 964 958 856 138 257
553 877 679 926 576 761 746 976 649 225 1004 116 362 405 837 919 118 731 129 178 1022 181 199 371 715
73 728 377 312 581 499 137 173 201 644 915 472 635 175 299 835 979 951 433 61 551 785 336 771 458
111 810 494 506 160 642 614 231 790 204 57 788 375 26 1001 495 348 456 467 861 443 556 780 328 688
277 894 816 246 559 1006 568 956 900 415 862 237 858 637 889 784 682 884 594 678 235 672 1021 1002 570
978 22 566 989 446 1003 216 560 819 974 47 76 690 126 152 421 41 666 432 840 710 14 677 242 670
393 54 1019 218 1018 350 176 698 924 913 662 429 248 430 1007 936 993 507 424 256 275 1025 770 469 291
70 135 420 997 366 517 1023 33 479 378 151 140 963 853 162 812 71 986 932 305 320 797 448 735 908
85 307 168 293 514 59 386 608 48 971 846 49 389 962 250 821 486 264 536 760 544 75 127 254 944
477 412 185 172 392 236 893 335 747 813 709 226 27 595 881 602 484 372 725 1024 488 23 869 952 330
124 959 180 823 238 623 468 844 101 903 294 97 933 675 451 441 203 1012 460 779 510 799 32 227 757
431 240 272 164 418 466 492 228 403 24 321 385 961 286 465 493 84 585 713 13 764 914 419 91 965
1000 722 28 518 762 260 564 543 612 809 592 133 696 1010 413 880 60 78 634 367 449 572 558 339 110
802 591 310 990 855 276 529 115 638 93 117 496 605 539 674 497 17 744 550 561 166 169 337 167 105
753 701 703 464 866 102 860 179 6 578 326 814 981 380 359 438 287 184 298 174 69 697 455 828 804
818 63 968 20 200 2 798 787 745 613 734 830 632 188 230 587 397 577 723 596 960 361 664 754 515
786 600 342 273 603 195 395 457 987 658 876 687 165 671 547 831 927 648 136 422 923 158 781 783 77
996 995 789 182 444 183 8 805 383 94 1008 604 867 423 62 955 437 316 811 439 325 530 652 512 1011
676 708 525 590 269 370 306 686 1014 791 794 391 618 302 546 777 695 982 36 285 629 917 942 727 699
394 87 939 436 292 416 461 5 208 667 352 365 562 297 820 707 146 519 569 931 957 922 563 390 630
650 381 253 324 626 748 55 417 639 453 796 357 130 500 411 189 717 490 938 212 66 983 156 267 502
470 406 258 532 665 834 689 355 247 80 487 1009 988 617 301 373 905 752 489 261 824 34 640 241 474
733 693 134 384 758 483 848 565 400 284 918 349 263 524 128 641 928 599 221 807 935 265 542 144 759
1005 750 706 262 921 274 528 58 586 196 283 526 749 50 839 845 899 198 186 192 45 883 683 654 700
610 343 379 56 593 896 190 692 531 344 947 303 96 567 850 977 865 401 825 875 114 991 150 992 534
808 119 870 223 205 498 582 721 315 338 463 353 616 1017 851 966 163 72 627 868 685 681 611 281 763
217 51 711 288 954 43 738 737 313 643 680 79 243 549 98 224 37 540 925 38 177 157 800 249 409
410 122 374 663 440 53 859 934 953 123 214 886 270 621 148 545 239 319 523 364 967 833 535 969 25
937 659 516 35 435 854 655 712 521 332 827 847 901 504 606 209 142 776 774 625 161 68 356 588 852
426 769 112 887 191 843 628 998 694 132 885 527 480 194 815 719 842 333 244 537 187 849 766 67 295
1016 10 941 872 633 266 108 726 724 718 15 368 245 660 210 252 702 95 803 751 360 482 369 202 980
772 376 601 331 473 322 255 103 636 743 511 589 347 557 574 220 454 985 42 86 873 739 863 533 555
691 817 354 145 505 19 538 768 841 736 388 795 943 898 131 906 829 513 522 211 716 729 651 645 481
462 65 11 999 910 345 946 39 44 125 1 970 154 864 509 647 334 940 31 485 382 107 279 329 579
450 806 251 920 782 656 475 296 892 141 684 308 280 74 447 704 229 278 351 822 622 7 907 222 170
888 304 81 948 40 657 732 911 398 407 323 290 583 673 972 113 879 730 755 408 742 1013 897 206 396
414 598 318 99 571 300 478 891 193 930 741 508 929 773 340 573 620 16 109 653 234 171 445 139 950

327 630 100 635 338 379 831 296 138 953 103 854 90 580 1022 257 573 340 615 191 120 663 388 547 487

110 225 765 409 870 874 595 38 805 780 381 182 314 8 24 235 277 710 337 53 440 960 278 141 600

793 57 641 510 978 822 869 627 261 777 54 254 610 1025 548 518 118 87 217 483 680 170 479 571 539

965 847 942 654 611 549 407 446 119 758 554 471 148 131 771 121 679 879 347 32 694 421 105 999 835

701 750 645 588 727 127 20 466 964 298 521 800 260 326 238 172 906 682 634 68 473 872 889 365 907

325 45 789 783 372 412 174 898 987 612 578 5 15 211 814 66 531 382 362 439 117 579 919 563 212

890 759 236 349 144 343 904 147 678 901 950 519 280 681 317 291 593 399 61 23 785 813 220 932 894

82 545 259 840 160 358 94 865 669 480 137 139 532 566 197 754 43 413 632 608 346 944 629 342 177

315 11 515 199 574 533 1011 860 952 849 59 810 624 313 530 614 359 245 700 125 237 302 946 297 714

738 934 923 204 200 819 391 418 811 662 414 219 434 232 2 572 451 49 914 590 631 592 851 559 89

833 670 496 46 788 501 908 491 888 30 84 344 371 166 792 169 976 829 129 816 659 353 405 760 420

444 369 746 208 12 837 686 320 300 877 124 95 1005 941 756 316 149 292 763 152 425 221 557 769 692

486 150 752 767 97 427 524 827 1018 1004 433 185 167 48 980 719 802 1019 63 570 270 69 494 853 156

58 230 887 839 511 994 339 751 304 685 921 922 183 803 675 268 917 534 290 514 737 308 868 190 725

493 772 916 882 886 1010 395 764 820 408 163 564 939 553 78 621 294 702 787 376 538 384 507 628 283

1008 569 426 1002 210 76 132 620 757 560 207 526 581 16 488 485 331 749 821 3 162 271 799 784 375

373 1 991 109 733 40 544 506 309 402 153 744 356 707 1009 390 333 529 668 354 718 927 442 301 716

457 915 1015 378 475 1020 218 56 689 721 912 823 192 398 1021 984 195 415 55 997 597 80 159 226 67

804 310 970 453 201 809 360 435 875 239 713 143 231 145 113 850 35 622 979 740 568 452 1014 582 215

928 729 937 836 925 410 133 27 791 520 489 667 599 1001 973 370 41 287 730 926 690 91 704 350 432

449 992 241 618 352 74 968 940 798 596 71 18 661 905 180 585 98 825 461 527 459 878 262 274 10

658 36 522 205 334 464 508 142 945 895 815 490 845 227 575 930 247 437 321 613 695 7 164 728 498

567 966 607 267 276 499 948 216 650 687 606 546 517 428 509 892 616 938 542 643 523 383 598 562 773

401 929 998 673 430 748 263 411 26 429 168 31 357 206 726 288 842 768 867 50 552 305 525 363 1012

122 863 249 104 797 656 975 188 92 885 782 462 495 42 1013 955 135 824 646 161 108 128 416 717 969

609 345 576 688 776 558 778 873 83 957 111 6 34 602 586 233 891 664 176 832 909 60 244 497 264

477 25 962 653 251 684 234 996 866 397 52 70 193 51 644 85 417 324 981 202 367 422 720 223 625

676 911 977 106 577 883 753 328 951 683 943 482 989 330 436 974 935 323 448 795 555 299 403 584 151

286 766 864 243 933 603 846 913 649 633 591 852 642 986 196 697 361 794 289 481 711 81 589 275 75

478 447 311 404 318 708 786 62 959 476 64 295 285 838 14 655 368 790 963 861 306 248 712 594 13

775 961 724 988 715 492 229 73 513 949 242 693 504 389 893 551 146 505 647 387 651 431 512 605 222

279 502 1024 406 858 705 995 550 39 96 252 583 240 364 465 336 500 556 637 983 1007 256 967 112 781

303 671 385 812 636 469 881 755 329 335 178 307 470 29 623 158 617 458 699 830 181 855 253 484 455

282 843 171 441 463 703 884 808 972 807 902 450 102 880 709 899 761 114 817 745 355 28 918 366 537

179 985 77 920 657 528 587 672 1023 742 88 400 993 516 4 876 604 747 736 743 472 438 44 396 990

660 665 392 1006 774 722 931 203 93 982 826 626 460 467 377 445 834 101 284 956 543 393 947 828 186

706 173 319 134 99 424 250 374 47 154 386 739 136 394 741 351 619 157 503 1016 857 33 900 19 696

281 536 341 856 130 770 123 677 762 841 924 269 107 348 818 79 126 246 228 1017 734 209 971 37 903

910 265 735 214 638 674 666 293 652 535 698 561 639 213 258 224 454 332 21 184 266 65 9 115 86

1000 255 540 116 648 897 72 862 871 954 468 140 198 896 844 456 272 474 155 565 691 848 640 779 189

601 17 194 322 731 312 175 732 22 273 958 187 380 936 859 1003 723 423 801 419 796 443 541 806 165

266 793 548 773 67 933 607 74 158 688 356 732 608 598 454 932 580 679 572 374 151 384 605 771 428
576 526 671 75 729 169 284 166 431 959 975 319 573 157 749 940 340 7 830 363 448 209 418 944 914
35 961 646 255 644 989 455 83 974 59 846 894 917 360 492 834 37 952 874 496 291 922 552 451 63
69 604 892 296 1017 435 332 948 92 10 939 986 566 275 550 84 571 334 554 855 183 79 745 123 909
134 509 278 721 893 929 820 465 964 102 913 778 991 832 471 240 141 963 706 678 626 362 665 919 49
121 56 104 937 328 301 840 720 206 703 299 733 601 535 582 785 388 322 239 248 61 802 876 214 522
642 982 438 850 609 237 124 399 77 662 230 192 1009 951 167 160 420 410 931 760 527 389 281 673 224
875 880 559 1013 990 891 787 394 373 569 614 810 385 594 395 52 587 103 31 14 623 137 233 170 28
540 407 707 462 390 689 194 55 859 179 484 1024 879 147 815 782 925 861 819 822 954 790 187 768 80
97 816 339 130 258 185 242 1007 204 307 881 256 904 142 191 649 72 896 335 656 908 98 289 999 1008
639 358 441 663 269 854 136 726 907 265 709 197 927 262 199 498 825 198 274 565 890 848 346 828 193
366 1014 606 637 106 234 453 78 564 928 640 317 152 953 992 345 131 73 670 675 853 320 48 599 584
53 643 195 1019 440 842 347 669 189 1010 93 259 653 476 108 788 551 42 543 474 523 489 205 812 725
863 684 294 905 493 251 722 129 1018 764 838 998 631 845 469 976 734 556 818 747 486 405 858 714 514
379 529 232 288 241 873 247 101 336 370 371 82 338 696 382 667 323 579 616 715 404 473 457 950 906
409 911 89 81 744 872 217 461 966 694 46 624 38 139 434 570 885 161 645 280 791 219 796 652 494
949 746 487 757 181 490 352 244 1023 64 877 458 311 775 567 969 203 898 792 799 680 870 211 387 460
115 228 821 847 695 318 178 148 433 610 884 184 50 488 414 618 705 122 491 993 795 837 392 542 149
68 437 903 625 756 162 1004 938 761 220 393 165 30 501 478 762 648 15 943 776 627 423 401 507 202
588 381 596 555 798 273 119 561 11 310 674 263 864 549 804 638 968 287 125 650 249 521 483 562 946
357 383 12 641 956 425 226 447 611 589 809 250 767 630 613 128 33 823 723 267 481 386 36 472 672
272 380 375 758 784 51 544 824 547 525 482 586 261 546 560 658 411 888 223 800 222 971 713 748 29
1000 182 633 553 831 424 91 427 994 377 300 600 464 1006 902 282 654 574 647 467 717 229 133 76 87
651 777 779 536 844 480 1002 531 581 245 47 867 750 805 25 583 687 505 268 416 533 900 997 8 901
849 766 681 177 43 126 321 419 180 39 164 17 218 924 960 468 449 882 829 513 34 378 293 368 585
735 417 173 324 295 365 415 698 957 545 45 655 343 4 279 712 246 955 711 852 27 593 506 770 755
290 683 66 568 826 243 450 227 442 972 313 329 350 557 942 977 171 212 724 916 276 348 88 1021 677
5 817 432 668 315 231 934 539 188 396 659 207 112 308 857 563 935 349 883 3 666 337 304 865 140
518 657 159 110 532 738 44 664 979 769 636 941 24 252 41 851 727 915 504 759 71 196 690 271 144
369 408 967 519 619 1003 503 1012 789 436 862 20 920 456 201 445 6 936 1001 996 439 95 422 700 742
676 980 629 783 926 364 701 620 326 833 325 497 912 597 309 402 22 452 987 856 736 105 353 1020 16
510 578 693 814 168 794 537 511 866 719 60 99 517 981 215 443 298 344 538 741 595 743 153 397 341
174 32 302 109 634 117 305 260 827 94 1015 763 803 485 9 376 558 116 21 270 984 692 297 728 342
973 155 466 367 216 632 772 254 40 175 590 351 740 965 143 751 985 843 213 312 479 869 306 520 96
1011 612 238 154 710 54 603 18 459 135 430 871 754 708 530 887 285 331 753 19 429 1005 577 836 988
811 406 172 264 62 716 1 737 303 661 354 235 146 958 628 602 361 516 1025 398 391 277 221 731 702
860 515 107 617 253 26 1022 403 113 868 797 475 470 463 780 500 978 499 541 983 786 114 808 945 635
739 421 200 412 801 591 621 685 918 878 413 1016 622 210 502 176 923 150 697 660 359 190 512 899 2
156 225 495 314 730 426 355 90 718 477 921 57 446 886 127 138 841 524 292 257 85 534 120 65 575
236 58 752 23 686 930 118 839 970 100 70 995 910 145 774 208 813 807 704 781 615 327 372 895 132
86 186 508 682 444 13 765 806 330 400 691 333 286 947 592 889 111 528 316 962 283 897 163 835 699

182	899	753	108	806	787	775	177	498	517	566	146	323	43	603	387	393	684	884	577	42	406	251	55	395
606	805	593	311	500	732	545	380	262	983	831	691	470	681	8	167	274	825	707	390	557	600	181	308	168
863	573	343	124	777	926	523	64	452	340	81	918	361	774	678	842	178	1008	1020	705	253	386	367	62	617
672	420	643	554	86	362	919	502	305	45	760	874	912	597	599	998	272	761	786	205	992	949	250	33	911
807	964	408	785	960	318	215	472	941	662	61	659	16	355	928	840	512	728	873	313	971	1000	454	309	402
237	153	947	885	528	616	478	160	865	471	620	135	365	374	845	429	769	216	571	266	956	927	934	453	489
424	851	614	137	559	400	810	591	349	339	779	209	403	17	844	795	95	315	288	161	1014	697	212	430	602
419	97	141	185	319	536	467	966	1006	244	942	781	255	984	399	468	296	995	738	819	905	264	66	520	186
836	567	278	29	241	667	538	563	143	247	121	47	377	900	759	1015	293	157	699	369	908	195	144	943	969
123	1010	284	85	980	37	282	924	457	675	459	532	18	202	700	78	109	370	740	5	564	122	973	864	797
376	601	40	79	322	26	332	204	816	447	499	833	461	48	176	776	147	388	353	485	902	477	727	791	511
493	539	589	352	764	170	834	401	490	542	222	945	725	337	625	719	50	661	320	770	158	126	853	481	555
199	13	70	294	398	152	344	772	519	214	670	249	904	229	529	514	830	735	803	605	439	286	246	698	1017
890	24	407	20	583	744	331	827	677	346	103	535	751	962	495	618	647	879	1019	822	270	789	706	671	486
999	650	933	354	938	1	224	263	110	134	987	482	518	626	358	1018	197	348	173	692	695	330	788	665	140
223	128	783	799	959	111	604	633	878	475	702	151	716	562	113	666	745	887	629	431	281	575	763	325	505
586	622	129	755	317	259	513	39	855	895	267	492	628	651	105	297	976	187	455	437	326	4	405	701	51
102	631	298	368	714	876	859	357	826	961	748	88	75	342	669	550	494	968	757	907	954	36	448	194	1005
930	590	846	804	279	578	488	857	936	824	814	411	94	737	287	596	25	371	191	931	302	730	798	688	570
456	72	896	465	972	862	717	821	46	394	131	1003	546	525	982	210	221	704	613	240	171	703	310	383	540
986	117	950	329	975	632	854	718	868	877	22	989	766	145	174	974	219	970	595	450	82	232	428	658	77
416	634	438	712	598	347	587	426	809	792	510	190	852	275	260	607	893	663	434	391	507	621	530	576	508
89	433	953	149	198	773	624	295	711	685	754	150	724	886	132	396	837	644	363	655	823	746	963	1011	162
280	817	130	856	687	473	466	990	713	534	965	464	139	83	32	867	906	28	382	565	848	579	258	34	913
612	623	880	53	524	742	619	179	385	503	921	440	909	133	389	552	657	491	226	248	869	265	443	811	74
640	501	211	920	977	91	341	292	269	414	238	254	243	636	940	333	112	645	639	646	445	7	479	1004	44
560	832	778	417	872	729	58	156	116	474	860	30	324	299	923	756	839	515	328	898	163	252	92	544	2
741	585	208	172	752	642	14	484	54	338	828	1024	189	694	356	67	200	683	312	359	955	283	504	957	136
892	1025	196	164	379	217	710	375	334	935	720	335	594	21	997	175	736	99	449	948	951	76	784	767	883
316	818	125	235	12	213	861	104	307	946	360	180	870	881	409	790	680	321	277	384	413	686	9	929	38
206	10	276	967	609	1002	15	509	52	796	709	978	749	412	734	256	553	441	731	425	743	220	11	155	378
427	435	364	888	188	780	958	635	242	233	148	522	847	581	673	218	27	526	543	994	871	444	1007	93	35
996	227	446	436	366	1022	300	592	537	421	627	521	487	813	722	68	351	268	891	649	372	610	127	289	652
991	415	721	154	937	572	239	57	19	541	549	588	422	31	985	236	23	664	747	696	882	812	922	1013	506
574	693	225	462	418	469	120	257	410	939	6	101	1021	582	483	768	917	843	637	527	73	350	63	119	782
381	460	71	556	496	801	96	90	608	733	611	193	423	568	56	676	169	551	166	858	314	138	914	656	183
944	682	850	192	107	615	442	690	432	301	794	533	118	203	835	820	584	184	165	932	476	327	889	800	648
1023	925	630	715	69	981	65	273	1009	1012	41	497	901	115	100	829	916	231	106	516	245	641	815	451	397
660	59	668	345	654	653	404	679	84	988	952	261	306	234	915	758	762	771	866	875	838	228	336	480	392
531	1001	750	87	726	561	808	802	80	739	60	674	207	303	979	1016	291	98	723	373	841	142	638	3	765
580	558	547	49	894	689	159	849	548	897	271	230	304	201	463	285	458	290	114	708	910	569	793	903	993

598	870	882	888	210	350	970	737	966	409	739	1014	760	297	678	897	508	783	969	110	794	680	136	1016	220
718	808	567	303	1021	773	988	806	300	828	397	122	202	677	326	701	420	447	145	83	415	905	140	363	15
981	71	691	776	497	221	555	148	241	173	662	302	919	732	247	348	362	481	847	909	105	840	222	342	306
74	874	61	796	868	229	484	298	621	114	666	866	339	1024	573	554	426	590	195	463	552	568	667	94	340
647	964	583	690	432	610	237	886	190	160	521	578	335	68	818	132	370	814	625	299	1012	785	646	589	328
832	594	881	401	778	231	150	41	461	899	791	685	50	185	457	285	627	7	642	97	92	406	734	14	708
632	78	249	530	137	146	86	470	487	564	471	542	307	951	93	442	614	940	60	391	810	819	588	774	559
352	1010	916	500	577	790	1011	617	709	983	574	936	505	603	543	4	441	174	454	490	534	652	908	571	549
948	1003	1007	524	62	595	754	260	729	256	826	753	558	921	861	333	720	482	117	399	119	253	675	918	915
513	456	361	22	651	502	618	533	811	1001	862	929	857	510	39	668	48	722	979	755	483	633	634	88	266
517	839	367	853	696	121	493	355	168	529	67	725	242	764	374	786	3	611	334	296	104	892	263	163	829
947	609	283	255	32	807	292	965	204	223	58	695	466	320	650	816	141	938	52	51	800	207	201	356	245
271	649	289	423	562	612	744	278	514	812	156	381	128	279	368	294	147	901	366	209	171	512	159	528	747
165	648	186	450	101	670	152	319	290	304	515	673	752	641	233	923	586	509	972	360	486	2	206	869	480
926	329	1020	388	748	758	184	359	522	891	443	200	384	479	157	10	305	238	437	208	25	1019	267	860	400
460	601	273	322	788	396	995	308	469	904	630	697	686	261	1018	35	73	654	452	856	199	36	254	357	637
557	597	403	346	699	912	591	858	1013	37	115	728	750	170	781	531	749	123	203	766	849	799	411	968	824
87	316	284	79	358	657	31	383	724	712	852	216	596	551	890	429	172	619	332	503	526	602	435	798	135
177	782	723	822	742	295	757	341	228	762	430	546	655	817	309	413	43	879	402	54	287	556	525	717	197
16	976	674	103	768	1023	658	476	681	405	545	264	44	638	310	392	215	312	711	444	804	445	613	407	116
636	584	408	239	277	527	129	834	999	416	937	494	920	488	547	175	593	656	462	561	214	710	1017	193	1025
741	922	797	991	520	106	21	600	715	8	259	336	112	706	158	903	721	535	182	343	620	412	153	570	34
659	993	809	714	9	669	838	45	978	477	867	85	313	631	805	582	252	371	831	99	317	821	235	941	410
281	213	736	907	56	1015	134	176	671	977	823	934	731	592	665	769	830	464	687	380	777	404	984	224	243
18	286	458	653	162	733	973	63	393	187	95	939	46	813	155	626	507	836	605	143	917	127	372	504	234
232	23	683	315	386	345	236	572	133	194	183	13	324	740	884	871	499	780	26	865	459	877	635	815	713
738	369	792	1000	301	191	365	859	957	70	746	883	954	226	192	446	82	538	109	850	272	417	958	219	421
196	166	661	743	349	418	131	962	955	433	745	775	925	945	212	33	387	434	960	604	250	820	837	181	851
540	323	66	705	178	251	971	933	431	485	726	496	1009	57	40	91	142	875	914	330	935	950	149	169	1022
42	541	376	491	931	1004	608	942	672	959	544	967	759	761	351	980	89	144	455	311	98	511	624	684	495
69	225	108	102	844	382	579	80	563	449	700	896	72	492	585	854	151	64	949	139	373	347	17	876	855
138	779	719	164	394	5	472	560	314	906	911	532	280	956	364	120	257	353	663	550	932	398	833	451	81
835	953	84	90	419	803	501	703	997	689	498	569	473	321	985	772	19	154	468	537	111	944	889	961	982
318	952	331	30	327	802	274	727	77	424	842	825	784	863	575	180	118	606	55	75	76	682	414	448	756
1006	440	270	843	998	354	59	565	395	848	767	645	523	878	751	1	375	230	293	198	240	262	536	276	801
895	771	47	898	205	587	378	100	475	688	467	211	478	465	390	827	53	707	873	188	344	615	113	258	846
337	692	218	702	872	924	887	599	1008	439	519	377	996	679	130	27	643	716	265	438	291	992	900	436	787
581	28	12	990	885	928	639	763	693	989	986	539	974	765	553	664	795	789	622	893	422	49	167	1002	107
845	269	126	516	616	770	282	566	20	161	227	640	930	179	793	628	994	963	275	730	29	96	894	65	694
244	880	325	629	428	698	902	913	385	125	6	453	548	987	975	124	474	943	576	676	338	288	489	425	946
910	268	248	607	580	660	379	518	427	389	927	506	246	38	1005	189	623	24	864	644	735	217	841	704	11

662 431 32 740 456 769 473 401 27 182 767 664 339 962 561 30 896 663 965 50 72 378 313 752 556

876 208 791 934 461 612 1023 384 933 600 249 455 88 35 923 330 8 857 45 840 2 910 897 1013 931

490 39 394 31 959 860 953 855 109 676 739 945 218 831 919 805 1016 755 362 515 482 457 95 660 542

732 359 554 651 686 749 492 97 61 495 538 435 982 782 633 102 1002 645 806 200 661 476 777 903 869

198 573 78 315 440 193 151 526 898 340 564 237 553 238 211 160 352 865 785 227 513 550 380 6 185

485 819 1010 738 565 462 993 964 584 848 656 715 768 479 961 691 53 40 171 703 369 336 794 874 581

223 368 137 316 972 872 675 263 988 51 443 106 614 908 258 994 254 810 279 851 303 12 808 559 77

114 938 444 425 650 527 450 471 448 306 265 75 240 404 393 397 212 463 937 349 111 365 838 511 618

529 458 48 1000 465 571 399 386 128 946 694 960 398 695 350 587 413 172 272 239 376 130 856 980 506

25 866 759 882 497 11 562 234 981 54 586 493 268 329 144 410 415 125 764 846 427 438 721 66 884

700 338 942 619 1021 503 772 708 719 853 33 899 833 653 406 582 454 250 639 774 725 396 991 86 575

470 563 220 1025 217 990 971 181 341 803 816 878 285 116 312 71 294 267 888 922 320 744 640 353 688

17 412 387 775 38 179 300 710 1 56 331 345 748 766 28 657 514 568 204 437 532 269 893 474 1012

974 983 475 277 175 36 918 445 986 817 486 617 121 680 266 742 379 354 15 895 815 5 146 113 357

44 844 917 432 939 60 690 870 603 712 852 147 411 705 253 189 409 989 178 733 824 751 500 296 724

727 779 235 41 850 311 592 716 63 827 670 385 295 880 968 1019 152 577 270 761 655 275 672 141 963

925 717 913 798 21 278 622 684 183 623 711 192 468 255 753 847 62 231 920 323 344 374 251 136 978

64 442 389 472 142 127 813 546 887 596 702 576 301 949 799 502 1018 558 372 726 383 525 419 148 956

828 528 692 807 361 731 786 788 248 287 947 644 199 572 875 99 820 9 730 930 209 355 636 975 741

310 763 658 213 796 916 911 804 23 519 904 293 112 1009 536 428 424 236 42 521 81 98 915 613 68

1001 346 627 789 169 607 418 34 704 421 166 388 108 367 512 416 319 252 155 439 610 757 635 628 780

467 958 668 574 363 890 337 373 157 243 517 914 818 400 508 736 496 186 168 588 83 871 1006 979 446

867 377 977 924 863 487 488 504 201 734 970 539 484 80 1024 900 549 197 318 598 170 322 358 47 601

629 37 822 987 494 207 976 842 210 1005 879 57 773 123 606 119 478 1022 335 498 405 20 3 145 909

998 873 129 995 464 274 299 829 570 93 825 809 569 533 159 737 325 687 69 652 608 332 407 328 689

932 781 699 305 324 770 683 743 646 307 543 642 483 697 297 718 79 881 14 451 262 523 55 821 552

709 84 591 944 698 371 541 883 999 518 611 205 259 417 594 74 103 823 284 441 24 783 271 126 245

196 889 390 778 403 707 631 701 395 713 992 735 351 230 643 795 110 951 282 802 225 800 29 426 92

132 722 7 162 221 790 133 1020 1017 120 507 669 257 901 290 714 314 326 621 832 317 957 926 214 304

967 728 1007 886 140 835 861 787 256 885 599 682 955 135 902 342 602 452 302 952 480 868 138 935 246

912 928 677 161 706 696 877 226 720 1008 216 943 105 90 834 381 118 190 59 940 429 94 535 590 46

244 845 224 814 242 985 91 364 801 264 150 288 19 616 298 154 423 685 864 597 907 308 641 327 430

173 165 366 648 729 534 433 402 309 758 771 615 489 948 837 348 747 537 746 291 158 578 219 232 167

261 149 52 434 134 665 104 812 215 281 391 679 557 666 654 333 453 849 49 187 100 82 929 792 447

289 477 843 671 830 609 626 222 202 632 184 966 334 449 750 101 630 194 585 892 921 544 531 530 969

954 1004 905 859 566 1014 43 191 765 927 131 164 124 481 894 524 273 85 122 16 174 950 649 797 1011

233 87 754 115 620 560 545 793 567 408 491 107 356 520 163 153 117 89 321 555 177 605 229 67 624

647 73 65 58 509 247 469 673 276 681 180 260 936 997 839 203 811 583 176 637 589 286 206 776 460

667 745 996 292 762 347 360 891 540 984 76 625 593 604 723 595 760 241 283 188 634 436 13 548 139

501 522 756 156 693 499 195 638 143 836 343 1015 26 280 1003 941 228 382 784 4 420 579 678 510 858

505 22 841 422 414 659 392 674 551 466 370 862 70 459 826 547 580 96 516 375 906 18 10 973 854

216	93	763	188	1004	841	815	728	290	922	276	483	508	429	363	419	856	452	304	628	187	335	436	972	761
185	956	910	311	430	996	519	564	51	368	897	560	516	450	611	54	919	950	281	158	97	180	56	362	598
881	323	251	61	439	543	131	89	970	264	491	328	901	223	263	78	624	96	665	909	194	997	134	800	693
618	1016	554	536	626	293	660	145	14	307	789	684	1010	597	785	949	191	299	237	773	160	480	912	733	472
671	784	503	116	917	850	938	396	308	642	412	312	954	1025	64	650	939	806	422	859	739	329	424	441	76
646	964	810	573	925	874	695	341	594	908	559	340	128	710	726	139	664	709	819	675	732	210	830	619	552
756	539	951	1006	737	277	215	477	27	676	378	81	142	375	25	381	63	586	722	1005	402	614	309	337	192
47	74	280	529	347	92	42	579	718	605	382	562	797	301	657	85	20	592	641	137	911	501	691	175	183
493	1007	30	820	48	764	445	696	900	414	325	742	557	98	832	423	256	767	540	467	987	778	629	790	875
318	377	794	426	372	297	854	808	1009	604	6	267	108	286	758	218	235	471	817	861	924	766	849	906	978
357	571	648	165	437	520	1002	745	744	473	13	176	748	227	572	127	44	7	725	654	724	303	813	16	399
320	824	478	236	655	920	463	747	896	294	132	750	72	988	153	21	712	853	852	720	261	531	621	663	783
581	731	9	816	770	166	366	43	373	221	518	411	23	114	868	863	630	553	36	620	24	408	295	242	940
842	711	606	496	204	302	177	397	326	812	953	184	99	80	645	110	126	418	169	931	306	741	514	701	886
590	431	735	876	914	421	211	499	70	968	635	636	486	454	101	780	984	545	342	190	698	273	86	498	26
973	18	933	87	998	929	681	685	394	717	143	155	1015	12	213	962	94	446	994	948	836	873	774	898	455
246	546	112	871	982	406	1019	855	440	383	274	729	523	29	899	459	150	798	525	825	104	282	689	330	52
708	959	55	198	958	670	289	140	866	596	649	102	569	350	981	115	53	262	941	593	506	147	152	121	105
470	203	565	550	343	425	872	334	848	799	492	266	902	534	460	740	795	298	296	69	892	252	497	333	609
992	495	313	391	637	258	703	1022	643	659	945	677	613	608	578	1018	57	141	287	415	814	285	723	205	736
983	228	73	961	151	661	109	243	804	617	946	918	882	762	268	146	921	416	77	34	427	658	469	451	769
230	45	943	694	395	255	265	934	125	547	530	390	788	95	278	1012	71	885	707	638	253	500	310	233	1021
568	356	1011	538	864	599	130	674	673	603	632	858	182	84	374	206	524	348	757	67	932	11	802	504	199
62	867	209	40	805	787	587	240	60	891	888	174	577	904	600	161	392	561	163	509	977	944	666	8	173
865	743	58	244	690	502	777	448	952	753	300	447	556	541	111	1008	616	839	288	551	889	75	225	831	928
120	687	528	845	257	811	315	283	488	947	314	754	355	465	485	220	1023	369	438	117	338	346	360	639	432
489	197	464	15	260	380	835	738	10	683	558	846	138	358	903	351	890	41	217	59	388	640	807	682	522
417	379	167	680	269	883	453	634	170	405	118	969	361	1013	474	851	292	511	809	319	38	324	231	222	786
327	186	870	157	570	229	980	196	595	966	821	476	990	376	409	481	156	398	322	976	601	90	494	936	202
782	367	212	555	688	31	957	365	129	893	823	189	879	291	575	400	28	510	349	752	442	179	35	122	512
193	647	923	715	905	208	123	713	589	154	466	771	1003	801	336	847	967	915	993	407	583	49	822	384	935
960	584	144	100	37	4	916	332	168	772	679	133	878	435	986	567	148	955	1014	927	965	615	776	2	19
749	393	507	656	759	833	385	124	259	1001	272	880	719	517	515	612	22	989	371	974	32	136	985	862	66
838	200	521	113	353	68	803	631	247	456	1	537	625	275	1000	826	860	895	768	364	106	462	162	963	979
869	359	857	226	942	475	995	317	669	354	241	566	623	404	714	668	386	700	331	526	894	103	686	999	79
828	588	781	574	91	877	238	389	250	699	796	751	563	667	46	610	284	458	532	88	884	913	765	505	201
239	975	159	270	370	401	1017	248	50	207	716	760	195	755	576	527	5	843	937	33	3	793	214	627	697
254	653	818	678	930	907	535	746	548	420	479	305	591	549	482	107	39	644	249	234	17	316	971	827	622
513	829	339	119	487	702	651	791	721	449	633	585	65	461	410	181	403	433	730	542	444	344	232	219	837
602	434	413	582	149	387	164	991	490	775	82	844	734	271	457	171	706	443	727	834	792	544	533	428	887
468	352	704	1020	652	692	279	245	705	321	580	672	840	135	779	224	484	607	345	83	178	926	1024	172	662

746 600 863 1010 73 485 938 674 916 284 735 1001 8 995 585 650 449 919 618 333 362 334 698 517 182
164 572 105 813 61 544 837 897 433 235 25 561 372 179 841 369 214 128 534 657 979 978 189 990 847
298 781 373 1017 785 831 742 315 445 127 148 695 392 232 219 28 858 910 233 699 237 160 865 586 805
738 817 80 498 814 206 201 921 511 554 321 697 140 893 792 246 282 606 668 842 675 436 907 516 777
23 996 851 434 766 166 559 188 276 96 688 82 391 693 535 562 908 673 398 149 578 236 29 873 819
496 591 724 551 614 1016 1023 529 556 660 418 891 21 509 136 810 169 376 806 44 575 998 67 521 68
834 689 573 385 706 3 267 880 874 825 903 986 523 530 340 677 980 380 356 902 524 732 964 180 739
748 632 574 403 262 9 159 989 852 493 712 974 207 1004 997 764 914 560 305 795 137 163 731 274 920
691 950 360 446 437 275 99 295 635 55 588 569 357 422 878 421 655 780 224 741 610 349 963 1011 48
69 471 89 76 643 895 664 624 491 725 58 772 348 824 522 174 744 796 205 839 212 627 187 365 623
853 113 476 294 992 719 711 913 194 549 828 281 676 399 173 1013 636 602 10 283 155 411 36 666 213
158 958 926 993 803 864 320 829 331 66 134 117 871 885 144 811 754 784 271 389 135 833 943 1 131
248 451 139 808 968 390 292 429 375 119 336 707 514 353 571 191 608 378 960 27 533 354 475 665 759
954 230 715 782 452 728 599 35 161 216 303 395 272 31 260 859 576 717 816 487 112 818 1020 57 700
383 736 245 634 393 501 304 193 644 751 802 975 6 204 756 252 1000 447 486 794 525 430 626 1022 156
280 928 671 622 384 386 616 932 218 584 767 988 244 288 716 463 532 290 84 734 546 798 752 942 264
222 838 1019 912 483 1008 656 270 435 944 930 30 414 227 347 106 114 595 787 830 579 382 563 936 596
670 306 800 884 243 906 1002 484 768 1024 611 404 597 428 152 208 730 845 454 5 462 827 652 510 86
83 489 969 33 335 658 504 121 702 749 952 458 416 774 466 901 799 147 540 34 2 250 613 287 923
85 553 526 473 804 515 17 1018 607 308 854 225 965 605 1003 229 887 477 93 397 889 344 480 481 202
663 604 200 215 682 977 314 583 686 122 899 860 966 581 402 296 797 309 32 310 971 59 541 453 612
4 589 647 598 757 835 881 138 743 72 286 266 167 141 120 508 862 727 22 704 406 543 257 363 555
199 994 118 13 181 351 645 866 844 981 456 307 441 628 527 692 745 234 708 359 328 937 788 909 896
557 709 970 350 211 763 285 278 567 905 239 90 953 12 176 497 653 299 381 869 14 470 826 867 776
687 520 617 387 927 49 16 683 468 327 918 775 857 722 255 1014 931 238 291 779 773 642 506 898 641
415 423 153 705 488 253 500 721 552 324 88 374 983 419 178 519 410 316 672 145 594 625 904 849 146
210 620 346 696 801 654 455 425 951 124 417 345 439 394 646 440 444 761 464 876 771 247 505 758 883
254 71 531 256 209 755 154 790 26 956 70 1012 615 603 789 679 582 408 991 196 241 431 479 809 53
667 165 648 311 855 778 967 933 499 19 261 890 962 750 1007 92 268 358 1021 427 100 198 872 882 982
737 821 946 405 413 388 43 536 565 894 472 39 848 1005 74 832 293 102 861 984 935 957 197 330 577
401 18 823 1015 172 143 959 355 630 50 482 443 568 976 985 424 502 947 718 60 836 566 62 815 494
955 370 807 747 11 550 492 170 545 922 337 459 195 949 251 249 753 177 323 258 125 570 973 56 528
273 242 184 720 629 7 77 322 129 539 601 64 20 537 765 713 364 703 513 694 171 319 684 633 651
812 87 791 961 941 1006 558 461 793 740 325 879 786 733 681 432 542 265 366 760 888 690 987 133 426
132 972 81 593 621 186 940 279 151 47 41 726 495 297 822 420 130 945 157 300 856 407 101 361 54
783 259 142 548 917 661 925 220 843 924 911 512 678 231 900 339 371 400 467 507 457 939 490 162 850
313 639 332 377 368 221 412 352 769 631 240 42 886 226 338 868 107 659 123 115 587 109 192 343 450
95 190 24 318 669 301 312 875 460 104 91 662 714 65 723 929 63 367 15 51 37 948 217 52 1025
538 46 465 223 302 108 840 38 934 289 103 203 710 75 518 701 116 98 649 317 442 183 640 438 999
770 97 590 820 379 474 685 45 396 609 915 110 79 342 680 592 877 729 111 619 329 326 503 263 448
870 175 846 78 469 637 126 638 185 228 150 269 1009 94 478 892 547 40 168 409 580 277 564 341 762

70	328	558	631	704	643	508	766	361	849	565	106	848	125	156	153	307	44	641	91	186	441	363	569	205
656	962	404	102	933	562	237	160	26	724	61	598	884	752	943	855	909	432	400	11	250	731	838	260	690
785	446	512	458	722	299	258	330	384	9	33	709	885	920	992	780	462	714	17	620	123	421	864	14	675
423	877	628	910	642	999	727	741	317	332	41	758	46	768	69	841	635	897	499	888	435	694	634	408	669
585	703	773	594	449	231	492	984	559	103	550	692	300	852	267	654	554	529	712	37	99	971	959	908	819
510	696	143	390	750	614	18	213	707	155	748	161	295	516	595	936	810	77	531	447	265	208	655	836	970
608	395	130	806	844	164	43	493	436	145	964	552	79	764	599	2	459	357	261	367	923	763	1015	973	749
874	961	96	340	693	646	244	230	732	648	958	165	48	137	451	824	951	526	466	746	437	220	544	636	871
630	234	965	545	321	1007	411	222	744	181	802	57	515	711	616	177	573	739	790	837	256	433	1016	660	288
200	15	84	92	210	495	468	725	860	612	740	1003	276	151	232	996	219	338	188	928	779	686	442	519	36
439	294	1008	907	832	639	845	787	587	995	419	217	792	653	527	32	915	778	284	168	945	1022	861	214	937
82	399	202	471	22	38	273	178	240	74	387	747	853	481	180	517	691	229	672	112	775	932	681	941	149
489	438	718	583	87	680	1001	705	320	968	717	699	736	252	862	434	944	661	969	184	359	239	640	1017	789
869	555	465	456	122	410	409	525	474	979	916	366	242	514	560	535	109	379	997	781	737	1005	422	593	761
7	571	798	269	343	816	812	647	345	659	721	546	664	383	101	870	453	952	720	75	697	956	966	4	1004
424	311	472	59	225	201	313	706	596	426	204	668	111	847	536	889	293	676	486	769	316	826	589	238	448
934	224	624	148	629	808	167	20	538	491	857	776	243	846	189	991	950	834	115	337	444	582	591	95	76
132	949	1019	621	613	257	416	325	784	567	187	40	303	179	723	987	89	34	504	539	541	314	990	682	940
3	131	799	625	794	152	138	658	297	28	460	378	45	305	251	479	835	323	403	120	815	27	287	905	88
893	927	988	1006	118	159	281	485	207	56	977	6	684	375	52	505	194	64	670	254	1014	463	68	521	203
139	291	922	1018	136	351	47	182	310	454	114	289	86	868	104	762	147	886	413	929	649	948	547	804	743
469	218	688	900	924	609	756	665	602	467	172	8	574	121	221	191	228	49	369	134	783	247	90	755	638
726	398	135	315	767	880	227	729	588	39	859	610	674	774	733	81	190	637	158	865	501	327	600	241	443
626	377	701	685	738	831	73	777	302	771	627	296	911	892	561	575	986	867	124	954	757	805	306	385	511
141	963	342	429	683	392	989	397	579	414	334	382	974	518	376	30	926	796	280	667	788	271	482	850	24
615	829	513	651	42	623	549	333	347	249	899	858	401	801	150	851	939	50	142	925	171	679	326	590	1002
856	671	452	233	533	883	100	318	430	728	406	917	324	1020	192	687	216	94	275	980	633	54	110	199	266
488	108	581	875	126	119	380	19	278	464	553	196	417	534	830	566	828	370	770	894	154	195	878	264	906
478	772	967	412	470	673	556	903	63	349	389	904	304	895	301	698	279	972	206	98	1023	542	708	540	913
113	509	450	285	935	1025	921	985	791	891	818	105	245	854	183	866	809	290	461	473	981	255	735	551	487
814	391	605	1009	663	597	312	719	374	248	617	346	490	820	67	918	912	497	765	298	1	957	365	212	760
803	500	253	576	863	368	350	354	140	983	420	116	356	793	734	833	994	475	331	578	477	146	710	457	592
277	494	823	51	66	163	644	483	896	12	282	645	506	890	144	85	821	524	72	339	604	358	364	246	537
308	286	396	211	329	976	29	901	652	800	341	678	209	353	530	611	619	405	503	797	759	352	975	197	955
873	1011	751	476	215	548	415	603	606	388	402	522	960	223	309	842	713	953	480	745	700	360	175	898	570
662	129	80	10	58	622	484	902	813	13	1012	716	1024	372	978	498	839	993	263	572	1013	133	677	373	632
1000	528	428	174	335	502	942	62	532	336	425	283	127	93	71	931	577	107	998	235	272	930	947	843	170
879	827	268	427	563	807	236	270	97	65	319	523	60	440	795	564	322	882	601	840	730	1021	176	657	355
689	876	394	418	25	811	938	274	185	742	78	169	348	507	445	53	393	753	618	162	825	83	650	715	166
557	580	193	173	520	702	586	117	371	262	822	386	607	5	568	666	872	782	496	407	31	543	754	128	23
55	914	919	344	695	982	21	259	431	584	786	362	157	381	881	292	887	817	946	16	455	198	1010	226	35

974	451	511	8	12	52	638	621	608	852	603	345	132	213	410	712	20	663	155	629	575	675	230	398	337
721	947	802	315	267	304	862	539	507	655	649	472	623	228	987	61	928	160	424	989	865	237	22	162	963
481	297	879	958	415	322	290	605	529	785	275	948	72	104	119	929	601	871	311	229	600	289	295	325	645
211	869	62	636	912	371	604	477	819	57	502	355	908	577	748	1012	226	738	674	805	828	896	528	376	845
969	841	807	831	487	559	868	561	357	456	1008	777	637	898	583	407	886	897	245	787	84	316	202	319	469
764	259	913	60	444	1022	824	810	878	4	980	910	949	85	953	991	71	851	554	238	822	597	609	91	582
286	1006	122	425	729	745	392	555	826	783	73	797	251	489	221	1021	323	932	493	753	711	818	389	614	437
453	137	858	427	516	744	268	47	684	589	964	36	48	157	966	895	190	944	892	64	815	882	411	631	647
732	440	308	483	402	874	685	467	248	669	309	924	46	13	734	334	772	568	112	931	786	857	806	186	714
361	53	123	573	479	252	800	302	901	317	113	952	736	585	725	400	380	611	877	349	215	340	449	56	900
693	342	1023	590	652	24	332	96	88	294	576	739	150	558	872	999	660	436	1016	480	333	701	233	776	1
103	876	644	853	968	331	512	365	690	719	326	212	413	889	394	164	475	922	717	946	518	176	903	254	81
399	905	206	110	733	125	525	833	225	803	551	726	198	911	544	975	167	556	94	37	567	377	354	59	432
848	837	144	276	546	433	514	682	41	383	982	455	691	188	172	321	471	673	11	746	625	996	505	320	534
318	257	42	142	509	520	770	759	443	66	541	353	93	755	1014	888	850	79	431	798	314	484	565	1024	891
504	102	258	939	700	126	16	367	751	921	855	300	120	486	596	816	232	927	835	335	219	694	243	925	231
26	153	149	428	204	960	34	735	962	571	105	39	933	192	792	930	716	698	557	70	138	67	247	180	622
849	284	82	814	54	613	478	108	381	83	291	49	391	416	214	730	907	241	330	543	356	298	917	422	118
77	993	163	664	560	703	171	482	658	620	90	743	98	550	532	641	524	875	578	287	959	997	499	434	265
168	441	513	124	1017	522	140	651	442	827	607	408	220	301	272	1019	881	351	676	270	942	476	977	995	492
836	804	984	915	808	183	246	401	152	249	1013	307	563	50	633	530	130	799	327	63	856	1004	1000	667	360
338	1011	820	863	143	839	722	282	10	5	887	303	18	310	328	517	363	771	758	670	535	412	699	336	702
1025	279	147	344	1018	704	715	972	423	459	14	632	909	58	1009	508	393	961	1015	76	654	781	709	15	973
867	639	615	542	794	642	801	950	750	677	697	463	592	491	283	29	1001	299	195	386	531	370	598	217	679
757	566	89	988	31	100	174	894	782	38	261	710	706	121	43	450	979	312	454	587	784	151	624	27	86
240	250	584	791	945	224	740	873	680	834	606	116	640	696	461	193	114	902	842	495	6	594	683	378	916
106	754	774	788	883	324	498	409	373	970	277	17	35	375	379	648	165	811	591	773	545	187	177	154	628
80	552	117	292	619	404	503	870	131	630	33	296	998	668	19	692	727	838	438	201	474	368	687	490	884
199	269	646	1007	847	790	306	145	656	666	194	795	941	458	661	572	256	417	175	196	457	951	760	341	348
756	75	173	227	523	281	464	139	967	978	765	403	462	329	218	763	681	156	813	396	465	971	372	141	51
223	148	793	274	488	767	260	384	448	861	191	435	501	127	266	235	825	109	768	305	352	752	339	420	985
832	406	665	169	3	957	111	87	236	844	262	747	184	809	166	778	689	593	134	935	92	397	273	189	899
954	364	205	769	30	179	23	537	1002	659	990	519	207	657	496	846	418	634	678	159	859	904	210	278	263
28	742	242	548	749	864	255	445	366	779	579	569	382	643	208	943	602	55	74	68	280	521	414	343	158
574	2	650	40	595	812	923	955	135	419	347	439	346	885	662	470	538	626	914	95	313	101	181	708	468
906	581	97	817	737	128	938	981	866	21	553	934	564	789	618	823	510	720	936	821	25	526	234	718	992
775	405	429	843	617	7	731	447	78	107	466	890	653	586	672	494	374	918	285	115	136	893	1005	840	358
446	133	570	45	146	976	780	387	271	527	723	686	178	497	515	421	937	610	185	197	44	713	69	926	588
724	612	430	473	200	761	705	860	830	627	9	540	1010	635	695	216	500	766	65	965	983	253	485	161	671
452	350	796	829	940	741	32	388	956	239	1003	460	599	385	854	688	390	209	264	1020	728	880	707	920	426
170	762	616	359	182	506	533	536	395	288	919	547	293	549	986	994	362	99	129	222	203	562	580	369	244

579	944	382	993	866	909	918	733	272	254	702	740	453	529	413	61	770	847	43	14	945	280	160	748	374
819	698	158	776	598	105	908	704	126	476	785	617	88	299	269	887	1000	508	357	356	285	261	954	981	563
253	129	172	159	497	735	696	148	850	42	146	581	391	298	3	347	5	545	465	177	824	642	711	553	318
764	336	75	648	814	594	522	189	388	165	209	925	207	952	163	602	559	626	524	500	661	344	983	142	437
192	910	170	507	448	939	841	36	112	614	393	505	630	567	162	941	810	554	906	360	897	493	578	411	1013
990	226	108	755	889	59	167	252	10	773	48	681	68	530	744	905	521	109	715	478	625	386	443	736	135
875	1007	552	246	371	879	603	601	540	58	91	473	137	951	839	256	964	846	917	970	350	628	179	140	111
806	926	717	28	283	273	830	646	692	632	854	506	593	725	429	1014	1011	671	947	994	322	574	790	98	225
355	659	822	282	927	732	340	319	294	193	54	31	87	727	874	145	250	782	528	17	301	516	682	39	407
343	541	763	884	525	588	264	63	62	747	584	577	573	430	12	769	861	259	314	968	502	184	271	247	216
174	538	677	241	171	1016	838	1020	778	106	835	863	92	415	257	631	663	610	853	728	1012	136	183	807	33
1009	320	820	627	458	856	971	482	138	832	449	452	313	40	35	546	404	383	645	120	95	29	893	739	660
934	211	366	49	118	157	46	72	829	513	514	651	60	811	399	753	243	798	71	693	714	96	436	585	412
596	549	691	249	1021	74	880	796	317	292	462	242	754	633	896	101	898	902	504	291	471	877	656	669	210
882	486	768	90	786	606	34	953	873	519	117	842	812	385	592	844	604	1025	186	401	667	605	50	533	164
986	720	752	416	743	45	435	279	188	348	544	400	123	996	688	304	972	115	425	816	477	156	999	485	124
119	373	103	998	85	613	204	718	361	276	384	498	912	710	312	327	568	427	332	723	290	666	321	268	351
245	195	963	37	623	369	433	260	116	558	468	795	370	597	771	658	173	450	287	571	439	745	746	779	977
679	275	523	1019	460	931	440	828	181	277	398	1005	789	797	542	575	7	419	80	286	512	837	989	737	974
865	79	749	946	825	208	232	422	13	219	804	872	461	182	203	53	799	432	572	511	634	180	690	547	487
638	376	818	894	792	274	368	8	566	315	672	615	310	791	762	426	801	813	619	175	152	341	372	503	234
923	676	215	178	389	402	228	394	738	913	600	775	309	653	125	262	526	41	490	689	100	149	670	940	978
560	457	943	649	907	51	595	808	1018	52	878	805	166	876	198	329	235	387	997	308	2	11	127	396	664
527	888	936	483	777	289	683	147	851	864	231	980	937	510	705	761	434	236	82	169	205	367	674	176	867
469	982	929	466	848	561	895	104	480	956	55	831	303	621	800	760	643	734	418	214	496	611	132	901	154
339	883	694	248	536	337	223	637	284	19	300	20	885	455	1004	515	352	23	757	948	569	629	686	293	565
772	447	1017	454	914	687	995	539	965	200	86	463	609	239	765	860	325	652	431	420	992	657	121	324	987
985	967	1	793	788	345	576	868	102	445	855	73	472	417	794	113	886	76	263	196	392	612	258	297	424
678	359	464	491	6	442	858	729	161	933	27	699	644	70	311	1003	349	168	410	32	114	742	988	535	520
199	517	781	719	330	354	915	331	721	220	950	774	378	221	265	16	975	296	21	380	962	784	69	892	475
141	550	446	334	703	244	212	153	707	650	484	89	93	557	222	421	1024	783	817	190	25	26	935	731	624
499	662	1023	375	288	938	809	44	903	492	618	537	128	833	957	488	22	949	390	780	365	803	599	959	77
47	620	251	395	991	1001	323	616	306	9	685	316	564	582	233	364	697	335	1006	586	706	635	130	862	548
551	150	353	230	408	840	381	302	338	766	78	229	920	849	144	556	187	64	333	834	224	869	266	15	97
701	278	930	66	759	641	481	218	217	899	185	456	227	684	131	924	741	815	904	979	928	444	543	238	724
202	802	845	1010	397	955	206	961	342	451	984	583	428	716	916	591	608	836	590	751	900	99	622	695	467
562	969	843	973	891	143	94	730	38	639	213	4	326	518	83	155	406	756	139	194	18	24	673	107	700
84	852	871	680	758	65	441	1008	712	201	346	281	587	56	787	255	826	823	821	1015	501	767	534	459	881
494	1002	362	295	713	122	379	654	403	655	555	647	191	607	151	57	307	377	958	81	509	110	640	960	668
405	240	966	495	890	827	722	423	531	134	133	911	267	270	589	580	532	675	470	857	708	919	358	489	409
237	438	665	1022	976	363	859	932	414	570	750	197	942	726	67	921	922	709	305	328	636	870	479	474	30

908	762	878	63	397	439	167	406	713	8	292	218	54	768	737	754	855	102	346	706	863	227	734	203	915
265	600	834	112	789	411	468	889	224	494	638	39	187	697	819	1005	133	220	785	59	779	437	738	255	183
805	752	890	493	405	559	895	820	652	980	1009	228	764	419	70	520	1014	933	736	131	358	435	156	902	117
171	927	674	181	777	767	810	412	330	247	940	976	225	197	426	384	139	570	851	1001	962	252	756	248	36
649	666	52	591	130	959	842	873	26	897	16	856	831	682	744	550	708	348	614	470	554	501	703	77	194
469	113	916	592	672	338	910	281	576	772	314	153	260	841	482	1002	289	241	374	561	492	606	48	15	979
257	285	866	835	929	132	1	137	964	637	541	644	104	717	217	129	1025	191	234	173	918	499	513	557	651
968	392	201	653	93	414	120	373	975	634	208	178	775	162	795	749	621	948	725	617	981	30	498	998	633
38	49	209	253	972	668	609	525	349	50	146	401	280	484	294	387	403	507	138	475	249	134	620	388	1024
73	118	579	874	20	382	331	291	806	226	705	408	354	639	80	761	312	526	500	961	667	710	629	983	859
853	383	91	581	546	954	516	987	923	337	836	732	680	335	523	340	956	293	719	170	553	665	849	497	279
379	347	504	450	641	297	858	527	803	124	18	886	640	937	573	325	587	116	2	243	536	381	305	380	984
892	424	729	158	1015	274	879	595	320	365	459	572	90	543	143	973	868	833	212	798	409	371	277	825	539
195	542	903	407	813	689	596	372	262	626	936	399	474	686	370	906	322	739	660	870	151	1016	510	601	514
334	822	144	864	259	341	471	350	221	930	603	239	175	351	943	1023	743	240	34	947	847	515	327	472	466
200	716	83	319	881	693	528	436	159	205	345	3	190	771	619	438	428	96	353	978	602	495	503	758	622
816	585	691	355	368	965	66	461	207	654	783	441	643	269	759	631	233	166	127	311	449	486	416	751	860
740	496	791	135	679	700	236	613	885	307	531	55	473	730	410	235	148	556	945	612	169	502	506	977	994
204	43	607	189	447	722	490	333	46	714	287	329	465	750	540	658	569	577	423	62	418	685	807	551	396
261	302	801	150	615	1003	996	1006	12	51	709	671	359	669	894	23	949	1012	992	566	721	164	854	877	32
270	544	177	545	914	753	14	429	457	673	47	960	100	188	830	661	68	521	157	317	571	206	75	328	415
186	926	909	924	582	161	342	64	663	251	71	276	532	448	799	701	804	60	321	590	323	891	363	827	1019
942	152	326	696	508	534	702	316	22	941	467	900	216	760	991	990	299	179	310	352	645	223	574	657	999
154	69	704	445	598	109	862	271	400	746	846	786	111	648	684	222	165	518	264	94	642	509	123	24	430
681	683	867	869	444	272	837	594	263	72	742	898	103	563	244	728	433	339	670	630	332	211	887	815	1021
765	425	37	5	452	361	21	1018	993	422	588	1000	19	288	390	238	180	882	110	896	28	707	420	599	1020
219	605	558	147	476	427	81	883	604	780	136	268	446	229	953	568	921	456	616	377	610	731	344	421	67
196	893	583	928	792	635	256	25	773	664	808	356	481	829	793	627	395	676	757	593	324	817	56	232	512
417	967	770	997	9	970	336	650	4	790	79	87	678	769	985	230	477	687	149	911	44	1007	273	659	951
432	386	105	560	184	938	121	538	586	1013	726	618	343	522	549	690	845	826	128	552	393	628	533	303	202
86	741	880	82	434	922	698	608	126	451	802	969	360	85	298	920	524	95	745	646	163	796	304	40	391
286	385	735	692	464	733	99	814	463	724	647	145	662	564	788	290	454	861	766	912	313	907	747	440	715
122	78	214	155	934	10	413	41	797	97	1004	935	597	787	1008	931	548	53	872	946	578	857	318	555	479
245	988	125	114	142	850	840	957	530	367	489	688	695	794	17	119	84	254	42	778	92	727	537	213	589
58	488	809	231	101	958	284	925	11	366	57	871	839	76	485	199	832	296	13	250	185	986	966	763	364
27	141	1011	884	963	198	453	888	6	33	31	852	478	242	172	623	562	193	782	394	140	712	774	88	1010
300	74	784	108	246	295	776	932	632	876	192	210	939	995	828	115	655	989	584	812	487	974	45	283	1017
955	267	565	176	848	398	458	636	404	369	275	944	215	402	309	535	723	491	971	575	1022	106	838	378	107
362	455	89	282	519	306	699	35	505	875	675	65	904	98	624	818	720	266	443	917	308	843	694	950	982
913	901	823	781	899	357	258	389	301	529	718	755	625	580	952	656	844	278	174	919	375	168	567	511	748
7	824	29	517	315	61	376	480	905	160	865	711	800	460	182	237	483	811	611	442	821	462	547	431	677

685	595	686	960	266	523	785	946	367	630	284	270	745	827	819	299	80	682	627	440	783	252	904	909	136
312	515	311	533	278	710	345	821	493	532	508	333	239	784	85	53	510	378	764	823	642	36	872	681	633
713	673	912	249	549	704	125	231	594	825	893	206	286	936	972	306	466	598	304	491	702	314	559	1017	931
346	410	257	796	899	860	133	797	541	535	891	200	835	290	274	810	279	11	887	942	50	744	401	995	150
689	864	1006	659	965	563	89	120	494	888	262	943	375	277	48	554	597	572	667	624	614	593	116	950	302
538	300	87	406	198	273	509	291	47	272	701	358	394	255	880	717	590	450	897	138	612	769	13	949	49
245	1007	910	343	119	841	890	397	534	227	1000	5	570	205	344	118	256	405	699	813	385	372	342	721	40
978	184	525	323	790	326	359	175	197	94	993	968	964	32	876	218	976	924	951	773	137	643	124	725	95
552	970	1003	565	447	127	370	619	503	694	55	848	294	467	781	900	341	166	313	251	64	518	168	24	885
646	470	684	235	504	67	236	628	934	747	383	476	546	496	195	569	982	243	582	90	986	706	688	542	169
806	455	368	853	874	374	623	756	921	487	131	224	402	708	861	517	110	215	992	442	309	176	187	991	418
308	393	356	145	23	461	336	258	732	139	396	162	767	828	963	697	340	798	327	834	815	915	485	129	316
862	514	194	444	161	791	778	92	431	692	320	507	516	743	386	329	918	377	573	351	771	989	501	974	22
91	45	832	866	81	102	575	869	818	490	222	522	388	285	366	617	1013	275	101	914	220	226	596	34	1002
170	115	146	763	660	739	265	242	591	163	901	1016	398	416	360	727	209	679	238	399	51	1001	715	981	855
486	894	483	911	471	191	566	105	500	800	812	30	611	17	480	983	281	244	56	977	770	524	253	391	369
126	698	801	816	707	615	10	913	497	288	250	599	70	613	389	414	933	371	457	979	456	69	298	657	723
691	916	703	352	445	287	77	100	74	726	879	15	578	280	962	210	96	390	734	520	658	229	814	511	223
760	204	376	583	407	720	959	481	322	579	33	859	742	382	581	550	601	436	134	330	693	130	553	735	616
58	731	395	665	652	263	201	922	547	259	4	782	26	839	421	865	449	403	21	193	492	530	318	884	338
804	838	668	347	202	460	631	780	971	339	584	928	16	947	733	826	822	954	585	182	446	31	217	315	878
154	845	420	895	635	1011	528	203	404	319	458	499	153	519	799	1019	571	8	230	283	603	106	248	738	42
46	647	600	355	638	857	969	996	557	38	906	632	980	850	350	164	762	413	142	305	310	817	140	718	479
246	626	683	805	802	765	188	680	19	152	555	851	9	254	44	639	502	25	478	158	877	925	844	714	7
544	1008	321	994	640	576	650	122	670	656	777	506	577	589	620	62	737	608	867	35	451	807	228	669	961
938	644	772	741	939	113	586	408	831	172	462	192	108	128	920	793	674	1005	409	439	587	787	379	317	276
561	18	324	766	84	984	849	870	1012	88	779	99	174	789	966	602	678	489	157	473	93	883	618	1018	836
753	540	196	213	52	419	3	159	985	768	649	999	811	847	474	155	426	975	484	282	940	1024	468	724	1
60	1015	687	469	207	147	475	967	381	186	564	917	854	289	677	875	746	151	459	12	143	98	757	415	973
443	97	354	438	637	435	71	837	180	958	776	871	123	240	662	641	754	417	422	57	335	433	453	135	292
932	117	719	808	392	543	495	929	786	548	269	148	301	181	156	104	332	103	695	29	400	349	671	78	331
562	1010	1022	464	902	944	1021	121	621	840	803	852	664	645	663	185	384	505	712	132	830	948	863	752	676
625	183	361	63	295	465	788	833	567	380	945	73	232	755	537	655	189	758	303	219	672	429	37	609	935
531	629	1009	348	858	454	957	926	149	86	882	997	898	365	654	68	636	54	234	364	740	521	211	792	212
267	75	622	20	425	560	463	568	558	441	260	905	428	264	430	820	952	775	72	666	178	930	512	216	881
337	144	761	842	271	353	427	716	307	749	39	43	809	987	873	423	268	387	79	886	750	653	896	574	83
296	729	448	722	434	868	297	412	892	748	208	956	606	953	173	107	705	751	661	325	199	293	903	728	488
711	1014	1004	357	604	526	59	66	988	261	794	114	539	907	759	634	1020	536	990	179	730	1023	675	82	167
588	824	795	334	432	141	998	846	774	919	889	843	690	605	856	700	65	529	171	607	177	452	362	709	545
2	190	927	160	28	14	109	237	556	580	76	214	233	941	221	923	247	527	424	328	955	498	592	937	111
648	696	908	41	241	165	27	513	829	651	411	363	225	472	482	551	61	437	477	112	373	736	6	1025	610

81 18 512 49 141 830 988 980 978 794 175 391 493 8 460 166 663 257 408 836 541 524 785 114 764

82 762 558 151 138 33 770 882 496 22 559 434 992 341 444 105 79 10 127 203 120 774 169 569 984

907 438 93 1004 884 568 148 143 898 459 240 418 973 236 638 744 619 576 851 600 503 291 211 849 298

48 717 56 698 614 971 193 718 823 578 904 425 869 644 1015 911 269 805 814 429 810 118 235 124 862

222 584 23 381 554 76 821 427 7 772 161 484 6 777 542 519 782 72 1024 113 228 370 268 238 126

27 396 264 458 713 106 189 216 831 58 368 674 1 926 838 530 266 641 975 195 839 896 495 735 31

318 283 475 465 329 725 737 690 844 456 525 968 68 914 90 521 133 953 214 335 726 897 278 404 430

327 604 504 494 271 784 1011 1005 294 574 910 306 841 964 728 543 243 346 945 378 137 461 432 561 244

733 491 490 140 771 1020 922 69 284 52 940 599 632 758 899 740 331 288 649 383 229 791 354 546 439

779 654 452 616 719 255 405 390 570 367 41 351 656 35 42 349 75 289 426 789 358 707 469 51 605

392 950 197 246 826 406 375 990 142 179 803 976 462 531 468 637 4 657 853 481 890 583 1017 743 798

872 457 588 43 340 925 995 881 89 750 34 806 477 104 535 440 661 679 946 850 624 448 874 419 478

380 948 894 514 745 227 768 928 202 395 423 53 231 320 566 732 596 223 441 479 397 929 445 833 413

977 829 811 73 416 365 254 132 857 218 21 352 446 307 610 125 83 428 846 421 212 742 930 174 573

399 181 177 801 162 621 129 647 780 545 615 230 261 28 722 85 11 845 108 931 111 622 609 516 731

635 941 353 751 754 507 109 136 374 555 263 858 939 888 435 100 470 716 627 286 699 292 282 192 969

817 339 672 300 797 658 156 660 589 912 739 471 1016 226 533 304 144 172 613 760 709 486 730 708 677

756 629 13 394 384 451 198 875 168 706 290 918 328 549 759 752 816 287 781 98 903 91 607 802 122

420 648 20 224 165 893 700 767 787 886 44 14 29 1023 388 187 131 917 608 1008 88 597 9 66 117

834 868 775 170 204 209 876 96 987 691 729 178 501 630 285 681 696 489 139 796 617 892 234 966 25

741 293 697 442 565 902 920 299 84 848 693 909 297 371 337 981 154 517 325 863 301 1002 363 694 866

982 539 245 556 334 705 128 765 956 880 915 500 99 194 983 761 642 443 650 436 804 146 253 653 387

724 749 594 666 766 385 938 593 879 348 260 508 19 310 155 1019 270 233 827 453 776 586 799 119 536

208 505 190 176 702 532 585 601 63 57 960 183 221 793 30 497 769 683 659 598 571 449 618 551 213

755 591 526 1001 402 152 414 1009 215 309 424 191 958 281 871 259 867 678 322 538 407 258 40 704 455

527 670 883 431 842 280 942 937 996 564 553 932 343 631 873 95 822 273 634 820 173 220 54 87 887

979 695 382 206 102 662 313 324 985 944 606 256 308 333 472 625 685 487 688 947 783 164 581 986 567

2 528 877 951 828 46 712 859 134 196 265 319 673 78 184 97 1022 1018 623 855 923 1007 563 579 188

687 417 5 669 321 655 757 272 276 998 795 150 39 905 344 963 934 773 412 790 852 967 603 891 714

1010 636 502 302 403 15 747 347 1000 345 498 665 952 295 311 544 916 185 954 562 989 485 355 974 548

993 130 646 77 480 595 861 201 856 275 509 70 592 807 901 317 147 970 686 818 350 552 933 840 239

1014 534 330 550 466 701 1006 520 338 483 575 577 628 167 515 962 800 906 611 62 703 590 510 171 373

45 492 999 398 305 200 464 47 59 959 506 422 80 523 949 157 936 935 217 410 267 1025 537 668 342

1012 889 734 366 808 369 92 326 748 778 26 476 389 433 626 101 180 364 94 158 247 145 994 860 746

115 675 832 67 753 692 186 721 612 711 825 965 676 957 788 518 927 24 651 513 837 121 482 913 924

415 103 499 386 633 723 312 64 303 511 242 664 274 336 393 323 241 467 123 473 900 16 710 357 38

362 454 809 972 262 110 736 86 225 400 12 153 652 332 639 680 824 864 529 921 60 812 943 251 107

640 232 582 65 684 219 961 854 116 376 488 786 727 919 763 540 71 682 572 689 32 602 112 359 356

865 792 160 50 248 522 401 237 411 997 843 252 205 463 199 715 437 1013 409 277 557 379 878 279 249

450 620 815 885 547 296 210 813 372 377 61 870 74 314 3 149 315 159 643 580 1003 587 991 37 17

55 645 819 835 474 163 250 738 207 671 361 316 720 1021 360 36 847 908 955 447 895 560 135 667 182

103	435	463	925	559	201	599	123	744	329	1012	15	487	538	186	955	994	811	850	288	40	195	769	659	308
270	729	390	827	413	688	826	332	616	717	481	296	508	707	672	892	292	986	69	886	629	4	583	594	753
282	828	305	90	48	232	343	60	130	20	997	87	623	219	400	479	754	626	158	668	810	598	933	95	461
141	325	963	786	149	217	752	791	792	702	556	473	677	987	704	703	415	338	868	70	156	614	273	108	77
657	525	901	71	233	337	234	178	490	202	12	960	560	550	334	554	192	384	51	114	254	962	532	297	313
184	293	395	959	243	256	520	480	818	327	117	774	989	887	775	939	928	974	794	988	551	968	330	857	37
845	854	98	821	653	956	536	483	904	540	761	387	647	897	485	1007	539	611	800	492	504	725	771	934	823
446	602	964	230	190	351	26	361	875	790	221	383	38	969	951	421	705	546	294	942	137	29	445	275	172
589	79	747	1004	780	575	679	680	917	563	910	841	82	133	773	1021	743	731	457	21	434	742	223	713	555
206	685	552	333	894	499	88	645	352	734	16	122	749	424	907	863	566	278	344	798	6	902	266	639	512
346	272	640	135	34	913	802	379	673	663	783	409	671	159	861	970	398	5	853	635	558	76	260	301	389
870	472	830	207	369	966	596	526	451	1000	568	1008	263	45	27	961	666	646	208	882	153	891	494	3	348
340	358	9	527	977	514	806	150	443	847	937	801	306	320	628	898	652	817	489	608	587	615	211	874	787
145	183	573	427	339	173	511	44	474	993	366	899	214	732	378	268	557	405	760	634	425	416	101	100	570
896	832	399	453	873	429	723	197	923	1009	25	776	84	620	72	115	302	92	509	976	255	63	778	890	784
408	505	406	420	345	486	741	432	148	920	812	376	590	878	836	491	248	842	516	242	613	2	690	820	311
216	375	471	650	755	269	438	155	287	342	240	239	701	476	984	284	151	99	18	606	953	54	692	534	658
94	624	950	129	143	739	586	57	1017	1016	459	128	162	315	973	816	397	213	430	895	1006	686	926	865	264
567	738	507	763	182	326	1015	547	41	949	938	998	89	336	386	227	47	154	766	367	724	393	849	660	795
495	924	932	728	518	24	68	498	727	521	510	765	410	226	189	412	535	604	515	618	595	67	958	625	871
460	39	944	210	720	200	804	691	574	605	921	19	8	271	576	74	470	995	204	374	466	91	93	980	218
484	799	905	231	851	641	715	1024	96	678	592	356	373	946	644	1020	467	465	17	381	900	708	793	860	936
945	522	856	523	113	918	638	388	564	693	452	872	1019	683	762	64	600	721	110	323	1022	1013	440	203	310
745	371	170	571	852	1025	867	952	335	125	477	712	171	695	436	699	250	772	53	975	805	612	80	965	251
163	295	985	767	179	825	543	883	152	655	285	684	756	209	97	360	11	228	78	75	740	617	662	1	777
981	943	449	32	718	377	781	562	1014	475	674	33	588	131	706	866	990	582	636	831	758	167	888	359	931
168	500	224	879	196	10	983	585	991	1002	391	185	146	448	670	501	139	253	85	7	274	324	864	524	187
1018	840	561	531	971	262	354	610	651	59	829	513	482	710	661	815	548	286	967	519	1010	654	247	300	884
889	782	198	572	687	770	750	43	322	316	417	927	193	298	846	996	407	259	834	1003	689	601	105	312	331
972	31	517	814	111	912	304	631	349	719	584	497	241	757	194	394	627	164	737	28	797	205	633	81	267
52	442	30	277	441	803	404	844	106	885	136	116	423	447	881	578	458	533	188	649	13	838	643	697	822
372	813	947	876	530	537	147	545	711	279	915	911	58	597	940	289	126	290	694	698	444	839	469	748	1005
930	935	722	714	357	55	833	225	426	565	276	109	637	307	735	414	22	249	877	848	177	549	439	261	46
528	862	166	464	450	736	544	581	364	675	283	789	50	319	682	553	941	401	56	281	428	392	321	191	83
1011	667	365	779	893	175	169	978	591	529	603	104	380	238	796	112	212	982	992	569	280	622	869	669	824
258	632	341	419	236	418	948	107	314	252	656	579	317	318	355	716	382	468	957	1001	929	127	496	726	709
119	619	462	609	919	134	503	121	353	220	161	455	859	422	222	411	788	245	437	751	73	362	502	35	730
65	541	858	979	257	630	49	14	237	456	880	350	648	132	165	681	144	808	328	835	235	607	176	140	807
665	42	157	120	580	433	999	402	759	577	385	676	809	309	347	23	36	954	215	621	696	746	180	62	160
403	542	265	664	914	764	102	700	124	837	246	488	244	303	138	66	903	908	291	922	733	768	431	61	843
199	174	642	785	1023	593	396	368	506	142	181	229	916	118	909	299	855	478	454	493	363	906	819	86	370

355 589 763 394 534 829 442 230 191 590 559 488 990 717 581 198 603 476 490 8 740 301 553 90 317

727 955 720 311 448 797 74 386 88 180 975 446 610 676 280 460 445 113 393 915 335 281 421 851 634

923 762 21 758 454 199 746 807 731 203 86 173 772 327 48 13 600 336 701 122 810 694 303 342 502

876 2 591 94 848 525 627 664 223 579 1 805 661 382 433 304 638 345 771 614 780 543 742 210 912

183 326 597 554 157 17 350 239 777 28 457 802 443 62 504 654 837 533 968 1006 67 846 243 999 565

949 451 787 489 725 111 134 1009 136 463 296 351 228 1001 577 475 873 1008 47 859 63 290 966 531 635

1013 347 356 566 294 674 608 743 820 549 383 750 924 43 831 546 921 679 352 686 842 982 24 715 518

423 900 964 515 103 9 776 665 186 522 141 123 817 220 258 331 263 410 250 894 137 354 954 897 606

441 545 109 455 1012 796 84 219 798 114 881 110 7 510 561 795 906 718 595 467 54 997 823 979 506

33 176 64 34 323 792 200 403 988 261 719 821 774 998 841 177 910 994 466 44 753 505 232 453 332

936 307 722 721 801 251 498 519 245 803 760 853 560 713 893 860 149 755 400 349 904 360 615 794 941

309 428 415 930 649 265 786 971 215 977 83 431 741 920 412 884 596 119 916 163 60 25 339 100 133

391 626 373 567 874 52 855 625 514 320 684 612 833 155 965 201 469 402 737 416 10 102 524 99 37

385 637 523 1005 392 340 940 806 420 12 193 592 622 278 709 266 473 377 289 213 15 71 158 57 880

766 458 1004 80 82 871 958 586 681 212 724 844 584 128 6 732 39 782 305 668 346 582 434 650 494

938 815 32 630 439 730 991 404 106 648 613 365 361 165 31 298 380 426 716 308 573 932 105 838 359

14 77 1025 486 696 358 104 933 814 618 607 907 338 944 770 570 399 905 76 751 328 79 130 658 856

306 58 70 154 516 81 929 287 864 703 943 1021 839 27 171 217 578 353 854 512 789 825 487 540 405

197 816 126 471 558 769 1003 962 659 550 255 698 530 593 899 948 40 316 73 1022 765 274 890 144 976

793 492 645 909 363 858 911 828 959 623 299 688 735 468 262 283 378 759 952 330 602 609 779 538 986

656 903 1014 95 564 901 568 712 710 444 700 660 520 132 784 38 689 882 678 66 419 739 642 1016 19

572 643 482 594 343 680 651 204 162 671 804 513 447 1011 621 406 312 963 695 480 852 205 214 167 663

683 974 989 508 636 22 295 639 273 1023 898 135 129 462 611 800 211 26 885 655 35 56 247 818 87

827 397 633 318 726 427 598 3 59 226 830 691 799 313 662 97 507 483 268 310 632 425 78 159 491

55 704 485 96 934 241 867 640 207 140 275 238 375 862 379 972 277 116 409 869 927 270 1019 91 562

181 693 374 961 950 883 892 624 1010 870 432 184 889 72 985 185 702 16 227 284 690 372 813 499 768

218 840 887 152 575 629 734 548 1007 571 729 153 896 532 166 89 587 569 1017 470 886 847 992 256 279

401 951 222 672 496 978 42 535 367 450 389 474 967 708 196 246 953 169 267 429 960 556 324 436 249

398 918 987 922 478 418 41 334 233 435 811 733 551 670 161 913 456 127 20 175 50 868 388 174 790

687 667 216 264 142 148 341 1018 170 417 292 773 325 942 652 297 557 995 682 711 236 371 747 225 748

244 156 552 861 604 757 178 585 754 369 45 563 850 619 617 503 736 209 357 235 620 337 926 449 430

408 314 646 537 231 384 229 970 675 151 438 240 752 824 539 775 23 269 112 344 293 234 836 285 925

605 981 387 914 252 956 761 699 253 529 5 677 728 984 536 756 511 866 946 996 282 879 190 221 18

4 364 272 872 164 68 973 459 248 259 705 117 653 440 521 835 413 500 288 101 935 983 146 767 108

322 115 1000 878 437 501 411 257 1002 628 479 206 599 826 131 188 366 601 143 583 147 407 189 271 49

707 778 616 542 891 849 723 685 1015 396 376 187 631 192 673 706 53 125 464 574 333 481 1020 139 541

329 957 919 783 138 939 254 452 224 390 424 107 145 495 69 11 822 124 120 362 781 291 92 370 368

749 98 865 160 168 857 877 993 46 118 321 237 195 832 465 888 812 497 745 36 276 242 895 29 477

381 260 902 928 509 764 580 472 788 172 908 194 61 947 300 93 544 875 65 714 834 150 202 931 315

302 697 863 980 526 395 917 85 182 547 843 819 319 208 641 576 121 669 647 945 493 30 692 738 461

555 179 744 808 969 414 422 484 527 51 791 588 657 75 845 666 644 937 785 517 348 1024 528 286 809

501 877 46 498 609 121 231 264 809 700 776 699 66 153 594 273 1002 313 275 608 457 948 321 474 559

525 148 934 243 508 946 903 714 352 810 485 926 48 139 544 604 505 131 430 965 612 298 858 216 105

58 679 132 578 598 770 351 817 412 779 968 84 839 9 706 614 814 497 755 488 734 187 504 453 582

557 270 605 1023 827 389 184 419 373 872 781 440 422 991 815 575 224 566 669 359 955 263 947 468 808

652 592 53 199 383 283 620 725 256 913 32 81 269 546 125 523 554 704 319 530 728 44 621 743 894

398 168 30 194 271 625 656 294 151 836 454 834 303 86 80 1007 126 676 240 528 11 317 438 702 698

574 760 911 99 39 189 790 951 408 887 603 532 137 316 920 18 25 1020 741 68 888 567 180 521 735

964 1003 747 452 477 57 300 553 414 746 798 664 745 825 1011 355 339 155 35 864 943 615 984 897 462

886 807 632 556 45 463 274 143 1025 502 369 697 931 34 100 973 296 459 213 433 856 960 801 892 581

262 56 724 629 281 823 768 495 841 905 853 280 171 910 871 1015 958 999 932 191 517 773 837 444 729

140 318 416 85 552 233 62 141 420 157 944 586 128 766 861 465 849 551 181 942 248 511 650 596 977

672 344 713 970 938 22 646 350 198 878 205 20 577 563 915 447 579 821 726 382 286 689 334 442 868

572 588 238 366 869 874 591 325 1022 997 297 774 618 376 394 885 904 710 133 643 987 320 514 101 114

174 797 246 134 806 232 340 337 435 186 219 794 895 123 5 723 945 862 952 103 312 859 988 115 694

149 167 848 560 641 990 778 347 658 732 792 332 482 628 381 811 13 1014 179 651 75 829 513 613 93

145 753 315 912 55 293 539 954 178 221 610 42 506 292 765 190 876 154 247 865 573 565 92 272 1001

972 813 906 633 266 832 775 234 494 576 278 287 712 304 399 116 400 478 486 277 1000 242 812 1012 740

982 627 673 956 793 564 644 678 569 922 156 754 484 738 346 536 206 994 448 852 1024 992 733 372 665

37 241 636 290 547 222 182 19 384 387 60 752 166 142 456 333 655 927 980 59 891 533 761 597 695

758 405 258 358 850 28 161 993 335 471 846 169 661 653 6 279 570 220 816 786 705 516 295 685 979

117 549 543 82 662 127 562 889 113 783 1004 97 8 677 692 978 282 975 136 925 434 78 415 496 403

204 401 531 683 108 150 660 772 76 236 739 455 654 1016 804 111 890 71 418 450 175 249 424 976 851

158 229 176 1010 79 185 341 361 899 310 626 907 244 600 1 27 306 255 473 460 12 916 50 509 197

512 267 985 749 867 475 192 265 472 619 503 796 74 638 805 720 750 763 235 762 413 201 203 799 43

826 305 15 883 210 727 378 102 548 29 245 682 840 4 479 777 667 225 162 302 431 691 476 1019 23

534 226 784 481 507 545 711 748 119 893 228 309 423 855 129 914 215 939 668 1021 109 386 583 393 288

736 881 937 941 196 967 177 96 324 558 526 91 98 831 208 260 354 254 540 599 854 336 590 402 406

880 666 348 112 69 857 390 314 214 701 693 342 17 357 571 707 152 875 902 674 441 616 527 261 331

49 308 917 436 417 719 670 561 217 94 645 307 568 824 863 491 882 396 67 397 722 172 311 130 338

663 329 1018 1006 370 326 374 345 687 803 375 703 349 675 715 602 542 385 933 634 252 368 77 202 835

757 537 550 211 1013 47 921 930 291 428 124 923 470 70 928 541 250 301 227 647 718 83 7 529 257

284 427 388 138 950 681 239 437 395 624 2 195 962 487 671 24 411 898 425 709 120 268 173 518 356

648 519 690 364 135 165 118 449 935 492 959 622 218 38 89 924 371 555 330 949 969 845 833 522 708

3 110 52 900 657 520 230 36 362 585 159 432 680 686 88 461 918 170 469 589 33 830 649 1017 630

147 639 72 209 464 40 122 996 730 51 212 392 107 873 328 696 986 535 737 410 360 716 289 467 919

659 538 769 593 207 446 688 26 365 160 367 63 617 607 791 971 623 14 901 237 421 183 637 828 884

61 606 323 164 764 64 1005 908 285 879 379 163 445 409 515 957 896 490 751 842 380 1009 443 480 940

966 259 580 426 524 963 818 21 510 780 41 90 65 611 595 10 493 188 953 820 731 995 640 800 353

981 860 983 146 104 721 795 1008 429 847 844 407 193 144 95 200 866 483 802 870 253 466 819 742 251

756 787 635 782 458 363 584 909 223 785 843 961 717 974 631 989 642 489 439 744 500 499 299 601 391

31 822 789 771 684 106 377 87 404 936 54 276 327 788 759 451 767 73 998 16 343 587 929 838 322

338	539	268	351	772	602	435	566	188	164	119	750	504	243	663	679	221	209	39	726	851	8	284	274	43
262	788	178	427	968	891	673	217	893	810	879	1	898	894	617	1017	293	130	48	1025	425	211	206	525	856
447	25	775	99	535	460	993	285	600	246	743	259	671	690	809	920	77	22	333	614	692	741	811	174	109
276	546	631	762	869	805	238	121	205	956	423	407	475	685	703	689	545	432	933	234	171	292	57	155	536
932	367	146	321	983	725	488	830	866	387	885	862	643	880	383	905	941	638	601	177	253	203	213	761	308
38	822	615	871	881	74	478	958	754	981	955	550	42	705	156	135	777	720	554	70	500	322	261	339	760
150	228	100	330	801	509	544	572	877	46	159	944	962	710	72	354	763	995	385	653	294	783	752	384	441
128	586	487	714	650	722	766	137	798	767	210	680	3	808	312	896	492	831	733	41	756	959	424	724	331
501	651	1022	677	513	386	393	639	117	420	964	55	897	207	476	1002	422	199	674	953	142	34	727	307	922
925	303	676	302	699	277	139	947	1014	131	409	977	497	850	454	992	482	86	938	719	952	456	282	669	520
416	428	640	167	319	709	349	247	26	429	472	569	372	853	681	803	561	618	813	596	336	222	116	379	83
296	165	828	749	986	161	847	590	480	706	870	108	633	534	841	166	17	972	317	180	901	187	910	231	930
604	746	718	264	611	781	463	320	688	833	800	514	622	7	496	823	946	40	224	169	664	623	648	528	630
603	127	418	413	659	769	29	818	696	67	538	433	59	978	430	701	712	216	241	499	587	342	927	279	961
244	872	250	260	236	141	175	821	963	328	765	874	527	926	355	937	852	208	593	526	483	192	474	30	715
311	502	695	649	607	469	133	125	636	658	655	450	730	716	834	713	14	440	16	837	229	94	154	194	613
95	11	326	678	904	989	414	1013	974	605	153	212	581	168	806	148	807	939	295	340	999	553	564	479	249
235	728	573	583	365	289	1006	287	356	114	519	341	52	401	921	826	392	889	751	732	98	793	902	4	53
78	737	343	275	47	353	518	33	399	23	19	522	157	288	875	254	380	345	637	348	666	774	888	486	50
271	662	599	269	794	914	863	87	940	642	300	997	280	97	299	697	988	191	634	619	562	481	62	503	24
239	350	172	816	917	438	857	667	273	971	884	745	949	616	1020	517	281	923	144	577	313	363	924	734	909
225	516	426	934	278	471	620	579	232	594	707	931	2	382	103	477	68	219	360	240	494	557	1005	521	485
575	69	149	189	900	836	186	301	792	389	266	185	346	104	390	560	1010	110	574	682	452	173	759	151	123
647	410	408	439	10	508	915	570	844	686	913	163	18	929	66	442	332	700	73	652	267	202	683	467	804
85	400	660	609	753	985	858	748	524	598	840	396	193	358	711	184	739	405	591	948	1016	310	204	984	859
782	976	6	368	867	143	347	398	838	64	584	506	1012	286	903	736	134	973	789	459	928	458	799	198	548
845	251	495	395	954	969	270	694	873	1019	542	555	704	106	329	515	827	890	883	394	404	391	256	314	323
510	842	132	595	434	702	1023	691	1001	589	60	906	88	197	835	370	994	37	465	1007	49	31	112	1015	357
306	848	779	369	790	257	377	124	252	82	849	466	200	196	63	1009	665	824	324	721	255	967	786	183	1004
820	27	45	122	298	621	443	105	684	230	162	747	468	541	195	588	565	291	606	76	797	13	899	860	951
129	226	936	571	58	71	657	907	814	511	96	138	529	839	795	152	532	829	120	419	675	415	887	248	876
878	693	437	982	610	770	998	446	960	75	403	79	773	118	411	91	945	179	421	578	417	461	979	507	912
1018	537	656	473	597	791	445	892	283	406	861	12	966	530	582	220	378	687	965	612	361	670	51	304	990
627	942	641	489	991	740	784	21	533	436	93	381	815	490	1008	802	512	258	498	552	54	780	556	376	731
735	35	362	115	551	916	158	970	462	126	787	886	742	448	646	359	81	757	729	36	101	626	895	698	290
412	28	223	237	558	629	505	90	1011	32	397	201	233	919	455	776	344	1021	451	635	563	366	723	364	935
854	181	305	764	523	491	315	484	661	755	911	868	214	136	549	374	1024	865	373	160	576	107	608	334	846
371	449	738	812	668	227	628	61	20	92	265	375	470	778	176	464	493	644	453	540	768	316	908	5	632
585	672	145	580	717	297	431	335	980	65	771	147	957	819	987	111	84	327	80	388	592	15	758	242	457
785	645	796	855	170	654	444	543	817	996	547	943	182	864	352	272	1003	708	832	325	9	882	568	744	102
190	402	567	44	309	559	89	263	843	318	113	625	337	215	56	950	918	245	218	825	531	624	1000	140	975

585 33 937 810 222 371 992 940 1015 944 871 473 968 743 48 737 958 495 1013 108 449 403 876 979 797

651 626 569 184 513 220 829 398 522 311 614 491 760 996 388 326 356 921 208 470 339 759 588 527 526

104 383 615 849 482 1006 116 1005 66 372 558 375 227 912 29 813 700 546 214 260 724 1021 508 277 982

952 725 258 47 304 809 128 1014 586 788 73 192 24 650 884 708 518 166 971 426 158 598 170 161 766

990 360 496 902 1007 633 294 597 554 169 247 918 916 164 972 610 188 179 929 256 345 413 1022 801 100

533 270 609 624 348 420 540 938 666 939 369 209 827 948 903 248 854 858 218 704 924 167 201 945 75

618 127 882 305 627 89 978 418 568 34 244 879 634 488 950 844 955 949 479 798 229 98 121 290 439

241 900 826 10 175 276 4 511 163 236 747 951 789 239 923 875 259 790 617 702 279 137 110 455 45

59 265 450 897 964 321 878 285 631 2 583 977 467 645 407 458 448 740 863 284 1023 254 193 668 927

322 481 106 249 532 416 173 253 549 132 176 404 288 782 93 596 601 641 1017 524 887 584 15 838 381

535 773 500 102 866 544 822 663 431 146 410 983 686 846 268 341 808 235 376 199 136 917 28 712 853

855 779 910 690 301 661 64 599 898 981 621 401 861 427 857 211 895 391 46 852 425 877 23 172 31

514 419 695 765 454 552 101 86 295 432 889 714 468 602 960 914 323 619 841 616 503 422 655 636 50

669 756 309 390 245 515 796 338 676 646 723 367 115 215 303 484 154 576 671 564 707 111 1024 320 251

296 721 667 315 793 892 69 105 298 865 556 644 970 613 377 942 402 130 678 767 217 995 758 202 366

466 654 814 563 78 77 119 200 344 947 684 180 510 562 595 830 58 335 873 874 1002 647 839 658 823

933 463 287 886 928 980 340 703 319 664 19 543 97 501 317 578 135 860 551 72 531 729 738 41 497

732 1009 242 530 893 92 283 896 43 131 770 183 975 486 812 713 139 656 662 778 225 682 821 806 842

550 547 308 699 845 399 38 628 746 182 953 88 750 5 969 606 528 159 573 63 141 396 555 133 233

329 962 868 267 904 582 368 185 629 820 187 3 795 145 1010 832 462 936 433 589 109 395 70 113 334

355 711 603 545 492 816 542 815 8 959 126 231 207 772 880 330 851 837 965 680 35 443 706 612 698

385 49 683 423 181 999 177 230 370 1011 20 748 941 314 735 736 774 991 122 114 272 998 1 81 224

112 498 487 548 409 475 988 325 516 261 835 807 768 502 429 359 297 781 840 804 987 30 639 471 1000

441 640 881 157 54 834 997 911 195 581 310 460 520 794 553 124 357 494 672 194 985 632 946 379 600

541 190 867 203 847 692 799 638 346 604 337 446 252 762 278 870 966 657 291 32 204 421 414 805 257

1008 440 430 673 168 660 216 891 722 461 120 872 316 354 266 221 777 739 206 1016 62 264 883 824 26

926 140 967 103 560 373 780 445 307 901 731 232 577 720 331 539 1019 219 993 51 138 802 489 125 570

776 961 831 228 53 587 149 675 21 792 74 324 191 196 787 358 412 118 333 293 480 11 280 523 405

986 691 742 490 186 763 411 499 976 444 318 681 685 697 828 605 505 178 888 474 350 435 791 123 529

148 719 210 864 300 592 579 83 775 382 890 611 437 635 80 674 332 56 536 623 755 800 281 451 1003

165 417 630 803 428 453 818 152 40 483 16 688 761 197 6 174 517 608 811 234 956 943 709 728 726

84 745 162 150 571 538 963 753 153 255 561 705 36 349 400 783 246 223 387 509 727 825 930 292 648

1004 477 442 424 899 1020 506 593 156 393 931 386 859 476 653 670 274 1012 271 90 659 537 769 96 687

457 347 507 693 91 625 1018 591 833 9 362 974 226 915 989 22 269 752 754 37 384 434 696 306 622

438 14 757 786 447 478 42 60 869 1025 567 336 68 39 238 27 328 452 919 262 521 76 82 134 129

906 607 689 716 302 862 730 7 764 275 954 771 352 160 240 327 935 574 17 994 364 237 817 95 856

472 406 85 733 61 343 717 534 620 907 643 263 885 557 734 44 151 198 718 189 908 205 493 436 107

313 922 464 18 79 87 649 142 677 469 751 394 744 1001 819 378 590 415 694 212 836 171 117 665 286

984 785 99 155 353 250 361 905 957 389 920 57 566 642 715 679 392 299 485 365 741 71 580 282 65

925 701 575 25 243 363 637 504 749 934 894 351 850 342 289 909 67 52 572 710 784 273 380 652 408

465 374 55 94 843 13 397 594 144 525 312 519 12 143 456 512 932 565 913 559 213 147 973 848 459

377	406	147	175	786	961	105	279	615	474	810	298	839	859	587	917	233	128	843	236	650	586	251	167	886
907	994	499	148	814	515	383	801	441	881	100	481	347	480	301	334	614	288	172	546	475	901	728	60	58
722	954	725	283	931	420	868	629	272	684	915	745	927	721	600	450	578	857	442	656	591	938	241	134	378
477	784	595	462	249	770	510	59	616	79	200	341	611	449	23	1000	599	805	530	460	906	618	828	235	800
397	681	483	371	873	996	585	374	914	777	203	860	554	1020	415	638	307	16	466	762	623	294	986	271	354
390	269	688	202	692	50	297	987	452	361	707	401	788	153	619	818	665	503	35	71	809	34	331	20	798
228	69	963	126	582	831	852	574	512	720	977	68	1001	470	137	647	842	40	198	325	521	698	181	388	712
74	286	648	164	655	606	488	672	165	636	183	735	170	1009	438	936	188	630	889	83	694	768	709	955	1011
189	416	795	965	295	674	891	993	964	227	719	596	240	63	491	190	121	612	815	206	394	81	538	12	85
214	763	593	473	555	853	820	695	667	632	803	974	930	989	659	928	991	375	221	708	897	769	337	428	673
879	565	557	620	998	1021	845	979	589	558	209	696	848	359	210	539	333	765	349	564	403	969	918	88	151
514	562	321	876	13	18	910	678	626	396	685	622	154	259	218	293	95	734	395	276	275	561	911	836	443
89	158	808	536	122	498	950	407	78	32	631	178	14	320	833	225	797	727	793	624	682	617	841	328	199
716	652	956	982	230	973	775	607	730	285	601	459	658	509	329	316	343	97	140	368	613	220	408	435	984
542	86	253	87	46	476	783	54	588	485	313	877	761	568	854	234	393	322	19	662	386	143	389	544	465
174	575	287	500	146	1015	913	983	201	387	811	258	284	912	829	318	916	882	874	150	454	540	822	422	495
340	336	642	314	299	17	966	56	212	714	292	185	934	273	444	1017	823	751	303	866	370	267	1010	7	705
535	246	597	365	909	469	653	421	645	1003	296	424	736	806	711	726	305	304	718	49	486	523	373	981	676
713	668	380	849	821	179	392	124	1008	156	489	669	195	399	573	610	353	649	363	657	748	835	412	446	732
257	463	505	840	291	776	398	533	425	990	112	754	302	943	180	290	133	80	455	752	864	268	802	594	384
627	445	816	141	683	15	755	461	945	357	534	592	144	211	664	731	690	780	637	427	75	663	52	289	787
478	904	824	451	367	1002	804	715	120	250	590	252	317	825	21	947	548	265	184	767	432	541	51	756	898
737	940	118	453	67	746	248	791	274	602	635	519	176	742	22	508	471	42	995	759	138	497	472	985	319
867	855	701	369	740	549	256	516	342	528	66	117	671	433	869	448	310	501	598	490	700	431	238	102	608
411	104	94	733	84	529	675	33	131	41	28	136	862	837	677	1013	799	1007	139	114	262	774	204	447	883
739	1016	827	689	72	205	625	426	967	830	749	1005	494	511	1025	223	142	338	641	704	282	73	381	846	45
660	747	187	603	999	885	699	921	522	355	270	929	130	922	356	878	1019	324	93	988	39	196	856	437	217
609	948	245	850	402	706	278	884	9	896	702	309	346	794	858	135	971	326	661	951	903	567	643	215	790
1006	30	171	208	457	817	895	266	36	224	526	376	111	570	311	90	527	807	937	796	997	77	925	953	502
781	553	260	1024	352	844	47	456	360	119	1023	358	417	933	157	887	405	231	24	439	108	159	691	703	518
550	62	29	560	327	219	771	537	576	861	194	345	976	773	532	710	758	484	789	581	3	152	572	38	44
992	919	132	571	312	308	149	103	792	222	644	680	834	101	905	207	890	70	362	55	687	232	263	414	924
192	920	155	764	531	949	335	893	110	197	962	237	552	723	577	115	946	670	163	57	10	193	741	654	458
569	6	717	404	908	902	364	646	366	543	1018	492	959	315	584	493	330	960	96	99	838	429	123	865	160
168	255	25	467	350	757	332	639	524	280	107	106	348	634	413	935	213	621	666	782	186	900	932	162	43
872	31	880	958	379	975	372	980	604	744	693	923	277	813	61	409	191	738	970	679	750	109	161	566	239
899	556	129	391	2	351	264	507	468	440	116	91	166	651	871	125	894	226	98	513	942	939	779	944	819
563	400	812	430	216	385	306	579	65	870	847	113	875	243	580	479	11	504	697	382	281	482	640	344	419
1014	244	410	92	753	972	1004	547	464	487	941	53	182	888	863	242	496	436	785	229	778	892	545	520	169
605	247	826	27	760	517	633	76	254	4	423	551	957	173	743	559	926	26	339	64	724	686	525	177	434
8	145	583	48	506	127	261	5	978	1	832	1022	968	628	766	418	300	729	851	82	37	772	1012	323	952

215	383	50	843	420	69	248	436	820	618	129	810	392	546	649	380	783	401	28	184	17	775	150	956	435
705	52	555	289	387	306	637	402	928	88	309	899	998	77	159	144	614	140	234	332	846	186	834	336	761
424	38	933	796	589	759	661	811	946	316	969	712	443	725	280	147	3	641	508	369	703	381	32	245	350
45	434	1007	111	511	636	168	34	700	400	207	653	498	292	1004	93	318	852	294	174	191	845	598	889	256
715	281	940	70	579	295	534	82	250	753	382	429	680	550	119	655	878	66	302	554	76	395	667	27	798
137	695	590	1012	962	747	604	752	125	872	396	697	384	726	704	737	246	122	406	444	156	977	37	56	519
758	596	639	230	506	104	73	1003	788	270	11	449	951	959	492	330	376	827	895	54	754	308	440	790	809
517	60	893	907	682	484	53	329	379	585	368	373	702	786	1024	996	523	472	264	888	409	416	564	378	67
488	701	374	654	562	300	853	897	859	858	576	1013	342	371	929	216	430	33	1005	225	903	426	964	955	765
335	78	94	887	80	609	926	948	605	542	478	154	644	347	994	943	784	412	870	531	678	640	966	847	864
101	921	370	421	884	97	520	356	543	773	522	109	134	117	880	188	861	43	42	971	388	79	793	121	397
320	315	442	910	26	415	22	865	170	115	825	954	723	514	1008	906	446	532	592	489	750	470	1023	591	164
19	658	869	314	552	728	71	755	841	361	49	613	238	487	749	657	915	776	662	439	802	677	326	385	505
835	711	512	545	227	780	733	708	646	980	736	195	745	789	1010	738	587	282	844	474	274	267	366	975	787
527	445	1006	24	937	918	375	960	447	518	276	360	148	311	862	491	142	199	665	941	185	124	931	731	961
453	423	47	321	499	901	259	477	291	874	922	461	51	287	526	209	879	748	451	262	970	21	113	132	177
205	631	925	621	193	486	742	608	812	182	942	850	1001	261	635	458	1020	214	12	112	271	480	208	808	257
806	840	584	643	120	344	1025	163	357	778	198	772	617	838	242	345	407	340	885	218	10	924	689	547	541
611	556	732	856	490	110	544	563	694	138	823	800	558	473	404	92	108	452	851	454	791	1	86	260	252
269	441	394	521	46	548	779	118	877	949	8	824	624	39	625	573	828	1021	84	601	106	16	422	782	399
567	456	986	628	85	403	623	153	822	892	286	574	468	683	475	89	832	68	524	29	950	303	322	881	285
438	983	804	626	133	714	722	818	979	5	821	713	223	551	816	467	985	253	676	145	419	483	900	296	31
411	471	923	348	192	666	902	307	572	681	688	565	240	189	634	866	9	600	729	848	391	239	171	500	146
992	151	876	883	180	460	141	40	963	568	463	669	55	284	310	805	886	710	354	675	222	158	233	529	981
797	272	312	204	457	203	799	540	220	904	777	334	413	638	762	331	2	854	13	664	1017	437	817	867	882
839	352	648	196	569	323	836	620	165	1000	974	709	989	905	535	44	630	410	939	967	538	64	98	516	90
251	831	1019	863	18	645	105	629	201	947	298	58	875	36	868	659	916	83	324	982	769	686	161	557	317
305	720	277	428	767	275	372	258	756	741	692	377	739	746	228	1016	319	813	734	656	57	479	593	263	173
932	588	408	229	116	912	578	494	920	99	497	984	1002	930	660	433	114	327	166	155	268	814	774	771	719
530	837	244	432	528	169	74	254	20	213	462	427	651	973	696	459	513	283	829	465	690	95	674	425	803
346	501	349	25	917	988	721	995	482	367	944	898	495	987	515	684	668	297	496	826	143	663	417	4	211
301	794	919	389	993	1015	152	328	570	181	972	597	622	583	35	278	871	537	770	362	325	691	652	304	958
610	190	15	210	673	999	160	717	493	200	172	891	679	687	139	455	343	764	237	206	561	418	763	14	566
265	221	913	313	860	997	247	290	466	672	236	908	595	355	485	510	405	894	833	131	633	978	127	1014	266
671	175	41	351	571	364	1011	744	670	952	730	857	533	575	607	87	602	337	179	698	288	481	603	768	358
339	243	849	627	735	504	1018	187	873	934	167	1022	935	819	807	502	333	990	279	61	126	716	724	107	976
815	642	450	616	431	706	945	632	685	157	599	102	760	81	96	176	757	539	582	890	273	75	766	699	727
232	855	936	224	785	65	525	219	842	30	23	235	241	751	293	128	560	830	650	72	580	743	197	299	586
202	549	338	968	363	581	62	386	509	896	149	553	792	914	559	965	398	693	909	212	991	162	612	341	927
48	226	353	476	255	464	795	448	647	365	594	217	536	183	135	953	249	178	1009	7	103	393	615	606	707
136	740	123	577	359	801	507	718	100	957	194	781	469	414	130	63	619	59	503	911	91	6	390	231	938

621 843 943 162 614 563 636 131 681 396 864 963 749 852 693 360 957 898 197 663 258 603 42 464 211

725 91 295 560 628 557 80 412 1006 556 311 458 668 620 655 24 836 307 502 807 40 677 832 230 518

238 255 368 329 232 966 829 588 974 989 354 838 22 47 527 219 600 937 282 157 18 193 912 145 226

733 465 699 592 695 805 163 149 825 792 892 798 869 404 526 41 5 584 436 538 187 34 507 294 10

468 459 706 408 103 659 15 682 460 304 208 165 782 769 734 106 924 779 331 142 984 551 6 129 630

564 489 862 224 274 419 110 762 638 345 275 62 225 777 671 597 973 602 709 455 977 147 554 648 30

949 260 233 446 123 776 755 447 899 31 421 524 922 1008 729 542 83 265 203 581 505 593 143 553 495

332 830 787 428 652 900 414 262 370 596 886 416 1015 95 925 72 290 562 765 610 306 850 577 137 802

780 102 389 228 231 896 1000 391 78 179 781 809 334 719 678 930 467 696 108 533 272 194 831 657 186

674 350 314 643 1004 834 97 788 720 990 689 627 853 49 793 885 431 731 29 205 964 176 953 803 154

400 328 124 485 868 449 338 1025 75 21 913 434 445 453 76 855 343 955 195 692 897 27 239 451 135

608 635 666 488 313 923 82 51 575 996 267 629 456 849 736 74 217 662 622 835 14 634 280 406 349

613 185 2 64 549 561 19 39 37 291 753 742 839 514 87 1010 130 191 585 348 711 902 461 856 945

168 378 730 323 105 84 382 910 410 298 748 658 257 946 607 371 121 656 934 159 833 320 58 625 192

814 993 136 490 222 374 686 297 215 3 210 281 541 716 567 791 77 448 1012 841 273 20 763 112 579

740 164 55 138 206 506 703 786 325 697 578 283 309 171 28 98 413 462 572 907 120 377 251 188 987

872 125 933 173 118 530 846 710 60 397 784 992 673 207 287 299 38 357 402 891 642 388 398 252 939

727 248 11 486 604 680 221 440 9 470 824 199 170 35 909 223 751 874 863 181 840 875 190 429 245

347 276 515 340 333 721 548 994 337 517 888 569 672 479 161 859 594 312 550 212 770 796 79 363 684

321 539 7 962 732 808 111 708 683 300 905 399 264 817 119 365 806 353 53 641 381 768 70 184 661

361 259 369 216 330 409 430 469 639 372 415 959 918 879 492 698 1011 985 227 229 134 813 254 685 573

529 86 591 375 4 491 826 954 71 392 457 379 386 411 44 308 380 917 209 277 93 906 823 166 200

352 90 169 512 631 605 735 116 301 509 804 466 595 816 860 718 675 293 244 510 144 649 454 393 126

741 544 915 651 422 172 45 640 17 870 442 583 256 632 513 407 847 878 496 926 511 57 476 437 508

920 214 218 99 178 883 133 52 932 1007 536 759 296 821 310 81 289 582 303 617 155 713 263 637 598

944 771 857 481 895 972 36 783 873 213 700 676 758 418 815 46 150 867 601 336 482 877 471 893 665

435 196 958 745 204 236 747 520 285 991 1024 775 978 288 376 799 127 327 66 728 12 822 956 967 322

950 842 234 516 1014 531 880 558 965 654 26 253 790 25 714 324 633 871 761 624 612 704 936 931 484

270 43 1019 705 904 146 109 500 473 940 1021 387 827 587 983 1001 247 463 175 474 576 89 141 951 911

702 795 952 566 424 669 519 250 866 664 737 359 606 385 961 616 335 599 487 140 644 180 279 477 148

63 1022 694 235 534 894 811 653 23 104 167 302 739 198 1020 1016 981 715 271 73 183 679 750 543 1009

858 241 452 493 820 237 537 707 919 341 914 499 717 647 174 292 764 403 202 903 724 417 660 362 450

723 315 351 1005 941 318 494 390 32 545 394 865 101 590 998 160 317 626 426 901 284 887 766 929 861

947 85 586 156 744 177 152 33 691 67 687 286 568 114 115 1017 979 339 975 927 908 774 480 316 773

1013 319 535 574 433 158 532 69 980 243 752 738 882 521 128 760 619 948 504 650 503 746 384 609 249

743 59 56 565 555 342 800 854 16 754 848 364 107 423 346 472 819 552 366 1023 269 61 88 246 68

589 153 50 767 756 701 497 935 670 837 646 971 444 540 988 278 570 611 261 401 928 113 726 498 443

266 189 785 220 356 439 876 483 580 845 405 794 1018 522 615 94 438 884 528 571 938 1002 525 969 828

976 812 395 801 818 547 1 1003 559 772 100 618 182 986 240 13 921 968 960 65 358 623 757 645 970

478 427 982 132 54 122 425 326 242 881 997 48 441 999 96 690 797 501 851 201 844 789 420 916 268

722 810 139 383 344 8 688 667 92 475 712 373 355 367 889 942 890 305 995 432 151 117 546 523 778

348 96 727 266 885 682 205 446 477 802 614 520 837 358 365 666 105 893 421 325 1017 64 353 673 298
843 568 814 198 643 511 410 976 787 225 878 695 2 323 26 957 689 190 403 542 474 902 462 464 794
7 767 251 469 271 1020 882 380 181 34 45 528 221 377 758 456 578 497 725 148 694 587 535 283 626
997 337 35 780 564 979 1025 333 686 693 530 392 798 880 370 1002 890 508 256 144 192 961 294 756 657
856 376 562 718 531 162 484 452 451 654 999 854 487 197 453 1024 158 1007 598 672 731 394 649 977 895
501 226 576 91 49 539 85 499 43 637 765 770 21 768 393 445 98 685 286 759 540 554 386 385 109
565 645 625 476 17 314 678 635 509 78 436 222 848 608 52 700 939 747 355 39 195 289 413 684 173
690 68 293 543 268 574 901 124 875 704 721 66 51 521 790 137 644 603 507 596 863 147 750 335 416
425 367 567 698 502 84 129 269 55 154 807 793 572 995 835 461 515 560 742 97 139 480 255 1011 951
479 270 711 916 710 6 545 126 201 941 291 267 157 232 876 827 171 131 219 736 427 336 432 992 220
1010 783 663 161 791 898 257 305 800 702 632 809 178 200 13 211 735 792 149 536 853 16 150 662 964
541 315 956 312 595 982 466 865 748 185 510 797 103 899 860 975 569 189 897 490 153 940 611 438 177
761 229 582 115 519 423 306 62 120 81 101 775 861 828 723 737 917 73 19 955 254 788 240 187 112
658 815 668 826 123 435 223 41 773 699 738 9 980 250 613 301 887 30 261 138 514 903 258 104 483
929 387 244 224 577 151 715 818 166 986 372 113 357 488 858 813 581 234 118 553 623 706 252 320 4
817 911 534 824 873 169 841 1005 532 302 996 583 552 424 426 991 449 186 910 172 366 277 905 332 705
688 653 194 965 1023 76 140 406 287 121 602 936 585 948 646 1004 912 671 27 496 612 609 840 116 414
842 72 350 547 781 481 811 963 651 590 588 182 857 881 44 620 513 829 33 1 441 836 15 434 772
1013 265 231 174 304 812 722 486 288 292 359 400 970 457 874 82 557 57 851 418 18 371 67 548 455
411 280 795 606 236 896 155 971 978 242 932 741 972 960 127 352 465 475 188 40 482 834 830 681 597
156 985 529 459 920 307 342 199 1009 753 340 974 263 683 778 989 99 90 374 378 8 164 984 37 953
942 701 437 495 191 290 399 734 633 538 388 752 806 213 675 944 92 183 973 472 884 408 439 318 384
1012 533 397 102 907 754 1014 246 356 789 94 958 573 63 135 32 344 732 316 610 599 616 522 143 175
165 816 563 771 784 279 579 659 804 921 431 998 176 354 630 170 820 247 132 844 832 382 769 871 275
593 808 145 56 628 168 709 36 823 726 281 855 23 338 179 327 647 648 786 202 276 25 470 600 1015
341 167 867 390 321 621 326 556 990 444 310 450 914 952 60 652 883 707 805 627 235 331 946 506 217
241 88 1022 75 708 389 259 879 762 638 471 360 498 5 967 79 777 454 460 86 697 95 130 159 83
518 551 555 994 428 324 679 892 117 696 69 227 3 724 209 443 821 203 133 799 196 918 458 566 713
838 913 849 930 24 249 478 928 872 303 894 945 77 1003 193 125 859 549 422 619 631 296 204 503 927
485 215 429 779 440 343 311 517 10 11 969 404 1006 584 491 831 207 375 589 347 719 407 766 544 749
401 677 309 717 339 845 228 163 729 47 877 106 575 1019 415 604 468 888 516 42 676 703 803 361 38
50 59 512 906 527 523 402 937 134 351 650 128 601 136 313 764 233 71 362 419 448 617 46 782 586
822 622 87 417 322 720 954 218 373 54 141 924 760 300 28 674 680 919 272 237 53 14 933 493 328
334 740 550 524 122 739 591 934 1016 504 463 908 110 245 864 349 537 904 31 282 1000 160 526 886 395
238 796 607 180 216 70 22 74 273 430 743 253 938 660 208 345 692 285 846 744 243 943 264 214 714
669 615 152 605 500 409 665 398 412 983 915 869 730 949 561 442 624 733 819 142 61 687 80 833 664
825 467 260 868 330 667 230 691 379 364 391 959 119 12 492 525 716 89 950 107 618 146 900 639 962
966 774 968 981 111 847 592 308 862 935 629 801 922 420 299 248 642 558 661 100 926 866 396 889 494
473 636 751 108 317 852 909 65 447 559 274 114 1021 210 670 925 640 850 763 580 870 641 381 785 712
20 505 93 839 184 746 1001 655 29 728 570 757 546 931 368 745 363 993 594 329 48 239 346 571 1018
405 319 923 369 891 634 1008 284 810 987 206 776 988 297 947 58 212 755 489 295 656 433 262 383 278

630	429	424	608	604	207	659	595	479	614	534	146	302	445	774	992	572	466	705	510	500	21	387	625	954
725	950	89	648	815	53	92	570	866	34	591	300	346	165	75	635	564	114	960	33	582	652	778	77	624
278	317	590	981	51	798	294	917	709	84	703	957	161	843	710	464	171	549	562	567	593	354	49	195	38
461	331	12	405	96	991	971	945	301	832	1013	124	600	569	344	95	389	942	314	653	977	254	215	67	742
826	312	915	835	805	83	78	442	402	358	433	229	849	439	933	140	264	988	765	746	309	665	558	680	911
736	794	873	1021	172	936	448	550	216	628	947	292	430	554	145	913	136	976	612	266	4	884	811	563	678
596	844	762	793	791	638	522	244	245	416	28	837	605	319	460	693	174	696	965	342	97	777	291	789	132
556	930	203	359	409	137	356	257	575	70	343	711	485	267	473	372	890	154	701	583	472	166	490	428	813
313	492	1017	719	169	962	621	842	9	197	740	752	379	921	162	662	926	284	846	639	5	156	277	384	94
436	226	847	91	1001	997	116	803	748	147	112	497	120	831	857	330	223	318	528	496	959	905	1010	796	541
999	756	1002	228	640	934	551	767	745	246	931	964	606	14	535	795	328	87	119	481	853	870	138	754	185
357	897	661	183	674	651	458	32	817	360	622	19	513	1009	418	728	252	316	308	288	568	507	326	118	892
729	514	56	838	482	613	44	63	355	978	193	236	720	726	127	398	111	273	255	129	349	626	809	882	403
603	468	320	381	584	501	641	694	404	820	518	248	955	233	824	198	272	560	779	998	57	477	658	607	972
502	716	561	741	6	807	219	692	106	457	419	158	840	932	979	854	599	1000	10	616	444	24	788	833	730
99	311	910	647	139	749	149	1020	299	148	352	520	642	163	540	633	886	1006	74	232	117	782	474	175	155
279	498	1014	645	995	478	841	893	263	213	287	93	47	899	394	920	26	488	944	587	157	202	271	792	334
411	594	1003	432	235	286	527	937	103	924	958	306	452	90	367	909	961	707	247	23	31	131	548	268	690
121	526	486	529	565	443	450	996	369	449	848	88	85	42	363	427	677	425	110	390	871	184	751	524	914
771	282	187	212	585	487	683	985	878	555	211	123	952	345	758	437	675	25	868	62	880	210	763	341	874
340	900	241	332	353	385	589	391	949	928	574	521	916	327	30	663	201	629	499	69	208	898	511	220	167
1024	706	467	399	531	699	1022	109	654	27	365	619	186	406	45	503	876	969	993	581	305	523	577	553	68
943	573	43	256	54	199	732	901	224	845	13	188	249	41	927	484	864	76	895	373	371	269	36	1004	806
869	144	1007	380	297	164	816	727	982	414	566	20	22	891	206	238	376	508	260	733	434	724	480	142	804
310	189	438	258	80	335	839	16	668	656	122	392	679	395	401	766	82	469	598	987	883	750	576	797	673
412	823	153	747	378	388	59	800	190	649	922	239	967	350	58	644	543	867	50	894	400	194	374	7	325
105	790	718	462	471	221	108	650	128	37	671	545	298	339	781	196	825	862	941	925	611	586	850	240	759
231	760	351	283	177	181	592	280	289	397	951	64	704	834	333	753	637	29	808	324	602	799	170	276	700
323	784	15	578	713	151	337	454	907	86	470	274	386	483	52	204	230	72	66	447	814	634	923	717	828
348	827	623	685	396	2	530	35	191	938	830	966	975	377	666	672	493	410	912	362	821	133	393	321	764
786	509	865	296	160	455	262	476	986	243	261	270	251	902	1019	953	667	818	423	919	896	504	237	1012	17
505	723	708	537	686	422	303	618	768	417	588	743	579	889	702	744	265	516	879	908	382	315	259	829	539
329	770	79	489	620	281	544	336	205	738	885	861	115	631	615	918	836	980	304	209	597	60	506	755	101
1016	688	739	168	525	1008	100	407	420	940	676	18	227	689	61	643	135	456	819	712	368	192	113	776	293
697	366	904	421	802	46	903	107	660	1011	946	141	150	877	963	687	636	852	73	801	887	465	684	557	773
463	519	994	617	783	698	152	601	98	721	441	984	787	968	655	491	173	446	364	536	102	104	290	737	375
515	681	580	322	939	822	533	495	1	408	338	785	40	772	176	295	858	973	178	1025	610	431	552	459	881
182	159	714	632	735	682	974	989	143	929	361	126	559	722	863	646	532	691	855	542	250	935	859	413	217
780	512	125	130	383	453	775	180	222	664	856	547	415	426	225	657	851	734	48	218	65	546	875	347	956
253	307	948	812	695	200	517	370	1015	538	451	731	627	1023	1005	872	761	494	609	179	285	670	71	475	715
769	55	983	81	860	242	8	888	234	440	571	435	990	757	669	134	810	214	39	275	906	11	1018	970	3

617	763	726	15	210	153	169	835	953	601	212	163	757	240	32	830	896	34	895	277	857	1018	606	45	614
714	664	376	291	294	31	611	977	491	798	56	322	481	1009	822	281	353	750	494	1006	571	496	800	375	725
9	444	868	543	678	288	749	843	335	912	117	905	736	256	490	183	365	180	576	47	765	311	116	791	78
820	711	110	483	285	545	218	994	924	257	418	998	941	97	63	1007	524	644	151	508	265	455	464	957	168
114	478	651	380	570	346	253	527	144	937	793	946	669	629	513	361	829	598	993	135	223	267	828	774	697
112	500	347	662	392	983	415	596	96	512	469	978	304	120	747	597	236	859	154	416	177	127	554	588	541
759	42	986	7	790	391	405	214	345	482	972	748	599	817	278	1010	727	146	616	71	138	526	677	818	623
252	975	317	620	208	202	102	423	358	951	866	624	949	900	673	647	1003	185	649	498	836	891	206	118	137
950	134	431	987	89	290	517	338	125	467	465	282	976	693	18	988	297	175	44	700	261	704	57	20	906
865	190	289	707	19	11	855	853	325	433	954	357	718	66	557	176	932	872	637	633	217	159	266	746	981
147	130	944	984	390	839	827	279	457	440	890	443	88	688	533	52	888	656	964	794	23	741	155	315	610
213	738	352	920	495	260	723	270	221	247	58	947	973	591	980	837	162	1014	3	824	235	459	99	914	963
429	861	91	613	393	263	12	143	436	555	523	142	897	115	558	101	604	300	319	702	386	197	113	333	408
69	40	238	589	809	181	665	871	239	298	17	179	864	627	840	514	658	207	958	341	226	733	462	53	450
476	90	773	681	1015	685	997	283	1021	869	507	881	969	734	974	77	989	105	22	320	943	441	337	928	373
703	578	845	25	619	922	1	503	772	167	722	64	366	887	528	509	915	814	442	955	54	672	952	38	990
108	80	255	530	275	336	1017	287	473	73	538	999	788	925	264	35	940	850	129	411	539	241	548	284	497
1002	767	841	1022	430	771	927	410	851	529	182	862	249	215	377	75	634	549	680	29	552	910	923	323	903
858	769	327	675	251	825	412	309	395	605	737	488	535	547	437	756	933	122	307	652	104	216	646	768	475
6	683	929	568	902	985	812	447	724	401	486	355	150	945	630	550	519	348	560	659	402	666	532	2	293
426	783	536	242	603	849	36	250	409	219	136	389	970	593	648	926	50	592	274	770	8	686	874	165	1001
502	354	684	121	28	792	59	709	1011	149	807	379	95	448	501	639	609	566	70	882	232	899	766	245	1023
399	92	913	894	306	847	959	715	340	157	262	403	492	962	449	679	996	230	745	626	778	1005	178	931	948
885	339	103	585	721	83	650	796	640	600	128	846	804	728	139	331	806	960	956	192	870	586	698	966	330
485	505	131	575	643	805	158	696	119	816	735	396	832	761	173	883	126	740	632	573	205	854	775	456	732
777	690	302	867	534	760	967	310	343	667	477	199	98	515	308	979	33	942	540	995	198	755	694	689	344
717	563	313	939	938	460	406	145	863	424	371	705	387	645	123	188	435	489	268	62	428	351	776	367	234
368	764	439	394	67	164	661	332	324	427	425	971	329	200	27	875	413	1008	762	889	628	930	432	638	196
802	271	30	618	474	934	1025	493	504	577	87	823	186	187	719	76	1020	471	111	799	203	81	1013	1004	590
743	582	789	510	446	653	831	466	204	237	434	222	328	14	787	884	803	132	243	581	553	421	362	148	860
844	699	706	381	641	398	848	908	26	374	556	898	615	815	744	452	286	160	712	520	595	5	211	919	587
140	479	133	100	342	1019	522	276	713	961	224	248	228	273	420	852	808	85	622	636	82	388	565	856	663
305	674	349	170	400	55	542	655	991	916	454	86	801	811	821	378	417	911	414	220	41	453	537	621	201
174	682	350	321	731	917	94	551	472	516	572	451	295	607	61	780	39	657	819	292	701	992	525	893	356
642	384	107	968	161	521	370	612	574	225	833	470	254	296	625	720	301	37	876	93	730	892	194	397	921
569	1016	364	171	739	907	487	445	752	303	710	784	608	13	965	299	21	936	687	753	880	499	716	156	68
4	559	280	660	580	326	546	360	826	668	695	982	269	879	229	272	635	458	567	785	873	781	259	422	561
676	935	383	258	631	369	754	544	184	318	385	48	909	797	152	84	758	74	172	692	1000	233	359	834	729
786	751	468	49	878	363	901	51	246	904	742	231	918	141	1012	838	195	779	193	312	209	671	65	708	594
10	227	438	810	877	334	189	531	654	564	72	419	511	886	842	691	583	602	584	191	480	407	109	404	244
484	43	506	782	795	24	316	79	579	16	1024	60	372	314	670	562	46	518	463	382	106	124	813	166	461

678 904 41 239 242 670 725 977 1020 879 354 350 482 539 737 663 37 765 257 972 283 202 105 259 691

541 267 194 148 907 519 929 35 474 757 631 175 1018 294 97 142 711 544 814 784 271 676 141 798 970

305 633 708 209 452 530 1023 707 331 83 485 201 120 88 778 565 575 64 443 753 286 733 817 848 578

390 343 112 426 600 238 23 609 293 407 92 768 220 843 587 463 696 57 916 523 918 85 571 138 793

943 1010 26 464 748 869 46 154 662 932 914 520 957 948 250 22 118 111 323 877 377 150 661 864 44

29 1012 227 925 428 850 834 832 961 922 634 410 313 1005 416 555 960 373 781 805 279 494 280 923 235

928 341 664 344 2 930 715 777 601 536 589 876 247 944 1014 185 741 783 108 786 554 155 596 252 251

357 137 641 213 638 714 460 322 920 191 79 770 666 457 617 180 822 87 969 942 54 69 934 450 99

398 671 570 506 958 686 893 719 382 1011 145 352 375 521 348 80 13 574 60 762 231 668 381 862 178

258 825 684 33 824 871 803 19 203 491 263 248 956 563 96 902 628 328 845 579 982 14 346 774 68

218 241 405 122 278 447 285 167 761 698 269 952 669 412 831 775 797 853 273 602 619 499 503 114 72

228 25 830 439 249 971 840 90 126 358 274 896 953 693 395 93 632 302 487 253 880 281 964 622 534

988 556 435 67 658 1013 349 146 361 607 994 387 705 132 613 500 424 927 234 976 983 592 721 735 5

758 411 515 480 512 262 317 730 438 901 173 884 590 789 266 15 514 189 147 674 897 168 1022 385 192

347 624 16 716 794 162 50 433 859 548 299 456 844 71 771 415 890 214 833 642 746 866 320 401 697

265 81 966 437 89 91 551 653 369 197 529 205 230 724 981 436 327 98 946 240 720 885 621 109 809

939 892 342 59 837 909 689 675 561 878 863 955 455 643 287 184 531 200 654 226 912 153 522 950 135

134 484 566 788 701 363 319 582 755 507 1024 505 611 413 860 947 356 511 875 910 43 906 766 800 594

776 597 1000 811 472 895 750 396 595 36 985 954 692 517 921 94 272 751 829 510 74 815 841 151 466

667 11 558 650 483 128 872 729 911 233 488 894 129 292 489 304 486 997 683 45 586 679 588 125 140

440 360 545 338 12 591 528 543 159 102 1025 888 941 376 339 335 576 874 222 1008 174 828 255 991 458

623 290 886 193 300 334 818 468 838 256 802 479 497 752 353 329 326 431 779 999 156 644 384 217 212

620 938 584 465 856 399 604 365 612 3 419 340 421 404 210 787 665 177 1021 855 889 368 760 176 836

610 936 429 106 992 965 301 806 883 55 560 1017 121 351 130 508 986 18 284 53 446 804 917 763 1007

618 747 453 996 967 442 318 572 915 782 816 717 557 573 207 756 732 254 598 6 10 767 533 1002 754

975 232 712 459 984 163 380 219 161 24 873 261 246 423 39 867 310 144 449 359 535 899 355 518 473

627 408 542 585 306 31 688 493 243 625 636 657 792 790 603 868 77 780 451 149 764 973 495 196 504

502 362 951 4 179 199 710 615 1006 143 264 569 993 963 324 731 807 743 172 826 852 229 392 469 38

682 7 471 160 727 700 100 311 316 629 919 744 47 842 703 655 704 799 171 237 157 501 420 568 759

583 1001 32 445 801 103 726 882 1015 188 370 21 605 216 295 990 567 315 680 524 608 649 865 908 430

139 738 974 891 606 40 989 113 215 56 371 823 66 980 312 734 117 110 635 924 749 795 204 244 225

681 527 857 937 166 101 75 115 309 718 289 819 537 626 827 406 164 673 723 549 933 525 84 206 637

391 27 62 742 861 297 702 20 123 131 372 881 444 402 550 52 1009 926 403 270 1019 417 813 441 61

652 76 1004 526 345 133 538 169 277 481 854 745 478 713 722 995 409 183 51 195 695 987 931 275 968

773 690 540 367 949 158 945 63 70 516 677 772 900 1 821 107 190 998 808 49 379 332 325 639 496

492 728 687 116 388 124 434 467 785 577 268 245 847 820 454 86 136 288 546 386 276 366 374 461 186

17 48 659 694 30 580 383 307 314 42 333 959 870 393 432 559 645 221 979 887 962 656 208 769 364

739 282 552 296 425 170 82 427 562 839 905 182 640 851 849 28 475 418 553 581 198 564 330 187 448

940 462 9 498 73 646 476 660 593 791 903 165 152 378 935 1003 547 65 477 58 835 389 630 321 1016

211 470 599 699 397 978 400 509 706 95 616 303 181 810 651 846 236 685 337 127 291 796 648 513 490

858 223 672 740 614 336 709 78 647 898 104 8 298 414 308 34 394 736 260 913 812 224 422 532 119

793 216 321 605 430 845 294 447 741 272 522 112 944 155 332 1001 557 692 118 131 450 825 725 798 247

577 515 173 680 670 342 212 973 691 256 703 99 995 653 748 495 186 627 170 459 412 984 1000 626 434

854 503 457 729 143 1007 122 82 1018 757 154 408 233 252 920 179 353 274 403 192 213 303 356 1010 662

871 553 904 581 688 365 30 416 352 94 508 690 185 921 843 81 592 378 422 701 423 261 367 958 619

98 241 957 952 158 432 598 357 596 931 571 200 397 263 187 470 268 215 926 540 933 141 963 990 395

249 863 334 400 550 309 544 879 763 549 554 645 745 464 1015 456 472 676 747 975 259 210 167 262 458

790 463 927 205 939 734 468 824 140 979 360 815 292 631 402 144 425 885 409 779 427 860 811 886 582

404 595 974 326 19 494 414 694 643 25 989 419 706 37 784 193 510 639 875 380 137 379 838 75 466

315 708 384 90 865 907 877 401 350 70 407 1022 584 847 689 198 40 209 224 951 413 699 911 728 174

245 477 753 980 113 898 959 853 962 752 50 492 106 704 211 991 870 46 966 759 156 469 392 918 230

649 881 96 723 964 993 664 663 505 652 755 194 441 945 41 782 136 738 330 275 640 700 840 681 10

822 222 613 727 448 101 754 28 411 163 722 115 346 771 66 394 180 227 518 724 570 7 601 538 868

629 270 479 766 396 514 861 1012 786 849 489 280 617 637 31 327 827 322 612 776 658 714 774 24 59

305 278 437 917 848 529 405 693 246 936 201 781 772 289 1 702 769 1020 796 897 965 548 114 318 1025

675 147 220 359 206 307 286 891 301 916 52 565 1006 119 846 389 308 375 718 1008 659 79 834 320 271

285 740 873 586 254 475 311 191 85 773 667 452 976 474 630 673 148 366 566 491 47 60 524 669 358

913 579 95 650 218 329 648 924 679 182 110 128 253 787 809 165 382 851 802 856 506 593 55 992 287

876 162 910 890 983 161 987 339 552 446 955 572 749 368 547 421 20 297 266 587 988 231 36 894 887

391 683 453 91 826 671 39 646 317 668 325 26 709 520 190 172 889 386 726 146 117 500 436 316 985

760 569 903 433 661 8 111 486 72 56 32 17 281 226 4 393 746 527 197 937 961 841 794 842 229

507 900 451 532 345 574 940 625 710 602 994 982 485 795 866 73 221 354 333 938 361 13 575 788 812

837 583 476 624 83 343 351 68 896 444 171 949 214 953 981 488 242 258 780 874 512 656 526 606 521

567 509 950 1009 712 839 89 677 71 542 415 797 168 830 618 858 331 104 478 244 467 970 731 696 657

462 499 893 319 269 636 336 804 347 600 717 608 857 859 737 58 337 208 312 947 129 778 697 313 685

967 445 635 934 813 42 805 1023 504 255 998 428 166 997 929 21 381 183 92 852 399 641 181 340 883

732 816 867 420 609 930 743 615 282 764 539 63 481 243 655 946 87 672 372 682 84 370 806 519 15

100 189 948 496 196 277 960 283 880 121 225 169 426 298 295 777 487 398 820 493 832 248 310 573 906

1005 762 814 954 801 719 742 744 324 250 260 237 999 460 438 638 328 1003 14 288 134 135 362 528 105

195 480 455 497 385 116 51 803 239 293 901 578 996 942 908 517 160 273 93 558 150 265 919 35 344

715 563 471 49 899 622 831 12 16 628 6 525 125 64 560 418 240 912 449 530 768 799 203 145 498

733 61 284 1002 124 1021 888 536 616 323 204 153 819 585 758 11 905 591 377 142 461 783 872 695 199

651 417 314 800 665 306 232 440 228 978 756 968 513 829 647 607 355 1017 219 599 767 537 236 109 127

634 535 188 9 654 531 730 588 611 304 1019 178 300 151 251 792 823 410 159 33 923 349 202 149 597

869 43 562 22 523 443 369 490 564 546 807 956 972 770 299 217 791 835 603 102 338 642 5 674 238

383 439 431 371 108 785 157 850 291 925 922 716 482 2 473 88 502 1011 604 53 878 864 29 833 107

373 501 713 223 761 511 855 483 666 442 48 775 915 707 1024 971 164 132 559 534 943 556 184 3 175

684 406 789 828 23 736 390 130 348 594 720 909 516 290 686 687 103 429 750 133 176 580 302 364 484

235 941 424 836 363 808 78 862 632 65 817 884 67 902 914 555 895 698 257 561 1013 633 568 207 821

335 34 751 279 545 139 844 551 454 818 86 533 54 27 621 810 589 590 387 57 45 234 935 705 465

376 120 928 44 678 932 123 152 435 276 623 735 80 1016 765 739 18 882 576 541 711 620 543 126 610

1014 296 388 341 177 986 77 38 374 644 660 74 892 138 721 1004 69 977 62 76 614 264 267 969 97

313 157 872 381 535 502 808 83 641 189 524 263 265 696 1016 1006 591 294 739 807 662 249 603 1010 812

230 966 242 185 927 665 386 888 406 454 438 660 86 331 20 455 487 246 154 903 47 318 297 612 11

222 940 416 755 325 934 936 440 401 924 970 276 190 110 17 393 357 912 965 311 103 987 73 880 532

1018 480 843 398 27 757 50 778 428 479 901 87 240 473 1022 691 359 600 25 248 670 300 296 505 501

123 476 554 76 53 776 321 930 391 92 374 388 805 301 16 749 221 159 385 104 824 917 333 858 596

937 217 170 527 464 737 777 139 489 338 303 153 442 873 597 117 915 568 604 957 1004 1025 829 93 90

422 336 724 59 904 3 137 316 273 332 588 509 726 832 1023 929 328 656 254 304 14 102 571 62 19

131 337 960 519 762 109 609 460 55 431 758 800 345 638 992 429 882 900 141 1008 719 434 396 151 685

378 344 577 766 842 948 82 130 176 426 207 32 676 856 839 467 855 611 526 771 56 949 803 840 186

831 654 942 531 995 145 826 787 397 544 290 470 572 622 802 411 203 327 259 161 462 172 853 181 58

250 483 264 626 421 43 329 631 628 1001 208 677 964 1005 444 463 4 494 879 229 478 667 672 539 795

828 878 298 283 369 453 533 566 368 586 548 367 437 529 563 569 39 658 446 30 553 581 607 606 613

209 750 407 96 877 1024 430 77 128 642 150 730 514 854 349 836 690 605 403 610 228 38 400 187 465

708 674 625 620 894 244 18 432 897 35 679 268 293 46 42 1009 484 299 784 583 105 216 710 675 650

183 158 451 857 645 346 680 664 941 171 716 339 818 570 833 540 715 814 184 511 889 37 282 320 918

627 774 350 594 909 287 180 706 260 425 545 780 530 414 783 427 895 5 998 623 36 703 907 768 578

576 459 984 753 938 926 147 64 567 657 33 536 986 63 699 731 543 931 335 601 224 312 557 693 239

542 556 322 278 813 720 363 481 227 177 973 114 1003 979 985 179 166 760 45 405 822 714 745 820 495

169 955 976 751 211 910 194 683 439 178 323 143 132 215 358 408 617 644 372 809 933 376 377 561 608

549 841 486 142 498 309 445 956 198 712 277 41 288 351 635 84 971 496 898 409 550 618 990 21 694

280 302 266 963 733 436 923 852 688 1015 1012 370 663 410 375 402 639 251 786 789 728 636 534 379 669

717 788 285 116 621 491 477 634 256 884 1013 761 890 74 775 162 423 682 551 988 1011 847 79 770 261

504 892 295 197 834 492 2 1007 212 60 742 226 692 781 844 225 253 75 67 418 91 655 874 70 870

508 804 330 243 883 743 983 794 616 590 424 975 615 488 272 238 640 420 734 962 394 29 959 353 218

764 922 989 666 146 746 684 869 698 22 599 850 234 191 925 387 245 108 647 506 1000 317 705 500 51

579 136 523 598 864 493 202 340 905 305 433 365 399 967 100 382 747 195 236 201 127 507 632 974 686

220 902 461 49 310 651 806 735 565 1020 943 126 233 867 443 945 801 513 848 522 916 435 978 40 348

124 356 448 144 129 275 837 373 790 652 210 573 28 237 732 271 286 744 88 196 729 362 231 866 816

113 796 9 380 281 707 452 653 951 862 85 324 721 315 695 865 763 361 981 972 160 908 919 681 342

738 947 881 390 334 849 701 921 512 119 255 214 121 314 994 474 624 980 441 538 308 482 175 148 525

54 819 876 835 392 72 80 950 668 722 490 759 23 886 799 89 319 791 846 555 997 671 458 704 94

81 562 235 223 115 173 471 769 389 472 291 633 968 468 61 515 700 71 589 415 587 779 914 723 469

404 859 13 347 279 192 193 896 969 928 168 953 204 447 996 740 838 659 419 101 537 564 602 825 360

200 7 528 827 811 57 830 861 307 584 961 546 520 26 69 817 199 772 449 649 982 417 697 1 66

785 637 702 107 140 593 270 932 106 574 383 845 274 913 341 993 1019 257 292 630 258 736 326 999 412

174 823 10 648 868 48 899 860 560 475 98 815 6 559 906 1014 247 585 44 95 521 165 727 582 450

156 711 155 120 466 911 122 456 944 661 580 946 851 863 541 111 384 289 78 497 592 366 782 68 797

709 163 619 875 503 765 267 15 954 939 188 595 687 134 138 558 718 262 752 741 182 510 52 773 364

891 24 232 810 516 112 213 31 887 885 269 575 34 629 219 991 65 395 118 99 518 97 678 547 306

164 754 371 643 673 767 958 12 977 135 792 935 1002 413 205 517 206 499 552 485 355 133 149 920 713

152 352 125 952 343 252 1021 167 725 793 689 8 1017 871 893 354 241 798 748 646 457 284 756 821 614

974 161 256 152 668 347 989 1008 768 452 814 795 783 33 133 72 188 556 713 85 172 357 671 154 560

1016 739 439 572 4 306 229 28 530 824 697 497 536 396 975 606 821 132 148 168 578 856 826 945 859

906 724 660 652 212 796 971 371 219 74 308 164 90 602 59 896 448 282 42 40 1007 416 876 953 474

670 692 843 808 587 747 1009 792 178 569 508 830 64 275 551 260 787 789 149 239 119 232 353 596 802

365 667 1002 766 421 691 19 1018 681 849 956 598 621 757 583 846 534 39 13 982 86 377 454 355 558

857 1000 296 844 453 1013 710 892 302 538 954 767 946 446 323 183 244 134 329 272 884 771 998 258 554

574 520 113 464 1003 761 284 775 137 26 961 67 865 315 603 368 441 807 790 327 840 276 406 957 756

103 410 571 517 722 389 770 951 521 171 144 797 1011 251 820 980 740 411 881 502 625 157 63 1017 12

388 303 27 128 659 566 853 481 380 321 312 424 451 142 233 923 210 15 535 769 586 590 738 68 1021

501 125 498 522 529 567 813 733 234 904 591 437 387 634 889 780 723 763 135 650 374 705 729 704 166

101 307 269 698 658 392 422 632 657 111 894 665 76 679 613 170 964 115 2 913 548 141 731 372 759

686 277 95 356 29 888 608 123 593 496 684 772 435 11 469 675 872 661 700 288 1 339 169 630 1004

21 332 925 84 938 66 886 108 62 36 735 861 238 648 126 265 542 666 473 514 342 676 165 499 334

701 445 544 897 22 649 259 760 869 455 320 653 921 922 827 458 348 635 475 440 300 139 850 494 434

287 397 864 96 82 879 366 902 468 893 7 470 378 851 575 186 418 702 116 270 94 779 189 568 463

773 943 636 838 159 442 577 53 131 647 182 712 915 485 370 618 419 721 616 637 523 631 438 709 912

880 877 641 127 443 570 742 236 852 351 289 404 472 202 682 727 193 547 604 487 993 360 599 882 985

106 868 217 693 655 718 995 147 338 88 225 887 209 978 46 346 683 862 407 373 343 52 240 381 584

295 910 809 429 30 313 8 513 102 515 480 597 81 829 553 696 51 3 664 581 901 326 905 552 354

841 420 292 812 405 717 385 173 782 195 180 811 486 955 10 304 646 83 651 774 16 708 400 918 784

629 855 601 891 907 140 1001 114 972 80 934 278 626 504 615 331 207 37 248 588 707 431 153 187 367

384 176 482 242 49 174 976 87 151 822 192 243 54 390 398 714 206 555 130 461 200 743 175 358 690

800 9 764 428 518 903 589 264 156 268 23 403 432 815 93 31 322 825 874 582 447 163 854 673 100

73 706 540 611 753 804 24 970 911 788 617 493 600 436 883 290 801 860 914 414 350 532 752 227 124

488 158 890 669 430 386 758 633 805 695 266 427 235 466 928 109 778 224 969 645 930 98 162 967 605

991 17 92 273 595 362 340 297 14 940 490 988 399 38 744 216 791 91 274 863 314 412 425 699 510

1006 919 845 104 987 908 835 310 196 754 197 533 524 456 777 279 858 77 20 867 393 237 69 328 226

832 262 285 680 786 325 341 654 291 719 531 465 806 592 875 194 483 525 816 223 610 939 190 160 375

762 460 122 211 333 43 491 817 703 450 79 638 803 1012 57 253 979 507 794 836 931 324 573 732 47

246 620 924 929 317 476 280 564 1014 18 737 898 247 926 932 885 311 221 110 1023 562 413 41 828 745

395 643 750 612 736 627 60 257 146 799 694 61 203 44 960 433 500 968 205 318 983 622 819 746 218

145 781 484 689 121 933 519 155 198 607 336 509 619 369 391 503 1024 344 878 129 831 609 944 818 663

936 984 215 541 656 471 837 409 459 749 495 179 506 942 426 941 948 685 546 557 741 965 537 834 623

213 379 382 78 255 349 337 986 299 545 383 417 204 973 359 99 730 511 191 120 866 628 550 728 642

241 847 107 118 958 143 1005 990 981 408 785 477 563 309 920 895 579 527 937 639 117 228 184 138 711

952 394 345 871 249 167 917 479 177 181 839 674 716 997 1019 833 222 549 267 402 900 335 48 543 559

624 909 457 319 230 580 539 594 467 361 58 765 949 678 199 947 112 97 996 301 462 576 966 870 250

89 512 927 376 640 34 492 644 449 1015 364 352 316 214 505 526 231 873 45 755 672 726 70 305 201

401 330 688 810 150 977 963 254 75 65 848 56 363 5 252 823 687 950 994 281 962 748 959 916 263

423 286 751 614 71 415 720 208 798 1020 50 261 283 561 662 245 776 32 715 585 1010 793 1025 220 565

136 444 294 185 105 55 35 6 992 25 516 899 734 842 489 271 528 725 1022 677 999 478 298 935 293

947 171 29 718 625 812 87 686 667 646 331 663 735 745 126 680 653 533 329 781 834 93 419 94 981

166 465 312 758 579 404 193 585 360 666 368 766 694 416 382 703 319 109 516 838 191 610 481 926 498

89 372 214 472 451 850 836 238 361 813 596 925 483 242 584 133 868 771 198 713 348 108 624 428 152

496 22 531 273 780 869 902 899 18 19 512 169 821 327 950 721 930 188 567 1016 739 288 600 106 922

782 731 10 840 994 891 660 328 409 586 805 903 843 999 933 828 532 14 970 326 728 6 620 627 654

566 608 73 864 673 215 757 379 128 657 477 550 629 670 281 889 554 206 411 231 277 528 560 43 778

371 943 811 957 719 81 691 495 137 306 415 847 71 394 523 179 164 639 201 92 1018 818 305 777 650

21 464 542 647 163 116 870 86 31 454 803 973 940 515 916 808 84 623 418 750 309 984 292 459 557

460 104 762 140 878 17 941 219 549 990 1024 832 862 529 339 638 497 894 635 679 402 437 858 616 386

640 565 174 296 986 369 149 202 232 220 384 70 408 443 393 173 143 445 373 853 599 848 484 518 622

671 613 203 127 607 962 276 88 236 200 20 752 959 859 938 675 156 545 297 347 792 24 492 571 548

960 642 1015 929 406 978 36 760 370 697 964 330 1020 987 168 511 815 286 190 831 658 582 355 72 1023

85 145 712 80 742 75 668 333 1002 730 299 184 344 906 860 271 335 524 325 177 895 543 192 737 911

651 447 452 603 807 321 904 349 221 576 303 682 1006 896 767 513 609 636 245 476 905 618 514 953 558

644 948 388 991 555 688 98 320 141 963 47 510 502 852 825 628 228 754 157 54 942 756 707 602 466

376 27 284 134 897 110 136 972 594 148 830 863 374 390 336 45 833 225 426 595 103 716 51 876 519

261 946 685 295 23 12 985 734 195 170 474 924 287 589 563 311 655 909 674 422 175 1017 954 509 351

461 1004 308 969 13 28 246 363 456 939 982 875 1021 1005 412 391 76 945 494 914 676 535 423 274 482

633 544 717 250 119 123 49 9 463 235 796 974 420 587 448 683 501 96 517 989 337 318 656 258 928

885 279 62 332 720 181 591 743 652 40 434 845 124 612 749 504 561 413 262 5 751 69 259 592 615

256 125 900 15 275 570 965 937 527 665 462 839 574 470 631 797 147 486 846 539 243 100 975 879 910

936 841 82 520 955 314 801 139 521 849 693 58 26 135 122 397 490 341 117 205 791 378 809 672 961

689 835 681 556 223 493 888 877 872 715 11 949 695 1007 150 450 473 764 467 68 345 643 359 186 346

508 353 212 131 747 932 405 209 291 774 1014 395 817 740 874 538 883 526 247 664 577 568 407 57 46

358 598 708 316 441 237 917 389 918 362 619 278 132 180 503 283 440 74 33 804 967 726 744 300 293

113 562 399 919 160 873 881 788 35 222 908 525 439 976 882 784 944 479 783 44 298 114 301 265 269

553 310 790 601 564 768 442 581 551 340 692 436 769 155 400 196 105 208 915 722 365 56 865 867 315

37 738 32 661 816 478 789 677 659 822 736 536 814 499 971 30 741 111 995 53 455 488 714 257 980

819 890 241 144 968 189 213 755 91 530 621 254 272 159 604 907 99 806 913 322 966 578 951 324 162

842 630 988 167 61 723 367 617 227 120 249 958 226 920 444 892 187 541 912 1000 505 573 732 266 230

799 78 795 118 956 546 1 1013 711 844 1025 380 871 704 197 669 95 952 307 138 438 593 884 178 534

507 648 776 414 927 101 753 239 42 172 217 429 302 3 64 338 282 350 772 165 893 626 210 115 690

700 794 112 352 240 268 487 606 102 854 233 401 763 432 1001 260 267 377 55 383 67 457 537 759 992

785 678 50 323 471 469 729 403 417 375 161 207 224 97 475 829 761 775 826 489 263 392 597 575 706

252 748 1011 901 856 427 645 431 540 107 253 121 485 699 590 304 229 880 285 559 204 48 765 4 861

770 264 433 786 1009 491 381 588 827 424 130 16 855 1022 851 1008 480 425 66 746 317 572 129 641 709

649 1010 334 387 410 153 182 1012 218 702 705 500 176 25 270 366 983 194 34 1019 79 251 158 580 522

802 216 7 773 1003 810 923 886 430 547 151 662 183 583 364 977 234 793 343 569 396 385 146 605 998

435 211 38 632 39 41 857 60 357 185 59 798 696 244 687 199 313 637 787 280 837 356 290 65 255

921 823 2 77 779 289 83 154 725 800 710 979 866 898 820 698 458 614 248 996 63 634 142 342 354

52 701 446 506 993 398 449 453 824 90 727 611 997 733 421 931 468 684 934 552 887 724 935 294 8

754 720 116 110 443 706 5 432 538 860 626 416 616 657 681 685 256 418 608 47 373 647 199 433 561
912 786 311 146 218 924 389 84 854 1007 202 996 599 192 499 500 823 268 586 889 255 224 491 983 327
403 449 656 3 19 510 650 516 635 429 391 991 111 21 337 128 837 88 466 189 699 1001 596 250 79
508 769 438 98 445 425 80 194 840 645 540 217 595 127 661 747 338 427 566 411 236 152 542 441 1012
598 865 158 315 843 825 181 913 539 207 246 659 102 133 113 713 866 997 978 212 353 722 863 447 881
829 821 749 839 437 707 981 715 462 672 74 597 318 980 280 679 554 1016 54 894 739 60 339 556 585
651 58 319 757 41 670 939 137 947 365 738 938 875 431 905 660 529 370 555 893 150 513 264 790 240
612 33 957 132 951 589 95 937 593 506 527 211 274 630 605 1018 456 487 855 390 188 742 900 130 304
216 723 712 682 464 853 834 949 899 176 345 117 430 691 412 588 467 675 760 692 972 307 548 175 898
965 382 480 51 914 191 618 648 36 1 16 6 413 901 636 979 624 144 880 551 23 293 781 439 165
153 38 283 214 359 361 272 852 658 592 704 999 89 262 115 164 579 783 613 663 928 575 772 482 969
235 485 195 528 371 885 964 571 151 380 1000 86 101 641 454 808 931 971 950 789 290 936 526 560 225
726 105 694 210 514 633 296 768 205 536 845 759 892 69 77 745 385 475 655 306 512 298 35 621 381
533 320 844 316 800 763 198 851 884 208 279 122 392 814 861 994 926 700 643 9 680 461 709 351 295
610 124 985 233 415 611 232 1013 149 497 231 71 56 530 341 534 469 281 689 703 219 578 343 276 49
729 270 696 702 904 479 956 302 450 478 873 248 313 301 792 182 366 66 897 917 827 420 677 287 178
247 773 934 683 201 354 93 504 141 305 355 321 32 717 728 222 490 791 395 303 465 547 406 615 67
619 347 775 932 761 503 394 243 483 64 444 836 933 223 1014 83 57 409 100 477 743 314 109 398 649
494 282 1002 801 18 334 7 835 695 550 254 8 637 87 859 379 388 422 758 916 817 590 239 627 377
886 323 170 502 676 944 424 887 96 767 42 157 603 260 552 842 291 215 331 620 522 847 639 807 374
671 493 755 72 966 646 906 870 812 1011 910 848 756 289 764 220 44 795 558 828 697 103 486 168 27
741 841 43 809 147 727 234 356 402 495 172 230 770 52 463 387 428 155 654 505 309 531 705 179 565
992 1004 718 549 241 242 544 273 953 744 70 458 984 993 557 1017 640 955 284 1025 251 459 76 818 606
959 14 570 1020 213 693 600 249 55 468 668 259 410 342 896 990 99 257 492 562 286 779 883 930 973
12 920 143 602 958 776 435 167 419 921 804 535 525 962 237 328 874 564 954 134 362 736 826 967 623
830 94 1009 1021 701 501 919 631 229 160 923 952 879 805 346 85 330 271 4 123 408 632 750 161 908
868 634 653 777 332 998 946 1024 196 867 452 927 489 778 532 120 941 986 838 470 434 541 698 970 871
118 92 545 1015 878 877 684 405 310 719 1003 856 360 484 62 572 378 401 399 397 138 193 404 876 903
1008 407 324 819 50 369 457 46 788 803 517 82 75 735 711 126 584 664 968 774 340 183 245 2 142
180 474 806 976 733 61 139 209 686 638 488 263 622 891 358 278 106 78 352 569 186 583 816 73 148
673 29 732 573 13 258 543 244 511 591 112 460 546 857 820 832 114 762 267 436 177 63 472 206 982
162 787 39 688 802 97 708 963 383 396 10 326 918 782 940 666 858 577 607 629 665 895 1022 335 136
299 714 308 108 131 765 587 252 784 25 91 386 710 537 184 678 348 831 576 125 104 799 473 203 642
888 785 48 1023 266 15 393 11 135 850 644 945 226 822 28 925 734 890 730 721 17 748 601 568 498
261 197 107 376 421 45 163 349 960 417 448 322 453 922 400 119 59 902 797 31 796 481 559 238 872
37 793 882 228 292 204 716 423 297 594 869 811 553 34 625 471 581 171 446 929 988 145 1010 574 344
628 190 977 669 617 518 81 312 20 507 974 329 961 909 30 580 166 521 833 662 989 300 907 22 737
368 515 652 384 121 372 1019 288 520 185 24 846 674 813 667 357 987 26 942 995 68 227 724 440 609
154 824 563 65 156 451 187 496 798 442 948 40 794 363 864 174 169 90 810 333 915 476 364 325 140
975 780 753 350 336 277 173 725 367 687 129 614 943 53 766 524 265 275 523 221 519 426 567 752 849
1005 159 935 911 771 317 731 690 253 455 746 285 375 740 1006 604 815 582 414 751 509 269 200 862 294

428	178	651	578	905	637	617	568	552	412	566	473	589	408	513	390	623	936	669	935	400	814	143	416	413
553	175	258	245	273	956	125	596	646	581	208	726	227	37	411	982	67	7	812	794	302	148	530	887	907
914	75	894	885	930	334	1015	289	30	199	969	474	23	986	339	592	742	370	840	13	972	750	129	19	262
761	886	1024	590	482	205	135	995	56	52	600	823	677	938	242	872	328	882	888	316	11	928	14	941	679
187	69	682	845	529	805	300	51	433	727	235	317	996	136	643	15	522	746	484	516	437	152	545	478	775
308	440	350	689	993	873	301	424	917	797	636	753	377	375	760	712	554	843	255	64	718	253	587	878	285
414	195	133	983	713	739	675	574	479	137	367	915	225	449	778	719	122	633	777	177	618	970	32	239	369
323	796	491	36	279	335	387	837	688	1011	779	28	458	803	444	532	500	356	705	442	963	543	1016	548	852
461	690	448	734	655	660	341	622	218	234	895	670	903	757	222	521	9	92	260	945	119	468	511	146	282
450	224	997	762	607	26	921	786	295	576	706	79	638	770	585	821	342	853	42	1018	68	957	53	961	419
701	268	644	351	838	626	642	604	868	184	691	49	520	832	658	842	73	254	464	251	265	613	460	432	395
423	360	730	203	159	964	974	831	632	193	989	854	261	404	410	124	299	846	188	699	866	435	94	795	1012
420	269	606	206	1001	427	514	698	652	940	653	490	791	619	1014	981	503	584	45	858	891	455	376	194	247
164	966	40	755	280	594	223	349	899	403	849	104	673	932	540	106	425	645	923	60	571	319	172	57	947
3	992	228	634	833	126	735	1023	386	684	6	985	429	909	275	808	505	86	320	454	629	615	716	817	314
338	506	100	296	10	55	371	504	835	2	230	717	912	158	826	782	740	944	472	287	344	960	17	1025	145
243	1003	628	229	363	161	142	929	695	41	674	189	624	4	291	999	44	1009	560	326	217	499	897	393	743
438	249	781	898	950	214	102	741	834	609	241	776	528	211	737	89	801	683	942	207	975	686	155	998	306
904	167	605	20	213	572	563	163	666	389	99	579	29	297	111	264	31	538	733	191	361	382	681	183	276
820	493	63	256	979	920	219	348	721	130	952	257	987	431	958	583	764	856	661	512	948	190	489	751	597
108	736	871	927	240	518	857	486	325	232	304	333	141	430	561	149	562	519	855	569	663	303	476	426	829
913	902	336	176	850	221	769	744	24	994	564	925	441	910	1008	406	497	244	292	1007	811	401	321	792	216
747	883	509	71	525	487	422	1005	922	5	238	722	81	659	120	494	96	498	931	588	881	50	541	893	720
147	39	694	955	710	457	118	174	809	908	140	388	967	113	745	355	281	38	237	524	362	138	415	841	384
515	874	980	685	711	263	787	901	22	290	802	374	352	231	804	919	16	865	752	315	676	160	869	508	156
27	78	738	807	151	250	630	680	593	1006	153	95	198	463	926	1022	598	170	212	77	880	353	480	481	396
544	399	166	310	173	767	171	819	110	502	570	307	453	103	267	47	112	603	790	1002	157	968	693	867	196
305	756	324	859	641	951	556	648	385	312	365	911	575	421	74	625	25	582	703	200	815	337	165	347	864
252	391	816	723	311	943	1	97	656	59	381	201	754	523	346	813	76	340	61	533	546	924	259	288	446
697	539	806	477	765	879	906	631	496	788	800	383	860	610	329	748	678	169	485	728	772	862	1004	558	372
451	132	475	470	567	368	101	704	409	732	573	284	611	1017	667	488	692	181	405	394	715	168	115	144	916
379	671	33	510	799	434	462	664	877	1010	709	933	72	373	724	537	672	192	465	774	277	466	150	991	123
662	443	847	439	501	848	595	550	378	343	46	839	559	380	976	220	785	647	397	535	278	436	358	48	551
180	107	851	12	953	114	134	248	836	954	418	565	357	34	627	759	58	272	616	780	332	407	246	639	793
700	599	870	731	483	209	863	977	1021	896	318	900	202	766	185	313	82	98	215	749	90	1000	861	62	417
471	204	620	447	824	696	937	621	80	527	971	668	186	93	91	210	608	789	580	88	293	18	109	162	116
810	798	469	640	179	84	154	758	890	345	934	918	949	226	398	602	366	286	309	467	892	182	657	783	392
1019	492	828	354	283	875	771	714	364	946	266	127	70	139	117	66	1020	547	236	825	830	763	708	827	402
614	725	35	784	87	549	271	959	517	822	197	612	21	85	54	635	495	270	65	577	939	889	702	601	83
542	973	531	818	322	327	557	768	507	233	990	984	294	456	298	844	526	773	884	988	962	459	586	536	978
729	359	1013	131	534	650	665	43	649	331	105	591	274	707	555	8	128	965	452	654	445	121	876	687	330

19	703	153	151	633	935	266	840	659	62	842	782	938	51	480	679	609	737	501	82	901	894	535	441	698
72	708	507	326	279	714	186	728	561	923	472	916	918	121	596	1007	682	795	197	254	722	881	10	563	880
225	760	297	195	747	671	437	822	134	113	1021	988	954	636	601	712	684	533	477	12	341	394	126	948	735
852	409	20	2	322	953	865	450	610	784	593	385	519	190	720	315	31	95	618	529	9	606	634	395	426
655	669	575	686	800	379	933	199	565	333	641	5	848	163	896	987	508	461	139	577	630	980	476	172	220
295	548	36	843	639	465	1005	550	212	823	336	165	142	794	847	554	152	598	129	353	675	307	325	381	738
966	485	870	1014	400	946	137	992	518	1009	826	1003	602	755	790	247	619	49	617	503	668	516	221	611	648
996	37	721	951	57	286	24	1	907	733	4	666	215	29	55	1025	627	131	227	517	998	505	124	830	509
74	685	581	524	1020	183	1016	665	591	348	230	739	853	365	292	351	811	836	932	772	723	791	161	490	229
402	384	433	1018	115	658	255	483	85	746	817	957	613	18	473	670	250	553	133	713	568	309	223	640	757
464	109	144	101	876	248	179	343	776	314	81	556	620	492	660	449	271	420	70	30	709	944	475	108	317
615	549	313	93	835	964	962	44	752	821	452	850	583	572	704	140	156	174	285	253	902	959	63	925	820
983	828	837	514	489	238	585	569	249	291	922	692	857	495	882	330	856	337	241	995	155	125	691	375	1006
973	504	888	696	984	350	398	695	11	100	982	187	380	515	244	110	498	500	741	459	990	753	47	758	851
571	924	188	13	818	213	491	148	320	132	869	167	99	715	872	743	557	656	759	934	258	985	146	717	861
927	366	920	531	367	272	300	143	311	958	135	414	952	287	801	243	1008	700	182	539	22	997	551	391	218
897	43	623	79	871	439	173	547	245	1000	200	354	87	83	654	582	474	401	754	33	150	408	815	911	181
702	808	706	690	442	469	86	454	66	462	39	50	915	866	827	440	683	786	481	710	210	257	672	392	15
296	947	986	773	981	797	1012	763	764	839	892	802	787	621	899	860	789	224	270	1015	864	164	75	736	562
268	166	371	136	991	53	699	293	6	862	120	943	396	523	564	541	750	587	58	432	493	319	971	8	331
749	1022	263	510	246	118	60	352	312	744	308	900	273	194	453	626	171	428	574	288	457	783	466	138	941
280	276	711	169	999	467	421	1024	306	604	525	372	545	595	812	521	233	560	192	486	552	854	649	625	813
425	28	362	328	373	949	237	637	904	910	484	265	496	884	646	446	68	937	844	527	14	318	930	887	427
506	863	528	35	25	98	159	945	160	967	878	7	1001	540	624	729	536	908	883	345	796	283	645	119	961
688	289	89	534	647	267	277	768	117	1013	841	448	329	141	242	303	963	177	78	600	112	59	26	919	403
41	667	874	526	335	158	955	809	214	616	451	321	968	805	950	543	734	96	455	369	804	567	520	298	443
88	232	511	97	612	867	819	302	149	429	80	202	196	252	147	67	334	447	418	361	105	368	219	52	494
956	780	211	579	939	546	512	3	781	748	792	422	191	875	269	777	382	178	846	406	599	895	719	814	834
338	989	676	765	324	497	965	622	399	886	718	898	61	530	825	727	576	310	778	678	724	970	116	578	803
463	522	236	607	208	590	652	340	54	207	993	608	261	92	456	693	644	359	912	532	731	383	388	974	217
264	663	775	84	189	570	762	766	726	761	355	170	994	657	903	642	423	849	127	1010	936	374	184	638	816
415	555	48	537	275	40	740	45	71	793	832	806	605	662	978	979	357	90	299	376	102	499	460	274	413
438	316	412	468	203	34	73	458	21	185	831	635	559	707	785	677	779	544	732	346	27	573	788	730	424
603	705	216	390	103	419	259	977	478	431	377	889	130	597	824	157	589	64	56	430	807	488	281	799	356
586	716	1011	931	592	909	231	76	885	239	513	829	349	771	417	542	387	405	445	502	855	1002	107	594	262
756	176	323	240	175	969	940	774	1004	833	436	905	921	879	154	651	631	767	234	111	868	580	304	858	342
873	914	681	32	104	928	891	389	538	278	810	976	972	327	228	23	358	128	694	661	975	745	798	838	205
1023	344	444	206	701	588	94	877	282	470	363	193	145	301	471	917	347	770	260	204	38	650	404	643	664
397	123	926	162	294	689	370	566	251	114	435	614	742	584	725	46	198	673	65	360	558	960	859	674	364
680	629	284	1017	290	235	632	378	487	69	17	106	893	628	77	180	386	91	407	434	845	482	479	42	1019
168	256	751	890	697	16	222	201	769	332	913	122	393	209	411	339	687	416	410	226	305	653	942	929	906

596	925	150	1002	619	618	664	663	966	760	503	484	502	161	902	505	461	1025	439	183	603	687	539	76	229
930	114	734	688	14	281	91	207	177	935	877	181	162	924	850	1004	217	247	338	437	391	763	269	963	852
226	230	922	264	63	846	311	655	515	912	820	46	812	672	328	789	552	621	470	878	979	529	892	767	1014
121	231	102	335	369	932	124	397	754	890	583	887	462	57	646	407	971	295	543	649	238	605	756	180	49
197	233	266	209	430	242	869	839	36	582	378	123	189	791	637	498	490	434	675	815	600	857	911	776	572
130	173	7	974	805	507	244	944	783	558	216	989	856	817	58	347	223	22	511	499	548	293	200	895	569
988	714	438	261	884	729	843	855	719	284	289	82	351	597	1017	844	489	332	849	859	431	576	931	554	652
52	829	501	423	199	906	601	155	708	62	900	740	745	803	249	314	44	644	860	241	137	694	777	152	918
853	864	467	1013	246	1008	184	40	741	176	835	536	970	749	186	778	275	991	823	516	304	420	622	535	822
35	99	240	710	949	658	334	937	376	642	168	129	527	613	534	167	466	322	283	697	607	291	38	481	198
39	669	588	318	299	727	523	111	952	794	943	718	45	768	532	345	926	213	305	638	784	615	862	510	92
100	730	680	1018	920	77	577	1021	298	192	460	67	12	695	670	1016	927	595	739	401	762	958	201	957	757
831	290	802	743	660	787	993	964	464	504	832	617	117	50	139	134	871	713	903	133	954	661	886	996	302
312	171	98	227	243	863	671	538	257	985	526	801	814	956	594	389	203	514	288	916	166	72	105	717	178
907	716	522	73	953	453	530	349	255	821	893	975	449	578	691	394	703	400	728	909	813	487	373	396	681
761	153	612	480	317	220	131	151	562	901	433	833	287	496	37	896	746	736	169	320	16	625	372	590	477
409	581	875	458	880	683	468	913	457	647	571	446	1022	858	585	443	533	848	228	363	779	120	775	421	541
674	145	80	356	118	419	939	764	517	946	965	424	277	769	897	285	553	253	208	564	263	447	352	138	565
591	88	202	375	933	665	567	868	659	344	441	568	104	837	188	379	830	30	610	359	493	602	616	940	668
385	744	456	891	256	451	550	711	881	722	59	639	500	599	705	983	936	418	1023	825	960	473	726	847	329
995	942	667	465	800	116	368	234	525	753	206	870	838	921	677	286	64	997	377	146	751	342	25	387	628
56	215	486	113	478	316	17	882	929	95	386	350	193	808	218	491	112	54	673	86	1011	1007	404	413	454
236	381	360	85	561	630	908	584	296	701	362	94	627	164	267	611	237	593	1020	274	239	780	641	187	78
770	910	919	271	106	980	876	414	737	731	899	865	575	315	883	393	160	629	127	323	609	563	125	640	747
97	260	452	786	402	888	11	412	968	978	492	70	371	307	165	555	435	836	724	79	252	309	866	967	608
653	589	841	485	981	251	282	804	720	18	947	959	872	319	262	657	948	707	6	738	748	648	508	84	367
10	330	546	873	353	258	300	592	276	390	426	444	620	982	598	819	678	179	904	782	483	32	962	885	632
519	560	1	410	205	306	917	21	690	42	5	301	212	867	224	135	549	790	635	874	765	766	706	1012	196
310	969	148	999	513	440	476	109	495	772	643	383	303	915	1010	326	472	96	297	141	13	61	698	809	955
399	31	494	928	479	889	15	357	175	459	445	60	248	699	651	20	324	442	147	432	723	951	990	190	90
793	972	93	474	321	689	126	475	365	735	973	268	914	662	1005	542	984	828	333	905	343	709	987	23	194
143	854	845	245	842	818	221	824	53	626	280	313	624	758	816	340	185	163	684	325	528	115	557	336	923
506	144	398	406	634	219	427	69	693	559	408	785	537	89	797	509	795	34	771	222	74	422	48	101	586
518	531	650	573	792	214	851	645	696	232	742	934	676	122	425	950	806	128	2	149	254	235	704	977	482
361	43	685	788	1015	574	606	686	154	570	107	388	250	75	463	556	654	370	540	604	799	327	623	732	587
41	142	759	172	182	512	265	170	524	566	497	136	798	87	633	380	374	692	488	417	580	403	861	24	1001
395	547	544	781	700	366	341	68	158	51	579	279	354	811	292	159	191	810	986	834	83	346	382	308	521
411	27	337	894	384	65	294	938	682	364	733	941	405	614	204	211	725	961	1003	29	750	355	666	339	721
331	994	715	9	26	826	429	272	392	28	998	796	827	436	455	450	348	259	119	679	551	898	132	1009	471
358	469	3	520	807	774	270	712	545	140	636	8	992	210	1000	702	752	1019	66	195	174	156	81	1006	416
415	33	428	19	879	1024	55	656	108	278	448	110	47	755	773	71	631	273	103	976	945	225	4	157	840

526 104 817 575 854 779 578 687 405 630 113 179 626 944 862 940 751 214 791 529 18 596 490 330 344

241 425 53 361 497 483 523 620 458 628 549 148 468 943 1023 192 427 436 481 223 960 530 1007 15 544

495 976 358 36 44 512 307 675 356 942 710 259 868 165 865 980 1008 747 315 645 775 419 249 935 761

741 191 206 929 738 459 548 39 382 314 98 278 891 863 424 561 774 27 474 540 990 648 485 355 155

288 508 208 673 386 973 17 612 664 879 563 91 984 162 403 604 1001 109 579 41 351 167 834 797 631

226 404 807 114 927 157 103 921 213 952 420 557 291 245 401 342 99 609 828 166 705 781 373 835 838

353 50 813 587 312 603 965 790 121 143 393 720 193 802 1 598 958 787 737 158 248 877 554 76 387

871 343 470 629 180 584 574 359 408 377 137 843 890 1004 920 93 211 875 818 46 772 502 171 994 234

152 407 447 453 496 723 615 709 1002 701 1011 71 939 169 726 360 94 898 159 212 372 758 948 64 265

623 613 397 80 507 767 426 853 5 266 647 521 475 313 197 75 677 936 396 951 443 695 415 106 625

421 365 434 825 323 281 378 199 478 519 257 531 756 209 429 516 136 398 308 115 239 68 100 658 1015

988 801 202 717 43 961 123 101 88 782 446 56 316 934 455 823 770 435 743 654 504 277 663 456 616

739 704 190 1005 918 632 670 851 567 1022 986 736 297 418 243 599 714 757 476 653 10 957 413 3 696

352 708 822 120 20 514 796 54 541 601 457 985 562 1018 82 332 144 251 1016 74 979 119 260 26 964

264 347 116 750 138 472 451 520 282 987 217 558 338 207 336 329 231 326 333 87 129 28 274 263 464

996 32 945 320 182 794 59 410 564 269 325 605 322 83 284 861 698 62 941 118 713 1017 133 660 31

366 784 127 759 667 25 556 380 691 535 669 42 163 368 236 912 509 444 186 221 501 448 287 354 859

963 978 216 301 250 700 493 126 885 711 430 821 692 735 102 906 555 683 545 764 873 262 780 547 412

694 255 571 577 688 189 685 484 273 331 734 592 897 589 617 923 846 684 731 449 608 1024 707 931 917

139 499 855 657 702 78 267 392 525 168 428 643 745 431 8 390 84 518 827 177 744 697 112 130 205

210 543 469 524 969 14 272 433 198 551 2 585 773 746 878 634 270 24 1021 597 12 66 724 227 479

201 928 513 795 335 21 829 908 362 1000 134 328 689 930 842 237 635 907 317 400 305 954 252 132 438

552 715 914 812 97 926 652 974 849 748 222 23 337 651 160 175 989 176 369 37 188 486 686 38 304

916 33 845 646 511 439 837 445 131 740 895 967 972 968 905 285 763 72 253 254 883 811 292 766 919

765 953 808 69 649 721 889 542 581 588 77 680 261 384 142 86 671 600 240 910 454 887 606 576 678

1010 805 423 235 275 644 296 804 150 621 500 656 666 997 819 90 546 242 122 375 983 539 1006 892 553

140 357 81 719 728 196 111 841 290 47 40 637 146 30 172 174 394 752 110 482 164 896 156 29 789

218 622 7 924 662 742 586 874 517 672 703 777 568 220 803 971 391 867 1003 61 383 733 477 181 348

809 607 324 591 824 998 955 371 310 289 185 1009 771 848 376 473 665 793 233 899 753 184 491 946 661

866 279 399 826 395 970 650 487 995 902 778 45 830 668 350 642 108 602 311 904 565 128 462 633 370

882 839 533 638 783 844 48 327 293 34 147 151 925 729 389 276 299 187 96 409 893 52 6 341 16

58 414 51 340 762 785 559 538 480 947 183 816 977 319 141 153 754 884 992 4 92 79 901 515 850

815 610 755 560 154 933 161 922 566 911 494 306 847 786 450 55 460 681 229 532 537 981 730 303 379

870 1013 9 107 682 806 125 367 63 505 727 334 832 820 550 238 582 831 718 594 639 1025 975 880 286

349 619 534 195 716 503 693 580 798 938 1012 732 900 536 913 573 999 909 799 200 903 203 321 966 339

636 247 833 411 876 993 886 22 283 810 769 224 679 498 422 583 706 888 11 85 417 894 869 1020 173

676 363 659 1014 768 528 60 271 640 67 230 860 35 749 690 788 461 712 872 385 465 215 857 467 225

699 345 569 452 463 228 776 991 614 294 406 937 302 441 527 246 570 300 949 73 725 800 627 572 488

466 135 204 915 856 70 149 881 492 416 840 298 722 760 309 364 611 219 194 618 244 65 852 624 432

655 280 440 19 318 641 346 49 442 268 956 858 959 792 471 89 402 932 258 674 388 982 178 232 57

506 593 595 295 590 117 170 13 814 1019 489 374 864 124 950 381 256 962 95 522 437 105 145 836 510

773 260 565 930 369 496 952 1019 927 328 703 702 668 80 169 676 372 251 848 314 443 602 171 401 830

406 413 291 1012 625 698 895 825 453 835 50 958 687 163 675 456 36 213 270 463 66 647 392 250 99

388 409 420 210 88 812 396 548 616 871 685 920 410 275 576 469 528 935 511 351 282 346 111 367 261

792 600 624 132 126 405 232 1000 735 60 661 436 125 224 644 149 277 40 706 202 551 423 552 219 272

763 888 544 887 446 690 151 518 54 487 847 286 16 418 274 374 170 42 421 533 444 32 599 646 379

873 550 719 358 976 872 480 901 554 923 24 699 567 153 194 639 893 242 805 933 615 695 89 684 11

777 439 100 259 1020 85 116 300 337 137 280 278 389 184 774 803 376 257 610 870 715 649 950 524 432

634 915 607 880 885 497 45 329 892 412 268 506 162 91 917 262 451 637 33 876 1022 214 301 843 622

361 789 152 457 127 226 801 442 658 555 664 631 121 736 271 613 853 621 27 2 504 743 236 538 642

59 778 686 150 539 452 811 205 120 592 114 541 292 7 440 879 215 135 299 355 681 717 352 263 640

971 638 656 627 877 890 643 780 258 978 479 970 138 982 512 427 854 707 368 465 589 289 626 243 562

645 103 52 390 180 795 46 70 516 76 762 92 309 385 842 492 384 1006 425 730 233 913 975 118 667

721 199 470 672 53 507 47 402 197 957 564 13 959 985 460 731 807 594 382 25 110 157 608 181 800

603 969 174 831 84 611 834 962 407 391 514 1004 532 752 540 757 769 156 579 689 191 964 266 15 823

844 1016 81 716 739 464 203 781 836 140 711 659 1018 924 666 832 254 330 222 41 670 142 909 502 729

783 348 903 18 513 209 179 764 994 884 287 441 320 718 1001 349 1002 403 397 29 606 928 148 462 657

21 683 378 767 363 733 651 722 660 724 727 71 112 493 833 604 635 914 549 175 641 311 293 988 23

756 898 58 483 95 797 129 172 267 972 714 620 211 1003 845 713 474 839 334 133 434 415 381 881 158

897 73 902 996 822 575 108 754 445 252 601 495 525 1013 122 593 990 69 918 228 691 744 123 905 78

322 265 482 925 113 536 515 534 794 159 459 332 281 821 886 674 256 998 1009 766 235 82 708 630 993

67 669 165 858 815 362 900 908 587 751 574 663 1007 889 97 237 145 850 973 571 911 984 748 245 542

678 186 302 35 143 183 429 558 922 865 315 344 980 160 283 828 648 449 307 62 582 557 826 109 485

347 238 883 633 408 940 628 255 992 501 960 742 284 90 467 200 784 486 4 968 521 768 1017 747 919

178 75 55 279 173 535 248 1010 617 949 341 455 979 3 738 749 229 765 967 1023 104 231 818 68 395

961 869 860 246 758 819 942 93 956 345 370 308 298 63 357 546 937 522 859 527 561 161 820 585 586

105 623 383 662 804 207 188 22 343 991 906 468 577 128 771 746 1 755 590 910 1025 779 508 1015 136

929 563 709 185 868 793 317 196 598 824 605 814 419 61 772 650 338 217 505 264 458 498 227 450 433

907 720 117 723 86 761 454 119 139 353 531 530 857 578 867 466 841 891 313 318 26 966 583 790 51

9 28 951 619 503 808 526 874 212 386 43 520 697 775 796 510 17 400 475 206 398 609 356 654 327

34 230 216 566 931 285 37 737 595 934 253 168 424 837 912 572 324 310 430 12 673 296 269 986 1021

404 448 339 399 997 776 864 809 195 954 948 696 247 977 955 838 694 393 48 164 115 102 682 569 244

375 941 130 131 500 193 705 750 365 983 154 192 938 745 101 856 921 342 1014 785 862 5 134 945 559

96 523 712 189 147 431 340 581 198 584 146 636 904 894 87 943 305 851 387 426 225 816 537 461 629

72 932 98 798 519 597 107 701 846 57 489 106 94 863 234 704 481 201 855 360 899 371 208 553 679

861 182 491 734 38 354 1011 618 806 799 74 377 141 499 963 218 852 580 276 612 30 83 545 144 411

1005 1024 176 476 710 304 944 753 829 953 916 438 688 732 494 303 671 417 573 760 6 810 49 64 926

223 366 294 241 373 297 249 840 896 726 359 817 177 547 791 484 725 568 1008 866 782 965 490 655 124

65 473 437 517 336 680 288 239 416 380 947 273 306 875 39 435 759 319 693 10 677 350 190 614 295

187 44 987 946 700 166 936 79 788 653 995 394 560 364 939 981 323 321 665 19 770 333 331 77 20

632 325 326 989 204 422 652 447 8 477 220 478 692 728 543 428 240 556 849 529 588 878 591 155 488

570 802 290 14 472 316 787 471 827 312 221 509 56 741 596 999 813 882 335 31 740 974 167 414 786

248 26 865 721 293 471 315 931 751 980 430 174 218 73 783 420 1015 924 116 1007 488 462 752 351 553

912 623 795 451 306 687 842 747 321 758 93 993 236 548 30 592 140 145 555 1019 205 479 216 694 491

796 886 858 142 319 589 305 695 935 329 666 745 753 738 839 1013 520 269 102 81 119 311 127 643 866

350 1 534 348 676 628 130 981 72 343 978 201 28 198 29 257 615 58 570 560 707 1022 344 422 947

772 431 1023 940 508 313 709 43 368 100 986 780 222 79 606 254 654 568 561 536 463 390 689 960 531

916 995 608 189 942 945 667 554 969 448 736 398 953 67 754 855 671 352 346 59 733 104 457 263 999

38 414 665 934 517 137 302 801 475 406 926 504 597 896 743 731 473 436 1003 786 790 541 120 187 598

951 946 563 25 911 591 768 35 843 172 515 353 388 717 118 108 283 562 405 902 84 928 900 138 723

513 175 815 467 929 304 219 829 720 522 212 914 23 853 658 499 176 846 696 613 941 882 243 528 750

680 564 956 358 651 468 976 232 1009 394 850 374 178 582 998 845 544 1012 170 438 779 149 115 657 925

21 734 830 545 278 367 963 101 122 298 972 749 77 891 419 458 152 87 868 949 220 635 590 609 792

706 737 668 985 206 121 60 386 922 905 345 624 851 711 937 162 527 602 91 17 69 728 477 200 774

514 240 356 238 83 814 173 183 948 5 89 246 565 226 826 235 588 673 105 224 724 848 259 688 365

690 775 354 114 484 482 578 631 530 4 703 290 950 177 516 860 704 664 761 1024 393 957 445 964 112

670 214 861 820 849 497 229 869 493 426 699 838 424 267 992 879 182 890 27 144 194 125 764 757 991

888 22 161 526 55 273 252 432 652 877 280 404 117 1018 740 464 199 63 766 320 78 542 318 823 287

366 46 543 744 342 180 889 974 1016 395 193 197 921 507 506 739 547 409 11 466 683 74 989 355 629

660 847 300 279 748 76 379 1025 742 335 341 268 331 286 705 361 584 872 510 525 266 633 498 878 519

133 700 8 915 857 807 533 1005 94 157 583 97 512 380 470 103 407 106 595 755 111 428 360 387 759

908 328 370 16 450 870 261 85 237 151 442 90 691 275 369 476 933 14 897 234 639 713 505 1004 701

382 40 209 827 576 440 586 208 397 487 678 626 930 854 603 502 362 1020 895 876 661 988 550 966 427

773 244 579 377 702 556 862 572 968 1011 423 336 782 864 190 610 135 153 129 160 692 297 192 511 425

378 128 357 66 51 64 834 1002 644 714 270 571 333 996 271 821 569 645 480 893 1010 765 191 919 901

812 781 546 41 967 612 883 650 230 258 540 982 863 452 987 640 943 434 486 771 619 392 503 10 20

221 389 824 71 552 123 794 469 662 819 509 325 856 53 9 994 215 601 822 776 918 435 767 523 98

403 965 677 449 210 726 327 326 481 239 13 793 15 770 415 383 31 756 185 250 600 708 247 880 653

632 959 669 472 804 805 195 910 332 272 61 309 376 682 1001 70 359 1014 82 322 627 323 492 465 646

461 681 622 898 685 45 604 875 255 803 962 163 402 211 489 1000 158 566 196 719 242 184 551 887 538

649 57 710 281 62 607 642 841 939 225 148 251 585 938 330 763 373 777 339 385 800 132 867 478 936

637 1008 288 836 617 188 894 48 299 310 874 316 712 260 698 324 977 611 186 636 56 784 932 34 913

454 282 769 715 18 166 663 746 944 410 284 785 549 501 474 39 179 559 558 1017 797 447 679 154 975

817 124 490 537 970 411 126 535 618 955 638 892 159 735 399 730 241 439 49 433 518 249 778 86 852

655 265 223 524 621 760 620 289 762 337 24 443 659 227 791 809 456 7 594 296 33 808 347 80 317

107 496 171 909 381 340 684 372 859 647 169 483 789 990 825 460 798 231 312 92 577 641 413 813 816

906 722 587 167 907 979 923 147 837 32 574 580 802 52 444 44 155 429 831 164 42 787 441 495 295

139 904 349 741 95 285 88 971 799 539 832 96 400 203 840 253 401 150 881 459 810 245 716 532 233

455 732 274 363 593 833 575 573 294 37 952 521 202 437 725 997 973 806 984 927 3 417 453 616 625

1021 811 2 599 983 729 630 371 292 634 529 958 557 54 19 314 873 277 68 416 213 614 656 99 50

364 146 835 605 301 672 375 276 264 1006 207 109 418 828 141 697 899 718 12 65 181 143 396 903 500

75 596 961 47 256 485 421 308 303 338 217 727 168 844 384 228 113 917 408 110 686 871 291 920 494

156 334 6 412 204 136 788 134 307 581 674 648 675 567 885 693 36 884 954 262 131 446 818 165 391

285 59 141 907 204 962 997 253 608 402 548 347 663 246 1009 578 424 530 928 404 257 629 695 998 644
693 584 788 471 173 352 400 276 457 342 1005 84 263 827 921 330 667 615 494 731 922 389 371 148 193
100 736 983 513 139 692 238 270 37 797 991 687 175 845 303 1019 899 231 860 702 914 488 23 859 773
387 556 183 392 474 538 122 651 812 385 541 120 318 935 906 526 500 159 360 117 66 705 800 476 106
562 466 635 743 869 179 336 265 549 118 552 600 836 701 972 375 611 25 69 376 138 146 94 657 826
805 333 22 510 235 321 18 1021 646 820 21 913 905 469 429 184 297 234 190 4 504 801 979 6 681
987 574 131 887 595 306 422 697 218 210 622 243 803 242 20 992 229 570 717 554 12 63 719 782 45
676 724 168 975 587 445 208 491 509 1011 553 55 482 990 777 607 161 564 620 3 498 642 581 10 137
947 346 1000 245 551 455 853 483 319 711 560 299 463 843 221 954 495 769 377 658 866 613 272 325 250
653 112 981 857 381 649 459 68 583 753 1025 435 31 207 763 659 605 264 436 30 395 641 64 521 134
638 152 778 864 279 685 862 766 594 637 999 338 217 985 341 405 984 730 973 633 755 326 192 132 542
252 388 143 430 694 762 323 722 970 239 931 742 863 557 163 267 79 406 612 472 889 350 505 770 441
568 726 493 575 572 943 216 358 964 460 92 244 976 308 677 514 881 98 764 909 966 95 78 961 632
278 359 892 745 72 91 716 109 523 75 965 170 957 121 289 593 786 831 544 408 7 569 305 828 450
198 320 744 370 102 818 414 251 516 757 748 630 149 287 136 201 774 995 219 715 374 162 528 187 439
230 670 97 953 503 833 698 1015 792 363 473 226 832 478 52 532 683 33 525 621 232 912 349 203 26
113 119 517 1012 260 337 130 520 586 875 518 481 665 259 936 789 90 485 776 1018 671 269 856 464 619
431 678 624 410 24 939 890 316 114 524 648 1016 796 591 199 739 664 916 882 233 56 165 896 823 51
362 282 60 926 228 93 971 908 903 28 237 247 758 126 946 373 855 248 9 128 256 631 735 623 307
877 315 160 968 38 1007 27 489 539 1014 980 197 718 765 897 357 771 367 660 89 507 1010 879 650 150
682 747 448 394 497 713 727 46 691 133 751 710 266 180 447 919 684 950 224 674 706 729 865 597 189
73 844 456 42 923 355 214 43 602 327 343 654 662 176 546 220 945 656 738 824 830 986 288 195 531
39 57 499 166 477 819 793 668 1008 407 690 444 80 461 486 413 680 967 145 194 829 185 883 181 304
225 825 506 292 709 848 398 443 280 383 77 884 571 566 438 334 32 728 470 1 313 699 932 76 672
636 391 996 813 61 858 157 1004 993 125 361 129 344 432 339 772 110 938 565 103 821 988 811 1006 846
496 209 512 397 372 462 750 941 628 241 169 312 712 561 783 934 384 944 249 508 2 47 634 807 647
88 49 723 703 924 714 603 910 598 502 268 873 790 886 686 894 11 171 588 888 960 196 475 804 293
104 977 872 940 791 124 616 802 867 290 963 490 852 734 274 240 696 34 1023 787 1013 752 156 679 817
453 917 841 601 434 688 822 839 54 625 449 951 353 48 154 301 794 618 300 545 942 202 174 378 223
599 277 411 760 286 310 401 58 534 44 140 427 167 382 915 115 655 311 721 87 1002 324 409 155 918
101 767 67 741 379 322 418 123 927 720 536 425 81 563 708 626 295 191 442 785 579 854 874 559 212
412 213 99 484 396 537 929 82 666 585 440 740 645 255 669 1024 849 50 851 885 177 952 847 834 262
533 933 1020 540 29 332 41 135 479 302 639 795 71 958 781 842 876 85 142 652 399 83 798 756 994
643 116 580 592 809 840 446 354 550 567 107 754 974 348 314 816 415 205 421 870 188 365 609 989 955
273 835 17 868 151 182 543 891 810 468 86 35 340 900 454 555 768 704 437 111 283 920 522 779 871
178 610 529 144 861 458 808 725 733 982 296 62 258 617 419 878 386 16 236 737 784 5 271 291 53
1001 640 153 661 547 254 467 487 416 746 417 956 799 19 590 186 294 452 606 127 948 403 335 206 589
573 108 898 480 15 901 366 393 331 158 515 1003 806 902 222 211 275 689 911 147 451 673 433 614 707
420 356 1017 369 36 74 501 426 65 390 215 164 893 329 96 261 949 815 428 13 298 732 281 978 317
423 969 8 759 576 492 1022 937 925 527 596 345 604 14 364 895 284 904 675 558 227 40 351 582 749
368 880 465 700 519 775 959 200 309 930 577 627 780 838 535 837 511 814 380 850 70 328 761 172 105

612 738 781 674 645 138 100 746 784 903 233 617 192 442 21 588 25 789 343 71 541 994 120 239 703

440 863 718 409 337 862 857 62 398 240 204 583 482 286 313 41 677 904 118 751 164 747 290 415 433

965 504 698 1019 687 971 743 801 471 750 98 518 941 445 251 709 395 1 540 1025 317 864 726 562 186

478 876 494 141 724 943 24 963 145 227 150 788 488 727 734 847 935 524 772 729 934 135 379 755 359

1017 688 508 279 639 545 53 371 475 244 1020 564 243 260 523 501 539 633 717 341 505 73 693 837 85

844 554 558 561 56 344 284 933 126 211 696 936 966 569 303 281 410 711 572 870 997 276 735 542 403

656 271 849 982 137 740 316 535 258 628 858 899 285 875 334 598 158 550 533 898 723 577 790 1001 253

15 481 853 400 951 652 672 684 177 452 939 960 658 613 181 993 889 282 884 766 450 112 87 742 907

974 942 16 13 776 267 230 111 570 604 989 37 484 610 1023 347 640 856 500 353 151 843 1024 115 983

153 422 375 370 110 78 101 1006 783 923 663 139 851 985 212 886 104 619 252 940 146 6 503 373 321

444 480 906 676 543 901 563 661 306 764 231 1013 47 447 720 462 293 811 215 42 487 391 83 859 292

218 413 959 489 335 247 273 924 275 893 456 514 878 70 32 152 748 354 51 493 436 384 346 463 492

1021 148 752 525 405 80 704 156 744 534 97 182 929 560 288 627 90 710 9 964 634 309 365 2 586

58 683 553 174 40 609 128 330 131 261 12 947 957 581 159 287 686 319 839 402 866 465 491 962 1014

428 5 981 121 895 678 39 697 757 369 331 650 144 166 547 880 979 311 536 443 320 67 797 825 861

14 357 1010 302 464 753 195 647 30 406 721 429 265 474 576 999 516 358 771 366 873 976 140 1008 423

278 932 644 57 386 389 908 81 237 162 779 765 948 1018 891 813 511 168 954 91 682 17 670 737 388

74 226 549 88 930 206 968 170 274 774 301 8 372 496 362 461 522 312 800 468 134 169 544 328 868

919 616 283 611 249 768 673 458 836 1016 759 374 179 824 171 350 823 3 327 739 385 160 917 79 419

787 546 528 185 566 590 900 149 700 754 574 219 54 426 202 380 944 225 241 897 199 666 662 393 35

114 664 207 348 587 890 792 455 636 264 339 29 660 793 259 786 605 802 232 142 938 956 538 18 178

187 620 376 383 681 913 967 521 990 773 883 453 277 817 467 842 819 568 795 885 827 712 262 625 599

338 713 412 495 270 223 68 217 791 197 133 245 418 631 995 486 414 490 479 49 507 356 691 702 519

44 430 305 483 61 679 184 629 733 205 879 911 155 949 838 167 852 931 66 401 694 812 124 894 298

105 216 592 749 459 624 571 180 552 618 515 927 473 643 392 404 877 45 692 761 72 1005 266 1012 600

665 973 641 745 769 805 396 46 424 719 741 193 201 952 606 814 937 655 50 527 775 815 345 27 902

254 116 295 821 476 530 977 760 953 803 89 622 882 921 975 1003 556 555 646 804 582 34 984 196 108

867 591 659 446 411 958 910 607 242 213 99 342 671 421 154 381 517 198 567 961 642 469 60 578 584

129 127 996 367 246 200 360 102 143 299 925 407 497 887 557 48 896 777 106 689 222 950 589 308 236

297 94 314 75 190 785 408 920 946 871 559 324 76 210 705 224 470 707 706 916 912 355 850 336 988

95 117 272 1004 730 526 998 874 103 390 269 451 978 333 441 701 172 136 828 387 130 310 841 214 26

1000 969 397 881 431 520 234 818 157 575 782 209 1009 798 194 991 20 109 860 291 835 922 594 722 173

778 449 638 690 506 699 763 119 329 593 437 280 509 250 840 714 649 855 807 987 551 537 1015 318 926

512 220 529 970 580 603 394 602 630 502 107 928 762 796 221 637 794 238 325 38 830 399 909 10 361

725 1011 183 19 485 668 918 831 716 92 1022 189 28 955 601 460 822 780 810 132 378 466 432 597 816

708 848 349 377 420 255 477 176 125 845 23 914 826 31 585 340 869 809 416 294 510 434 608 368 623

248 22 799 113 595 203 1002 7 685 417 268 289 175 36 758 84 351 322 728 731 363 165 614 208 680

448 123 888 257 77 675 832 653 4 820 513 64 188 829 93 667 326 122 435 59 648 833 565 669 304

352 573 457 596 163 438 52 767 499 82 263 382 892 806 945 65 69 86 651 695 454 63 532 11 307

980 621 770 332 715 531 300 657 191 427 808 364 872 579 992 732 498 256 439 986 472 296 147 972 229

323 626 736 96 632 55 228 1007 425 846 905 834 854 865 33 915 161 635 43 548 235 315 654 756 615

536	961	74	17	699	481	459	86	839	948	759	454	681	737	67	724	280	483	361	42	603	916	147	188	506
984	504	973	450	700	891	386	444	380	376	58	156	752	669	512	296	708	373	743	690	322	102	434	542	801
827	641	686	776	564	432	468	206	204	174	447	302	130	742	311	32	779	868	96	308	912	634	808	856	2
766	769	456	413	45	926	702	687	557	889	143	419	184	243	830	393	673	522	123	773	426	717	711	1002	230
220	975	408	767	136	112	600	855	75	270	904	602	431	935	812	458	269	140	619	1019	471	26	503	381	82
35	519	382	283	81	590	828	788	552	746	719	488	668	125	520	768	80	38	332	659	721	394	268	66	164
597	646	1015	692	607	784	579	119	956	873	825	489	178	554	803	710	756	392	642	622	617	805	433	370	288
427	754	796	1005	658	613	242	247	299	317	109	141	477	11	848	252	818	494	443	900	888	191	137	693	267
186	1014	666	838	575	9	629	62	853	95	176	680	994	469	441	71	78	166	834	189	565	728	356	777	51
626	304	915	985	837	77	917	404	276	303	371	39	415	647	843	28	854	467	300	722	425	301	872	556	887
41	997	90	442	193	764	348	813	761	142	29	730	645	476	594	748	1008	227	829	274	298	781	593	586	881
909	485	54	336	540	499	97	438	105	921	584	128	899	424	372	630	312	775	493	496	88	949	169	623	210
744	937	525	195	440	758	527	285	570	171	106	842	202	650	342	345	749	795	638	616	501	448	911	253	814
152	815	733	964	248	93	190	515	682	262	577	885	649	762	578	1017	360	57	272	703	778	932	514	530	945
637	787	599	648	678	558	902	551	460	970	333	249	716	588	763	461	321	284	907	165	1000	479	286	771	297
1010	944	436	357	802	846	135	6	683	92	113	94	500	290	535	241	409	705	422	281	287	983	582	831	986
418	240	463	146	676	509	403	349	211	205	387	531	346	957	400	320	250	20	363	701	625	108	277	307	412
158	1001	200	85	306	847	327	643	203	379	876	43	225	833	1003	898	37	654	53	765	782	246	606	453	987
980	7	938	1020	817	968	256	362	566	10	289	254	405	832	925	757	234	824	908	221	237	325	375	592	132
167	222	870	490	555	670	185	865	712	401	516	639	339	160	117	343	315	532	464	662	347	850	526	139	636
173	941	313	793	546	398	52	218	124	318	860	991	933	155	689	982	1007	919	560	791	258	223	49	1018	121
15	892	533	236	567	922	319	396	663	738	685	358	50	228	31	734	750	589	976	550	271	44	927	116	859
127	751	1016	231	741	162	421	739	709	1011	998	491	952	172	906	947	894	452	747	91	897	604	963	866	852
581	903	640	655	883	967	621	688	13	388	406	326	618	278	934	1009	823	679	439	819	383	446	674	1	707
978	163	660	740	390	553	1021	653	958	131	981	772	199	715	435	544	999	238	466	545	774	99	213	377	226
696	691	753	374	871	475	718	451	472	969	789	61	510	760	233	170	64	12	610	151	486	295	849	33	208
770	713	153	314	492	928	697	154	133	508	977	177	411	111	890	183	145	34	215	595	652	869	30	920	16
974	337	73	1024	70	329	727	804	826	487	979	507	632	790	989	149	79	22	723	219	664	196	259	114	87
134	148	309	820	480	792	323	484	168	835	901	48	291	350	197	561	729	232	598	959	571	528	971	954	159
330	786	266	518	951	402	115	150	628	559	23	914	627	910	780	797	63	962	4	845	631	661	867	239	344
851	960	543	539	180	677	1022	229	353	877	368	265	524	175	465	879	821	324	608	122	858	498	785	893	429
212	993	726	46	841	474	69	101	844	698	798	840	334	612	513	192	251	992	731	437	83	275	24	84	310
354	884	273	529	863	972	996	55	59	995	942	537	880	3	667	1023	874	878	161	568	414	27	335	187	651
260	583	580	605	107	407	864	656	420	735	478	235	988	720	98	940	965	359	261	104	40	1012	624	862	129
470	725	800	207	635	886	182	672	563	574	263	410	549	351	905	89	257	810	264	657	181	399	126	857	19
355	576	21	943	836	76	950	895	1025	369	704	497	60	695	294	423	816	179	455	365	473	457	352	416	36
217	428	340	449	665	395	331	547	931	482	861	783	882	305	611	955	587	614	694	936	56	72	675	385	389
714	736	144	799	1004	103	14	430	293	809	929	644	209	25	282	755	511	1013	316	417	18	338	521	523	684
990	65	216	224	596	794	591	706	244	391	367	462	68	366	397	214	953	1006	201	541	875	615	120	517	110
538	198	5	930	341	896	811	939	572	548	620	569	807	118	47	292	745	245	671	609	157	445	138	328	505
918	913	502	378	924	255	562	194	946	384	279	732	601	966	534	822	573	633	495	364	923	585	100	8	806

429 76 959 89 747 711 94 564 911 70 732 132 937 917 934 995 766 7 527 20 1012 509 573 568 489

325 209 387 221 717 751 52 370 652 309 647 355 274 782 111 497 701 166 228 153 148 797 705 1 987

795 480 39 402 1004 627 330 901 397 585 515 674 60 815 112 247 772 487 147 265 962 243 950 714 794

255 1008 9 169 454 974 475 188 473 204 3 234 902 1014 813 696 51 989 733 88 10 582 842 103 177

252 935 267 807 96 882 87 1024 601 296 312 214 372 903 687 822 246 54 474 157 465 496 661 892 86

224 72 706 621 200 526 31 378 439 808 918 665 264 484 262 471 202 616 1019 885 479 685 108 605 893

233 925 708 715 718 517 694 603 145 606 554 669 790 322 586 305 1003 502 117 78 207 171 723 367 508

788 90 326 1011 488 850 543 789 904 658 613 953 880 33 412 205 931 137 598 599 434 574 455 275 591

195 254 338 853 430 277 671 217 280 860 115 787 57 128 932 991 549 643 506 201 194 748 318 361 561

851 699 216 727 344 587 83 650 435 985 653 179 335 512 173 625 896 418 592 802 164 249 163 951 73

261 922 353 690 1002 82 198 836 628 461 123 97 453 843 40 693 946 682 745 764 377 521 241 878 800

998 354 433 18 555 916 858 689 208 385 771 611 746 64 971 141 273 68 494 101 729 222 472 944 493

770 784 317 510 357 678 238 225 589 1009 245 990 389 423 767 617 744 332 432 172 525 212 960 337 466

720 167 327 102 495 371 334 236 182 756 620 276 942 1023 632 817 576 401 1010 150 369 303 514 116 895

927 961 223 511 155 323 938 518 683 490 539 287 644 765 127 636 844 382 268 830 707 567 595 993 964

62 602 547 712 421 239 912 428 130 49 579 331 791 704 524 365 824 869 152 50 940 837 396 566 104

899 908 125 183 884 24 227 538 952 570 997 926 483 390 459 14 191 446 124 861 320 186 563 339 44

852 431 427 362 366 834 984 668 394 913 185 973 969 968 741 328 994 308 220 957 71 978 22 662 237

820 958 26 436 681 38 793 894 253 269 321 99 11 826 677 213 930 160 855 888 251 415 698 886 144

464 612 848 557 346 655 63 679 672 781 618 143 929 854 422 285 919 546 181 928 757 8 425 656 451

735 520 915 41 192 609 670 6 645 376 676 565 463 871 75 641 501 136 498 626 872 300 477 726 4

1017 329 229 442 760 405 819 845 500 1013 381 383 983 126 577 597 907 408 783 728 920 5 516 1018 295

967 189 992 540 828 146 284 176 306 122 293 965 23 359 121 769 119 914 863 478 759 260 410 897 680

948 1016 391 659 161 110 739 796 77 535 462 558 184 175 45 780 98 1015 380 862 400 74 700 883 314

358 827 17 773 829 486 440 835 69 281 55 684 864 976 291 375 608 975 304 818 411 61 1006 37 737

583 857 600 282 386 560 651 936 162 731 812 28 977 702 154 47 368 84 34 109 56 91 823 513 534

286 898 403 438 218 426 622 924 226 139 642 278 943 719 211 811 972 316 270 199 1022 67 891 292 660

804 441 779 499 48 839 667 774 607 552 319 95 135 206 384 691 575 703 805 235 803 536 868 196 66

491 302 392 646 1001 722 58 623 1025 53 406 673 299 544 158 59 468 523 388 347 866 393 947 875 923

945 571 785 999 635 156 170 752 939 437 713 522 881 242 588 777 657 559 133 593 867 409 419 448 905

906 847 21 379 798 630 374 482 85 324 519 244 981 755 910 311 890 42 395 859 840 692 458 290 876

846 240 664 663 457 352 310 420 505 569 634 730 114 485 529 758 257 507 2 581 594 887 469 174 263

695 821 140 982 537 556 768 841 351 1021 258 248 986 686 590 93 231 1005 197 259 131 444 572 1020 553

30 631 481 445 12 25 36 956 373 165 178 19 966 341 874 35 283 604 870 149 909 219 753 32 639

120 654 550 447 79 416 721 279 528 356 810 792 933 580 648 629 107 210 531 271 638 232 15 633 266

856 456 404 138 877 716 180 413 476 879 399 307 778 900 113 294 762 81 541 736 675 838 725 452 43

776 954 129 467 92 272 640 193 46 450 363 970 754 697 649 996 614 831 816 460 350 118 13 533 615

941 562 80 955 340 873 27 596 343 734 833 584 298 417 100 1000 230 763 761 637 724 542 349 786 336

190 610 825 503 398 315 106 666 256 65 750 963 742 424 799 979 775 551 980 203 921 988 548 134 168

743 443 1007 688 414 215 740 364 801 814 159 832 333 360 105 151 288 297 809 407 313 342 949 865 619

749 578 545 709 532 16 504 142 806 849 345 289 738 530 492 348 301 470 29 889 449 250 187 624 710

12, 886, 499, 573, 876, 659, 524, 409, 109, 592, 806, 518, 79, 231, 30, 663, 466, 438, 884, 46, 632, 243, 770, 717, 1021

609, 290, 350, 625, 759, 5, 27, 267, 323, 24, 588, 787, 998, 252, 975, 510, 85, 184, 418, 222, 45, 277, 929, 988, 732

555, 623, 380, 258, 786, 453, 604, 249, 700, 57, 1020, 595, 448, 1009, 932, 407, 239, 449, 586, 172, 689, 802, 379, 847, 238

600, 639, 812, 240, 687, 470, 128, 698, 15, 697, 827, 773, 204, 672, 195, 945, 95, 241, 181, 74, 575, 982, 656, 78, 147

593, 846, 650, 948, 1019, 622, 722, 682, 271, 461, 783, 748, 719, 1013, 702, 944, 642, 251, 935, 869, 954, 870, 589, 441, 90

96, 550, 454, 714, 236, 299, 22, 881, 554, 168, 933, 805, 76, 116, 452, 794, 270, 624, 134, 471, 677, 803, 607, 737, 585

497, 630, 97, 1012, 986, 127, 89, 296, 187, 735, 13, 66, 137, 188, 758, 552, 707, 658, 613, 86, 414, 17, 293, 183, 209

390, 568, 891, 242, 995, 1004, 985, 853, 764, 612, 93, 462, 777, 646, 726, 771, 397, 255, 979, 386, 485, 126, 355, 401, 567

260, 488, 421, 969, 594, 396, 822, 826, 820, 410, 110, 391, 493, 103, 392, 640, 950, 167, 426, 248, 534, 225, 808, 817, 533

357, 159, 490, 223, 525, 157, 393, 843, 868, 155, 206, 63, 730, 531, 67, 478, 446, 192, 788, 60, 50, 927, 601, 978, 1006

327, 863, 648, 1010, 952, 636, 807, 44, 4, 779, 791, 965, 692, 673, 918, 887, 678, 359, 47, 744, 654, 43, 904, 165, 498

708, 98, 924, 429, 519, 693, 741, 610, 419, 292, 566, 712, 124, 909, 214, 536, 322, 669, 938, 928, 468, 378, 469, 49, 684

58, 603, 638, 434, 514, 734, 492, 56, 151, 522, 215, 862, 824, 502, 765, 302, 113, 229, 473, 164, 811, 307, 839, 339, 451

864, 716, 959, 556, 141, 224, 706, 148, 936, 963, 852, 70, 1005, 941, 992, 845, 797, 958, 882, 494, 99, 384, 282, 213, 458

894, 831, 871, 363, 185, 923, 740, 23, 343, 210, 16, 161, 778, 914, 122, 750, 665, 367, 662, 287, 316, 683, 762, 265, 964

746, 72, 175, 506, 920, 688, 153, 618, 329, 849, 655, 320, 398, 311, 968, 237, 55, 962, 361, 908, 156, 3, 309, 752, 460

833, 280, 591, 92, 512, 402, 517, 583, 433, 605, 793, 362, 679, 943, 857, 349, 123, 194, 970, 330, 82, 590, 980, 313, 152

546, 617, 768, 474, 487, 957, 276, 865, 629, 256, 305, 1002, 174, 111, 545, 264, 160, 780, 649, 315, 627, 295, 303, 875, 69

760, 2, 272, 283, 317, 207, 35, 356, 699, 694, 637, 919, 652, 523, 480, 178, 371, 476, 956, 901, 42, 953, 203, 608, 513

140, 404, 671, 570, 690, 731, 368, 784, 972, 201, 1000, 1007, 738, 931, 314, 465, 634, 763, 709, 939, 84, 651, 838, 934, 332

974, 574, 464, 819, 747, 837, 177, 835, 989, 946, 551, 661, 444, 291, 455, 336, 1, 235, 757, 1025, 383, 896, 832, 686, 767

228, 1018, 289, 584, 721, 411, 670, 745, 216, 32, 772, 899, 532, 338, 997, 436, 244, 756, 217, 432, 1022, 900, 893, 193, 430

569, 106, 916, 59, 62, 186, 921, 1024, 227, 883, 190, 7, 761, 321, 395, 516, 967, 696, 897, 751, 755, 905, 667, 81, 198

505, 154, 635, 880, 775, 87, 298, 521, 424, 572, 587, 250, 382, 484, 657, 674, 475, 61, 754, 422, 297, 333, 467, 346, 549

20, 481, 191, 405, 21, 447, 121, 509, 486, 68, 275, 253, 179, 676, 268, 579, 360, 463, 52, 373, 132, 977, 482, 342, 34

48, 834, 263, 94, 341, 508, 415, 723, 543, 814, 966, 830, 836, 456, 987, 6, 105, 800, 994, 1016, 949, 413, 285, 71, 739

102, 257, 125, 633, 345, 457, 427, 701, 705, 611, 18, 983, 352, 602, 437, 782, 578, 790, 666, 823, 325, 196, 221, 530, 903

559, 937, 358, 856, 840, 598, 527, 445, 501, 91, 279, 749, 990, 907, 40, 804, 892, 976, 385, 873, 335, 245, 306, 660, 500

83, 668, 29, 926, 10, 348, 691, 888, 220, 80, 115, 785, 867, 130, 162, 425, 781, 146, 261, 145, 420, 199, 878, 387, 577

685, 389, 825, 226, 718, 776, 621, 495, 1017, 695, 851, 439, 142, 620, 961, 394, 798, 951, 561, 912, 854, 11, 25, 529, 911

815, 133, 120, 101, 872, 560, 233, 300, 37, 423, 375, 230, 910, 284, 301, 645, 234, 626, 273, 324, 41, 450, 400, 278, 351

308, 138, 443, 38, 715, 558, 515, 354, 344, 855, 31, 73, 917, 353, 736, 310, 36, 713, 535, 288, 541, 431, 915, 571, 774

710, 727, 269, 619, 540, 388, 369, 565, 477, 503, 483, 537, 442, 544, 118, 576, 542, 628, 582, 895, 33, 459, 789, 19, 848

644, 107, 947, 274, 580, 728, 810, 733, 890, 416, 281, 218, 615, 902, 26, 984, 724, 841, 319, 212, 742, 973, 406, 675, 246

913, 108, 680, 597, 117, 729, 166, 647, 538, 326, 507, 960, 182, 139, 489, 294, 511, 170, 842, 858, 866, 725, 526, 874, 795

889, 75, 14, 971, 557, 136, 399, 614, 664, 331, 428, 440, 197, 374, 520, 1011, 143, 491, 163, 100, 562, 999, 114, 200, 821

328, 189, 54, 365, 861, 898, 77, 681, 548, 39, 347, 816, 479, 435, 704, 259, 1023, 653, 547, 981, 720, 211, 88, 942, 176

372, 304, 606, 417, 801, 266, 641, 377, 496, 991, 247, 262, 337, 119, 472, 403, 169, 925, 766, 1003, 596, 885, 813, 408, 318

340, 149, 381, 711, 219, 581, 940, 829, 65, 563, 631, 930, 743, 312, 1008, 202, 366, 616, 158, 104, 993, 370, 850, 334, 860

51, 906, 131, 232, 286, 844, 8, 996, 144, 64, 955, 553, 53, 828, 1015, 504, 173, 564, 1014, 1001, 799, 859, 150, 796, 135

922, 28, 129, 599, 539, 809, 254, 703, 643, 818, 769, 112, 753, 528, 364, 412, 171, 879, 877, 792, 208, 9, 180, 205, 376

863 763 130 915 272 484 696 266 127 826 394 300 800 926 384 772 836 832 944 259 820 965 999 195 1024

682 540 806 18 996 476 78 981 390 87 590 567 629 281 1000 245 128 498 461 809 139 63 872 491 275

385 961 551 156 752 401 532 650 4 732 311 228 98 969 631 611 751 90 990 573 56 442 912 475 282

877 421 38 565 178 316 956 431 936 129 336 674 768 149 219 289 862 180 838 923 543 356 748 848 978

225 864 335 927 792 347 174 50 229 283 40 232 928 620 7 817 495 35 446 404 477 879 167 396 855

508 878 269 147 553 992 898 935 988 97 308 52 261 440 193 155 687 528 771 204 581 723 728 46 211

658 42 26 140 403 132 554 161 845 451 250 1019 753 459 2 131 44 449 190 790 584 952 490 389 223

686 921 636 598 906 83 597 122 158 49 106 483 764 900 471 137 943 634 297 680 333 875 859 791 613

176 327 583 357 938 30 273 509 23 407 493 857 115 27 914 985 761 984 124 903 423 973 55 79 741

135 525 145 444 1010 53 20 77 775 520 99 678 958 523 342 951 360 213 424 1021 939 712 851 1001 853

354 454 470 231 754 12 69 189 350 136 143 585 576 895 744 987 721 298 339 81 175 561 96 467 566

353 765 538 644 786 188 325 852 296 286 843 871 794 32 304 824 221 557 329 663 86 75 369 101 892

255 209 651 76 701 808 1025 608 788 511 814 949 714 408 105 920 782 718 488 94 513 780 913 829 119

233 182 514 235 624 876 212 185 244 578 628 618 703 796 73 662 84 972 894 439 655 530 705 621 344

1004 287 355 954 828 85 331 14 683 697 428 368 409 679 904 345 397 681 387 295 685 1015 731 641 10

414 666 28 693 601 237 715 789 793 569 937 908 373 727 381 604 968 755 964 438 89 527 822 749 497

1020 905 456 362 379 258 234 847 499 187 760 818 134 572 1012 395 103 960 328 858 547 447 314 33 413

365 15 669 667 835 720 494 164 546 481 911 918 291 160 290 861 1022 982 168 505 588 950 704 320 31

59 635 807 1023 568 657 141 60 109 366 482 152 919 376 29 378 729 995 769 942 348 873 322 930 157

502 515 411 434 326 563 240 144 452 214 21 971 979 659 815 448 383 271 966 8 957 870 142 639 708

757 633 334 45 303 526 825 975 550 993 856 301 933 623 940 603 246 945 163 582 13 341 104 819 80

61 371 883 445 95 733 435 263 473 967 154 117 575 653 433 846 902 337 464 746 276 279 1011 917 184

759 795 457 200 1018 123 288 533 443 352 670 706 897 82 224 472 150 882 844 570 977 159 640 34 776

758 5 665 700 1002 274 986 429 506 593 722 929 436 516 377 317 842 257 108 450 361 441 367 617 230

622 48 719 420 812 784 991 600 773 609 280 881 886 332 380 194 710 437 642 539 25 884 486 512 318

695 299 321 997 166 1003 196 702 346 803 630 840 899 619 860 925 485 647 93 607 503 74 837 827 64

559 215 699 489 265 529 542 422 121 518 1016 492 850 524 805 72 517 479 208 591 767 797 610 739 248

405 54 70 43 676 552 151 785 736 3 885 463 148 606 541 742 88 804 351 770 531 632 173 270 120

39 737 813 36 165 660 823 724 777 948 227 66 867 953 118 605 756 690 24 305 798 262 654 959 138

730 372 253 616 672 922 323 202 309 324 648 734 694 656 962 466 181 496 62 242 169 186 594 646 264

285 910 254 91 976 783 931 946 392 199 207 615 312 17 205 6 330 19 1013 201 432 896 691 671 16

113 537 562 909 386 382 162 627 941 307 474 412 643 247 310 153 740 358 889 1008 510 963 402 675 239

238 580 998 766 455 226 983 1014 430 891 810 171 293 599 595 579 100 571 849 750 416 698 306 887 426

841 480 198 901 343 745 278 222 191 268 713 111 692 294 469 487 71 107 688 500 725 251 133 370 592

545 774 716 868 415 51 462 146 1009 206 9 172 534 907 393 574 398 338 874 638 916 465 217 216 994

743 980 110 779 126 391 869 363 711 67 762 834 501 801 548 577 735 673 652 418 277 313 689 677 614

521 890 893 375 400 816 504 555 315 830 1006 427 661 460 625 544 787 831 468 596 564 399 560 519 778

453 1005 507 549 536 37 833 989 410 256 210 781 726 556 1017 22 821 587 934 349 388 112 865 419 802

738 170 932 458 302 183 522 249 260 284 602 177 92 589 68 65 612 425 974 406 970 709 125 47 417

684 880 1 218 947 924 241 340 649 41 179 888 1007 717 839 799 478 243 535 203 197 854 114 57 319

747 707 359 637 236 220 192 811 267 668 102 955 116 626 374 364 866 252 586 58 645 292 11 558 664

345	215	155	264	451	986	610	148	579	748	946	671	729	507	896	907	492	544	122	32	890	184	583	144	95
44	937	749	234	223	527	441	577	191	994	959	70	388	23	952	758	31	225	914	563	955	201	71	560	694
93	741	573	175	170	971	806	809	375	791	940	771	151	114	406	415	207	268	722	501	931	490	197	593	104
958	319	630	759	213	642	636	334	248	330	37	124	666	485	309	834	97	49	993	732	881	664	400	962	69
329	700	654	938	513	996	326	259	244	43	745	916	16	947	198	1017	402	266	1025	374	474	911	430	99	531
217	373	999	348	380	803	780	299	327	627	284	773	413	812	866	427	216	607	163	455	218	712	600	719	622
844	613	456	658	972	929	566	827	535	608	5	337	29	338	871	764	204	935	447	651	357	687	153	734	781
74	985	137	129	150	558	920	165	873	574	1010	678	84	830	631	815	569	740	425	493	702	554	805	235	339
582	465	731	515	270	854	41	526	525	981	653	648	1011	246	147	572	180	125	491	1019	852	609	963	142	755
505	879	111	139	884	602	368	472	594	886	435	777	395	480	744	901	481	552	877	853	824	487	471	849	941
449	232	988	521	905	894	46	618	242	730	646	307	11	539	688	117	765	66	626	655	750	219	888	149	645
200	966	343	482	220	185	843	915	909	679	652	300	948	668	68	662	377	80	113	301	902	587	295	281	792
518	102	394	318	442	524	657	635	893	661	96	667	392	737	1022	398	825	314	545	872	917	540	528	549	733
27	968	347	553	454	585	17	179	341	488	514	59	795	793	835	407	856	760	581	64	926	887	313	108	291
980	443	469	188	131	287	770	716	974	208	24	237	638	788	632	296	908	753	683	989	842	21	991	130	86
776	925	912	794	762	279	362	288	692	177	656	934	672	363	964	211	848	79	386	181	880	633	1013	860	426
440	778	850	173	831	477	320	1003	30	800	891	709	245	865	859	808	160	836	470	274	783	898	565	315	546
411	479	738	450	1021	393	833	323	445	18	990	403	904	349	961	855	230	714	919	256	431	255	460	906	38
92	673	1007	970	786	466	239	263	868	76	1	647	1024	275	611	606	350	158	206	383	209	710	293	693	728
503	772	556	696	262	495	88	397	922	457	698	957	352	210	1001	203	885	819	166	12	385	534	519	484	152
1004	164	1005	251	601	489	87	624	257	308	468	53	510	619	269	231	680	67	822	462	779	747	54	494	620
40	89	61	110	103	637	254	977	34	595	391	832	475	497	26	543	141	597	419	355	25	135	154	663	649
458	643	1006	751	536	464	742	322	616	77	39	496	542	883	757	202	735	669	459	918	176	169	967	205	813
897	483	389	312	261	157	950	378	998	302	1012	286	763	414	973	228	412	437	420	335	522	372	677	126	238
1008	592	840	222	304	878	674	303	1018	541	807	1000	670	532	189	187	120	708	697	47	695	954	520	272	984
247	876	869	143	289	276	924	60	529	351	118	829	723	136	599	172	410	486	134	48	724	138	1009	839	736
746	7	508	292	689	196	557	119	703	502	604	260	168	629	570	726	551	516	75	995	434	423	476	171	58
798	336	408	785	36	478	22	1014	273	436	811	409	433	590	889	85	684	83	603	612	559	214	371	568	790
555	847	538	1020	913	982	1016	867	356	739	370	851	615	895	838	258	576	796	115	598	52	804	277	418	384
51	965	178	768	644	121	1015	956	675	311	562	359	19	617	951	9	317	369	82	766	379	183	438	404	15
828	250	802	321	561	499	28	35	101	588	290	589	100	132	156	752	324	979	354	192	787	903	346	625	123
463	1002	405	473	416	361	706	820	333	224	56	837	453	190	823	422	899	863	283	660	282	145	641	193	511
826	506	63	810	452	353	174	818	691	676	537	381	882	681	297	332	910	639	997	923	310	870	784	584	271
564	194	182	932	936	921	199	116	236	707	801	107	316	580	294	249	106	509	711	725	13	498	367	512	98
344	4	112	571	718	127	91	550	212	665	331	761	862	767	743	548	240	20	933	241	14	428	892	57	280
969	73	775	769	2	162	504	328	874	390	358	424	628	227	140	342	159	841	987	448	614	109	360	976	900
376	429	621	586	226	186	686	195	42	253	864	640	945	699	756	634	713	325	6	944	567	547	596	133	221
461	306	94	278	533	243	875	252	782	285	659	233	704	517	861	623	930	399	591	439	978	62	467	298	229
943	128	421	720	682	701	721	992	366	365	754	65	417	81	727	858	401	267	690	960	928	816	717	72	846
799	530	33	305	715	975	167	942	939	10	953	949	500	161	789	705	983	444	814	446	8	396	774	105	685
605	146	523	382	364	817	1023	387	340	3	55	845	578	857	927	78	45	90	821	575	50	797	265	650	432

393	636	783	278	656	882	473	227	979	481	475	6	24	389	672	780	200	755	572	972	235	64	181	258	506
194	847	280	97	253	770	206	1020	84	210	733	301	119	367	767	632	261	75	15	143	318	982	335	608	340
186	285	955	878	649	991	774	673	832	80	556	917	868	108	208	505	938	712	519	379	306	557	821	395	871
290	357	890	534	228	339	566	368	795	860	1005	423	665	637	327	438	825	62	293	408	756	796	920	751	731
1015	544	499	966	452	500	67	639	723	732	870	323	468	983	809	699	852	842	507	271	905	573	779	588	806
591	655	239	146	272	856	493	197	273	83	850	913	28	462	763	532	482	419	173	678	764	1010	13	674	925
635	618	985	525	935	687	828	1000	114	508	790	560	698	443	517	895	690	613	388	824	538	658	576	159	1003
115	644	744	72	406	369	137	641	391	466	288	550	894	1022	458	289	295	341	204	657	933	907	667	274	554
679	996	21	1019	7	551	853	382	479	302	432	606	314	240	598	818	536	110	429	251	765	170	851	664	522
471	185	681	476	71	735	579	953	662	375	291	279	951	354	922	640	511	1006	510	266	577	633	59	776	381
109	415	839	710	595	885	191	230	400	319	760	101	629	647	305	994	47	126	147	259	501	52	374	835	448
999	843	924	265	268	605	793	54	166	88	58	671	450	903	945	896	561	946	336	129	677	262	533	947	37
838	428	623	264	769	14	410	1017	238	968	846	254	834	353	694	180	201	590	797	445	866	218	631	145	3
148	643	811	492	328	879	449	931	619	683	998	489	503	284	404	356	237	514	292	331	877	205	132	908	182
215	496	46	376	616	212	207	169	813	384	546	362	684	988	659	96	287	202	263	726	491	981	535	250	260
344	558	411	869	193	1009	70	959	39	333	488	768	352	964	178	547	610	190	219	781	149	160	427	956	412
198	430	509	425	320	592	35	718	584	312	792	916	919	788	232	628	297	311	172	222	930	612	478	457	372
599	742	41	106	22	986	296	585	151	156	704	962	73	575	86	752	25	257	454	283	745	861	383	892	139
365	217	45	8	819	125	20	455	188	359	921	407	474	1008	830	95	689	366	528	854	330	309	216	975	542
888	923	858	192	761	221	626	621	281	154	720	27	184	360	174	808	282	960	402	987	338	171	645	758	965
863	418	420	34	977	11	627	693	727	424	904	593	957	441	16	325	247	56	602	439	152	794	342	183	233
531	248	540	138	753	555	61	553	437	153	541	470	255	144	695	775	724	942	120	900	93	722	277	574	581
872	654	630	131	347	936	789	43	883	98	820	79	881	140	316	714	782	118	1023	300	736	967	915	1014	485
787	757	2	63	715	33	563	498	351	840	740	465	220	209	442	625	467	494	685	298	889	589	734	668	94
164	587	141	802	963	48	10	686	862	729	9	30	480	634	76	901	897	487	370	642	826	521	529	464	701
898	719	759	926	486	766	607	940	754	397	822	622	814	859	51	105	111	211	42	68	849	453	705	394	104
812	116	615	1021	721	236	786	387	803	949	530	707	102	165	36	601	4	941	1018	600	81	350	299	670	906
669	380	127	249	805	971	875	785	798	848	993	750	31	130	562	688	864	1004	773	648	196	559	700	578	549
932	100	303	158	804	497	103	702	652	675	444	229	12	969	322	334	565	516	918	390	403	440	355	827	624
527	74	929	939	270	545	567	570	777	943	912	867	89	57	477	307	179	5	594	661	241	234	19	345	893
609	739	855	324	728	436	398	431	32	343	711	157	992	730	113	1001	231	708	978	937	749	38	276	552	378
961	163	564	909	523	326	836	1012	989	801	371	807	844	663	880	66	416	245	161	646	950	944	242	1016	928
135	433	294	401	150	990	725	121	743	537	434	583	55	810	310	800	746	195	337	112	974	857	414	53	313
823	884	60	346	504	396	954	107	502	461	666	911	680	446	548	845	886	586	177	910	580	660	18	187	421
321	927	716	914	317	653	995	134	252	50	682	167	214	614	887	980	948	269	691	611	603	934	392	122	697
82	865	620	451	267	363	275	472	348	23	422	385	617	315	737	405	709	308	495	1011	596	539	128	638	597
123	650	246	1024	762	676	571	526	168	717	899	199	286	874	26	29	815	568	243	77	817	841	176	463	435
1	91	778	447	692	1025	399	244	738	142	515	17	582	831	997	952	484	256	90	175	69	413	837	155	469
377	490	417	520	816	713	65	876	426	223	784	44	976	225	833	133	456	78	349	459	873	604	117	373	460
85	40	483	513	361	543	772	984	829	87	518	741	791	973	748	1002	696	524	1007	386	162	332	358	304	189
124	364	99	409	136	651	512	329	799	891	958	49	213	771	706	902	203	224	747	92	970	703	1013	226	569

566 178 339 60 549 663 509 111 630 720 477 956 617 410 187 91 292 799 297 327 881 193 364 899 713

657 954 776 997 144 885 858 340 357 384 358 162 635 82 837 214 768 584 811 852 341 976 960 963 849

431 655 1022 633 621 20 995 311 697 226 238 941 942 123 262 35 106 647 260 728 667 684 53 912 38

165 230 618 784 88 439 135 54 254 678 134 921 987 688 21 710 642 279 1010 179 726 233 855 283 727

332 314 648 894 325 360 278 821 652 478 661 998 156 166 568 59 764 824 752 955 295 1023 750 221 893

803 600 643 869 525 1002 291 680 6 761 450 342 168 573 719 806 961 299 245 612 563 205 493 607 622

104 412 202 775 227 361 174 744 812 880 545 985 774 765 759 1009 836 835 613 789 809 424 679 658 732

137 662 687 900 813 359 935 169 800 715 222 805 616 700 554 685 489 773 33 782 306 172 307 990 445

224 343 597 94 594 923 965 398 619 286 507 989 282 512 269 503 22 185 940 729 496 253 890 18 760

312 544 308 298 611 777 701 56 702 604 285 39 176 113 853 372 77 380 592 506 767 827 204 706 974

863 793 280 599 62 270 552 876 495 473 993 367 177 26 882 467 197 689 192 140 730 10 186 1019 313

814 2 352 105 979 388 646 316 334 971 242 74 385 114 909 183 500 471 620 263 705 983 5 194 756

908 258 634 843 530 664 146 189 98 171 275 560 996 31 457 147 936 387 1008 304 85 66 934 929 968

81 418 982 699 820 980 25 409 15 665 266 578 542 237 949 406 459 170 609 829 703 754 742 686 520

247 716 287 484 984 160 234 63 721 315 1020 498 973 362 555 277 907 1024 42 411 257 514 683 709 546

119 577 591 383 375 919 964 690 345 589 379 638 826 129 136 483 887 363 847 844 392 374 259 862 865

724 96 543 749 150 326 937 631 163 320 625 948 40 517 1 527 762 143 319 256 1014 337 886 75 738

557 120 449 71 452 432 13 389 87 884 438 488 501 400 864 787 831 271 696 444 4 947 875 382 180

772 788 159 588 154 877 72 802 778 1007 639 420 796 541 579 460 37 819 870 290 833 349 469 999 737

977 32 370 747 692 939 9 191 415 236 879 988 335 736 118 261 408 707 889 994 138 218 453 866 695

1017 296 426 969 1015 970 86 92 390 203 51 127 454 17 953 539 943 429 46 475 34 437 499 229 116

967 946 666 766 1011 834 423 472 957 268 491 152 585 305 351 878 28 550 219 911 933 149 981 61 653

693 241 857 828 567 808 978 240 640 161 671 535 792 883 529 523 188 232 896 435 284 840 992 249 386

3 562 36 538 694 246 558 55 348 815 48 57 583 605 891 904 201 407 832 210 526 751 913 932 928

556 895 518 264 273 464 897 576 228 757 794 723 139 427 29 641 393 265 649 818 528 781 524 1013 615

644 100 559 783 672 181 674 381 486 931 515 845 944 255 206 519 448 377 117 533 637 582 83 27 797

446 1018 41 670 413 401 207 508 1005 785 790 470 421 24 675 196 656 868 369 142 122 798 673 425 494

23 846 456 632 141 763 492 511 854 914 109 916 115 64 148 873 195 851 396 681 711 19 714 945 532

215 801 902 534 753 770 564 354 430 745 112 272 779 373 461 645 281 209 164 293 198 598 804 581 447

67 216 927 610 626 951 516 623 1000 70 289 79 451 959 318 244 586 200 867 830 125 167 468 553 50

217 455 991 601 11 962 817 397 7 733 769 131 822 888 101 324 682 743 175 416 76 208 419 1025 69

30 739 952 309 52 474 303 294 330 155 569 725 548 108 301 252 540 810 338 551 347 128 504 462 602

513 107 572 917 650 522 481 267 1004 659 860 300 669 580 428 570 310 1016 323 561 915 151 14 537 458

80 302 391 442 376 536 223 786 910 903 276 328 872 476 145 755 44 353 350 322 918 402 331 182 436

825 906 660 624 110 103 596 717 741 972 859 986 574 668 355 235 490 795 239 651 698 225 614 243 90

395 958 78 547 708 16 608 371 378 336 505 780 1021 575 220 627 842 497 211 329 629 173 121 791 925

394 466 153 874 841 1003 124 157 748 975 49 95 89 758 84 99 823 691 930 850 212 1006 251 898 213

58 704 628 926 571 950 45 590 126 636 871 433 731 807 344 521 861 771 746 839 735 47 132 12 346

184 368 443 8 905 417 440 593 924 68 587 405 158 366 93 199 434 510 399 966 250 465 838 65 403

248 73 231 740 463 722 734 922 938 422 531 606 856 712 848 718 356 321 1012 816 441 404 102 920 274

1001 603 892 676 133 654 317 288 333 97 485 595 190 365 482 565 130 502 487 43 480 677 479 901 414

378 203 295 148 634 350 888 618 708 686 786 448 364 199 489 430 737 745 103 234 496 316 913 355 813

183 216 678 884 405 503 11 970 538 150 492 689 692 624 540 372 81 936 641 314 92 497 799 337 1010

576 599 835 945 42 157 713 381 326 915 433 345 721 312 602 163 133 746 291 824 894 98 39 619 445

455 807 610 527 846 217 273 426 679 751 1021 17 906 895 764 70 859 463 300 959 89 422 321 215 340

760 498 369 539 962 950 976 765 525 211 83 109 434 832 644 723 749 820 338 937 872 442 676 91 493

309 658 985 185 662 623 955 744 1008 330 12 668 171 210 63 474 358 899 228 317 898 162 681 862 386

508 653 732 637 603 837 277 151 263 790 826 573 444 674 555 220 617 1012 418 806 511 226 502 649 613

542 687 403 354 864 935 352 82 393 589 556 809 137 742 574 115 554 414 472 891 402 875 821 997 851

123 440 627 247 206 911 32 187 214 231 1013 4 598 793 853 60 519 158 394 532 769 435 278 457 1011

526 6 848 968 943 986 1019 257 666 868 16 774 659 101 784 625 763 926 524 673 1005 939 951 204 25

411 908 428 102 507 707 332 890 153 565 954 995 14 289 272 229 181 672 787 1014 518 783 663 1001 521

1002 116 465 331 348 328 24 546 575 377 130 697 376 306 236 237 587 815 453 802 471 1000 246 656 68

293 582 253 197 29 127 468 683 362 969 390 724 53 568 117 779 758 523 561 477 227 134 843 7 182

480 901 975 285 67 361 145 857 287 120 889 9 161 551 419 515 147 95 52 544 534 353 514 160 992

695 767 93 912 142 996 549 583 138 740 903 547 135 919 168 38 114 930 370 64 487 383 632 541 728

567 458 983 664 45 506 593 186 249 212 855 388 431 531 928 978 964 770 55 736 51 420 118 734 512

756 170 522 485 318 722 560 861 413 849 819 266 476 654 441 62 154 462 248 320 706 500 111 224 43

882 194 57 367 34 280 680 977 845 8 366 146 704 932 179 902 406 200 766 963 184 437 873 241 208

893 373 374 245 391 323 991 259 96 488 473 961 447 628 630 629 351 122 881 129 456 302 344 336 536

449 718 860 244 446 698 652 914 108 421 110 661 944 907 529 365 788 840 688 61 286 733 604 132 941

1025 883 720 957 176 301 699 990 1006 396 615 269 250 180 77 597 239 631 401 23 967 836 562 750 73

195 48 577 947 47 251 800 877 69 960 839 18 642 144 590 838 665 880 165 152 979 876 319 36 375

167 735 858 333 879 569 308 190 100 356 296 58 86 545 173 50 999 175 454 451 404 917 988 648 892

501 218 611 585 37 126 924 989 258 299 622 690 481 607 866 942 46 711 927 400 85 461 26 795 925

803 757 586 307 188 693 382 304 982 798 559 193 466 897 572 495 974 719 15 842 80 675 850 297 509

343 233 956 817 584 785 682 808 1003 1023 189 409 19 755 620 398 486 112 703 600 71 591 825 727 464

439 759 510 981 812 155 952 520 1020 563 801 994 385 219 178 432 513 904 149 829 579 196 621 564 517

700 459 987 128 792 505 847 972 773 191 491 313 232 677 292 651 113 594 415 805 20 235 106 768 177

325 827 494 223 794 275 252 921 384 44 595 72 922 35 804 1017 395 811 221 410 407 743 379 1018 670

271 684 984 789 360 490 284 741 255 702 504 380 608 311 730 777 973 606 329 104 780 416 650 283 867

552 27 958 909 260 268 548 324 452 791 528 953 834 443 479 940 267 136 159 13 535 225 84 934 274

290 429 156 75 242 715 752 761 639 294 141 810 725 966 33 99 729 516 270 870 90 342 119 483 213

980 782 709 164 588 580 139 49 243 558 305 714 537 288 946 470 646 726 731 143 424 438 685 1024 856

614 315 482 368 557 885 781 993 671 78 796 478 66 107 871 238 717 775 310 905 74 896 484 5 124

389 716 201 550 933 408 929 612 771 910 900 920 262 499 174 1016 865 427 636 40 748 209 596 739 94

938 76 1 570 425 822 638 738 54 712 303 694 605 609 971 776 998 341 10 363 701 543 334 647 254

261 79 397 282 601 635 753 660 392 41 28 710 923 1015 3 87 256 887 88 581 696 869 640 436 298

691 931 276 643 279 841 31 140 965 121 874 166 240 633 1009 657 762 335 265 264 553 359 705 467 205

645 105 566 21 349 172 833 56 387 22 339 65 852 327 797 1007 823 97 831 669 667 772 854 230 281

469 533 878 948 202 423 828 747 207 778 844 475 916 412 530 399 417 222 918 1004 1022 460 322 131 814

818 347 592 169 754 863 886 346 830 198 2 655 949 30 616 59 357 450 578 125 192 371 626 816 571

601	648	620	348	520	943	379	276	458	365	571	545	364	847	476	679	953	822	117	165	628	611	344	815	495
493	229	515	669	385	13	336	742	462	29	522	946	642	760	64	781	974	159	764	397	582	799	632	989	76
718	753	144	625	79	581	542	459	247	346	429	73	720	427	629	199	525	132	452	770	896	305	263	765	271
343	133	457	639	1004	622	744	553	707	607	536	299	307	918	352	870	302	398	523	662	185	322	671	340	371
613	318	201	803	658	41	992	1014	250	290	208	25	984	985	236	136	405	425	719	713	787	973	960	177	142
110	483	113	127	200	708	892	281	942	131	588	390	161	858	857	313	600	969	275	438	116	802	119	453	391
554	573	838	812	143	806	746	854	594	91	257	605	323	955	583	902	793	422	321	378	355	75	694	463	103
698	1023	404	786	759	3	991	976	190	333	796	732	590	497	55	645	413	550	933	676	873	137	433	805	30
978	700	347	640	157	509	557	839	931	356	358	928	687	563	499	853	264	727	162	350	935	773	624	1006	934
899	125	89	860	408	58	621	411	821	733	968	777	456	233	226	47	9	1024	297	626	724	730	809	265	239
207	439	373	709	908	830	249	380	797	251	317	370	434	702	807	909	193	567	108	889	484	204	916	447	827
20	270	122	950	104	1015	541	389	198	546	980	240	28	888	552	1019	237	845	540	735	584	120	40	924	51
940	502	430	362	646	987	543	178	301	118	106	241	745	997	906	126	837	11	617	859	278	1021	138	242	956
917	325	57	514	603	789	925	300	602	843	533	768	865	244	420	683	932	471	221	160	915	695	173	736	315
87	696	850	716	729	919	287	442	5	795	466	211	12	148	921	74	774	914	82	261	766	1012	66	383	216
154	811	715	944	842	283	414	446	828	890	33	492	507	898	360	421	738	292	1	335	23	35	363	1025	872
396	80	993	410	214	311	964	784	60	401	448	217	1003	69	510	685	569	638	677	437	147	384	256	6	123
782	977	762	197	306	825	761	187	320	175	423	887	351	70	215	929	668	772	455	481	959	338	819	818	342
50	922	403	349	945	833	544	641	610	334	475	332	831	220	595	609	1007	572	684	451	392	34	424	913	878
927	330	846	94	971	460	114	538	227	167	195	755	474	840	562	747	260	996	529	158	156	775	962	752	231
900	663	469	664	505	574	726	285	36	954	701	513	394	10	440	461	309	1002	995	606	778	61	615	381	253
96	948	697	817	395	711	100	203	478	972	151	895	651	174	967	274	1001	488	402	479	266	576	388	109	235
129	500	48	31	705	848	970	983	644	170	155	273	788	361	682	298	134	92	926	586	952	443	623	883	568
723	608	886	780	751	152	737	675	627	83	692	369	467	512	612	565	112	186	406	844	957	560	681	767	238
511	374	814	105	798	140	168	885	128	102	506	856	923	84	966	288	146	259	521	44	53	564	329	387	62
869	228	785	587	359	262	254	490	998	68	706	16	530	832	130	477	741	224	19	282	559	756	801	223	449
851	99	17	135	743	965	196	426	731	153	486	631	225	791	252	769	213	150	337	180	958	578	650	884	897
367	354	54	482	465	210	194	115	728	508	986	907	674	86	296	56	757	280	454	464	647	949	234	790	905
124	386	326	776	368	693	319	871	49	2	22	90	659	88	205	882	504	163	649	1009	267	877	38	988	754
867	999	548	46	192	81	634	855	188	431	947	686	172	710	912	879	804	598	643	375	637	341	416	585	473
14	243	636	487	556	577	101	758	575	222	901	480	549	532	863	920	539	904	166	808	951	670	345	316	1018
400	680	218	937	393	279	717	740	428	633	527	810	891	230	78	376	635	294	866	936	725	412	699	721	324
219	501	763	494	149	665	616	331	592	537	712	734	580	328	98	95	519	657	37	202	749	42	748	771	604
614	653	531	596	689	979	975	813	496	289	310	1005	93	169	516	179	21	206	107	183	182	938	667	286	111
353	868	654	372	245	489	1022	382	71	255	561	43	272	792	690	673	794	232	849	450	472	981	407	1013	961
599	176	994	327	597	59	39	910	547	7	820	579	339	1011	435	77	141	852	876	491	930	963	593	248	1000
63	164	783	619	145	52	432	1016	722	415	893	269	524	444	498	503	97	591	739	862	485	45	312	566	441
688	875	714	15	551	911	941	212	518	903	184	258	990	85	445	836	661	528	655	181	191	672	1017	27	517
8	308	526	880	841	18	660	535	826	874	65	618	982	314	468	295	861	284	652	656	881	779	470	357	630
409	703	834	303	691	417	666	1008	209	293	555	570	534	864	436	24	750	704	366	419	171	800	291	26	32
558	829	589	189	823	4	816	678	277	139	268	824	246	121	939	1020	399	67	377	894	1010	835	418	304	72

342 493 928 665 436 283 334 25 153 364 765 273 491 447 764 691 457 816 35 644 681 685 778 38 16

604 83 782 382 799 823 978 469 373 855 431 203 121 912 662 71 465 714 185 570 27 525 369 292 173

567 979 257 986 723 994 970 579 511 744 424 466 971 92 925 311 761 571 384 690 301 303 811 470 528

510 244 191 432 286 340 94 985 122 9 948 795 775 209 549 917 1017 845 677 850 680 410 415 751 769

832 889 822 370 701 659 535 487 156 199 842 752 692 284 724 613 901 10 480 684 793 591 249 658 276

508 76 914 713 961 758 1025 740 115 241 844 260 133 354 595 346 601 876 790 228 51 737 517 1003 851

705 111 955 825 569 922 932 23 120 834 371 669 77 411 31 137 674 575 80 397 179 554 139 900 886

15 268 421 322 118 732 258 935 598 138 57 298 245 174 176 481 597 405 558 573 853 968 734 541 806

695 101 908 467 982 572 387 736 849 14 17 918 951 95 72 649 269 446 376 687 210 726 69 426 85

337 753 422 401 43 150 809 396 79 420 463 237 944 428 1004 637 546 175 91 531 93 766 606 884 478

362 553 162 836 676 530 990 386 451 331 755 975 976 893 654 105 953 814 532 963 328 781 581 204 321

234 304 238 427 26 274 946 661 578 923 746 182 593 358 612 703 1020 140 1019 160 409 821 708 479 248

829 443 930 305 843 919 514 441 505 949 896 282 163 18 485 355 50 103 556 383 226 308 433 683 378

891 425 671 763 379 154 287 235 45 927 131 941 437 189 800 652 471 513 326 722 880 688 159 847 167

271 157 630 30 624 281 972 651 13 429 754 289 395 353 547 519 41 359 351 899 539 393 195 561 497

964 288 2 977 272 562 350 1005 611 184 869 998 885 750 452 56 520 317 819 881 278 461 965 786 495

840 997 673 686 817 856 952 320 870 81 145 529 262 7 89 854 1000 807 620 201 34 345 206 434 254

1009 682 8 22 545 868 527 608 694 780 774 347 147 1013 861 617 52 639 212 155 634 645 615 966 837

192 290 61 704 711 165 974 749 647 950 36 459 605 890 366 721 903 329 586 316 385 84 507 937 989

112 42 264 82 643 603 3 438 136 973 588 936 88 172 648 551 44 100 472 653 863 205 54 502 626

222 524 482 933 916 490 550 435 967 128 540 906 859 783 197 731 6 984 905 1021 119 931 741 223 125

791 468 675 99 75 365 398 344 48 883 888 181 830 710 642 1012 98 672 779 564 265 1011 213 958 776

12 796 656 419 275 343 518 801 143 307 544 11 650 412 225 640 341 784 483 166 123 306 177 996 628

211 745 798 592 19 300 202 607 60 957 299 871 534 214 252 183 797 414 915 207 198 488 114 499 368

444 442 689 898 152 24 720 557 430 743 476 616 332 559 602 124 144 788 96 67 49 230 313 293 622

240 458 496 388 526 169 73 803 785 408 113 635 920 872 187 267 253 90 279 664 911 227 266 633 719

875 372 636 1002 594 486 28 934 960 377 129 285 897 498 657 196 336 132 600 504 718 820 862 813 216

406 484 231 668 757 416 599 32 464 666 805 812 246 667 629 21 148 489 450 533 1024 63 522 1015 170

259 158 243 712 492 403 217 500 815 78 389 632 449 771 117 40 983 995 312 560 462 548 39 942 858

939 619 777 709 954 867 717 536 1022 503 892 220 64 455 864 826 938 302 250 338 759 804 730 773 748

215 180 70 563 980 810 59 1023 582 294 543 959 86 725 348 146 296 770 909 454 700 361 767 186 374

171 391 448 4 445 134 515 29 828 555 852 702 697 727 631 512 663 827 440 670 693 1018 62 568 324

566 818 506 327 877 190 610 474 333 962 585 756 838 537 943 394 552 418 315 988 339 580 1001 380 261

696 621 590 646 655 87 808 509 208 330 404 277 614 904 110 188 270 589 233 1008 107 335 596 242 865

926 323 295 229 848 168 314 319 104 738 574 46 945 356 142 309 318 1 706 297 879 907 224 97 310

193 402 999 940 200 375 947 565 280 641 66 53 357 523 839 291 618 913 423 1006 846 439 516 716 363

866 239 882 991 538 894 381 20 638 367 5 151 584 902 772 910 47 74 58 878 194 835 256 698 494

762 473 218 521 824 857 742 109 956 924 1016 1007 992 102 221 477 475 577 106 739 789 1010 987 707 625

623 831 407 325 413 219 236 400 679 178 255 794 251 678 65 141 161 130 247 149 729 135 873 887 627

993 699 232 929 576 768 116 841 263 33 733 390 392 68 874 542 583 860 969 349 37 747 735 787 833

456 399 352 609 360 1014 164 55 660 501 895 981 802 587 127 460 108 715 728 760 921 792 417 126 453

642 23 217 947 343 673 220 399 999 408 663 148 923 134 525 697 606 493 481 506 949 914 569 903 257

255 1001 492 706 868 744 455 282 224 51 28 889 440 660 338 241 375 724 612 364 816 370 533 307 141

793 345 149 628 607 344 280 407 421 299 866 799 932 479 365 1015 238 551 691 794 313 69 1013 572 754

2 120 719 215 823 571 436 755 113 70 577 218 274 194 985 394 219 959 168 359 622 57 164 175 446

472 389 138 944 401 686 527 37 803 570 541 144 396 792 400 1024 232 613 367 81 658 934 965 121 56

303 468 594 749 600 848 869 962 634 779 783 53 981 720 484 451 882 474 118 411 653 443 937 40 340

27 73 254 828 968 574 695 501 885 419 524 181 714 448 565 672 473 721 330 926 736 610 505 766 998

656 262 853 960 709 476 1011 718 199 395 543 420 812 470 699 309 805 513 235 50 137 435 491 316 554

477 293 261 42 546 135 402 908 863 133 67 1009 276 927 192 972 651 730 167 528 518 288 818 534 22

71 346 858 102 846 336 732 759 856 687 942 777 909 955 237 980 773 713 209 132 945 573 935 936 806

865 643 827 87 98 160 461 315 362 521 665 822 54 647 172 382 700 205 151 130 24 335 966 458 195

1023 563 809 68 952 437 627 415 371 88 601 522 1017 702 696 204 641 913 405 579 629 994 728 383 690

329 397 38 526 76 919 911 154 1019 242 155 669 1 380 250 84 222 892 817 552 351 423 683 780 608

463 183 302 843 287 109 444 538 878 432 646 727 604 462 514 270 535 191 377 91 562 284 381 738 587

256 162 44 918 586 471 819 321 772 591 976 536 166 422 905 979 623 821 776 710 716 682 412 363 322

117 226 223 66 517 341 741 358 233 840 592 676 34 246 912 529 632 16 731 482 855 431 615 977 139

616 213 838 815 680 465 820 638 958 834 964 64 558 190 621 333 666 153 104 689 475 1004 711 202 862

791 79 368 404 391 708 112 128 230 940 746 99 576 74 100 32 320 770 498 509 36 875 1007 286 490

644 887 549 831 581 378 582 813 225 833 61 496 590 268 681 63 762 169 439 753 5 747 297 895 433

193 781 864 72 635 939 515 273 147 372 355 899 553 278 564 650 103 871 110 279 348 356 633 876 349

15 1006 584 20 967 839 920 489 252 77 801 208 789 826 901 480 675 124 49 369 599 392 29 986 460

176 323 157 58 511 883 221 929 83 953 769 85 987 450 39 778 48 729 487 312 258 961 657 497 317

267 203 325 667 743 434 609 698 837 993 997 890 179 624 90 982 47 21 106 131 427 507 318 774 597

200 178 555 619 350 659 715 503 636 617 269 807 798 723 956 245 142 30 740 4 946 786 943 33 19

685 334 1020 171 734 418 305 921 197 957 239 970 758 504 111 751 281 896 41 425 89 559 924 469 92

849 152 59 523 6 502 159 735 851 771 251 703 996 575 712 360 671 991 589 409 768 1022 785 902 488

486 429 603 847 96 115 35 347 126 748 790 854 82 990 196 304 78 445 788 354 1008 938 229 950 277

201 782 692 508 860 95 531 379 308 893 342 114 228 306 645 416 243 897 948 971 544 548 26 832 836

14 108 464 413 123 761 661 452 654 18 784 733 271 674 376 189 717 873 43 852 963 283 13 93 829

867 880 294 161 951 327 566 311 800 694 248 664 1012 804 992 737 1021 598 857 757 626 266 339 424 292

10 314 652 388 625 605 593 328 583 775 129 520 870 810 94 975 859 101 906 655 811 707 384 725 428

969 97 210 649 414 236 941 227 291 331 295 886 253 485 332 125 456 214 844 540 639 173 324 688 495

3 264 931 670 620 466 637 537 426 835 596 449 1018 441 170 447 55 390 410 12 580 618 611 60 701

406 453 31 156 684 290 17 357 752 127 830 614 107 742 532 916 677 285 925 247 888 722 116 182 787

900 265 588 542 1002 894 211 310 259 560 915 630 850 86 187 802 373 296 693 930 454 45 11 750 301

136 184 1010 386 260 374 547 933 198 917 550 795 500 1014 928 898 385 300 884 438 983 705 881 459 510

585 387 337 595 974 631 745 640 602 545 978 556 679 973 150 119 353 824 561 989 207 442 298 263 180

457 845 244 289 995 763 467 760 430 910 808 186 352 188 516 988 797 146 678 1003 984 842 872 904 174

143 891 648 393 519 483 861 796 65 726 105 922 216 814 361 567 231 499 62 25 122 165 75 767 877

756 1000 668 1016 1005 578 7 158 403 80 739 366 234 163 46 954 272 512 478 879 494 145 212 8 530

662 206 557 907 240 185 319 841 398 275 326 140 764 249 52 417 825 539 1025 9 874 568 704 765 177

911 271 744 1016 1002 288 694 190 841 83 540 377 333 460 739 526 988 379 631 500 12 944 536 511 874

793 172 439 877 308 399 838 187 392 364 513 494 125 120 659 990 758 98 395 452 829 734 235 509 26

647 893 54 575 723 888 766 856 651 972 297 404 118 50 205 138 632 146 605 849 836 778 816 189 541

117 927 167 931 391 411 916 18 736 590 11 46 799 966 211 879 660 830 246 203 985 444 870 186 643

613 729 661 520 531 141 695 658 963 62 751 789 691 767 770 898 3 88 929 356 222 264 639 64 915

495 654 354 442 993 880 420 20 361 970 469 95 110 183 666 995 815 851 609 43 800 93 193 300 92

33 999 32 376 756 290 872 608 255 602 790 115 340 862 265 512 198 968 571 412 221 987 195 319 584

166 745 620 1006 952 207 325 436 710 121 231 611 875 652 947 582 794 248 106 84 461 839 780 907 823

155 933 546 689 550 817 14 588 498 954 832 375 348 329 58 228 137 554 776 508 715 820 164 592 688

158 428 674 237 485 640 797 905 956 47 430 438 202 975 515 208 506 570 593 334 853 908 407 568 941

134 101 935 921 341 698 731 216 951 948 219 328 692 178 866 459 685 616 598 149 323 63 482 29 403

706 331 668 44 722 687 362 573 806 437 682 218 360 351 385 750 224 924 441 119 318 136 697 939 303

154 630 280 586 984 133 813 741 577 955 732 230 496 971 768 792 169 663 973 232 383 562 864 199 160

372 368 440 881 194 919 75 200 142 213 37 683 989 981 958 239 826 45 737 182 499 714 400 713 223

217 168 470 210 27 615 649 251 279 735 633 796 599 99 276 204 930 1001 490 35 545 342 974 782 220

128 489 184 287 312 977 338 148 902 126 809 1019 532 283 514 637 367 483 791 529 991 346 943 143 711

405 100 112 528 426 844 209 455 882 225 886 501 843 547 424 240 34 871 635 39 4 761 819 840 491

124 648 371 822 311 860 471 555 473 775 561 17 353 292 492 557 657 10 650 394 94 165 533 36 450

418 589 619 959 229 320 503 601 821 701 28 811 964 564 53 384 91 177 21 275 523 699 920 408 49

289 801 884 162 215 976 71 386 1015 861 31 463 8 556 252 108 669 70 171 873 848 61 398 733 667

962 752 1008 322 145 676 410 226 90 358 382 474 343 413 321 212 675 366 926 76 277 763 422 565 397

900 574 677 642 135 665 48 857 313 918 684 1022 330 415 579 267 705 994 150 156 636 173 704 1017 307

925 147 891 19 883 52 298 456 477 161 535 393 284 272 519 445 59 7 992 466 610 743 967 337 690

850 432 934 40 139 938 1024 299 447 746 771 389 707 504 448 798 1004 191 1005 903 583 309 712 1000 387

728 748 78 969 625 206 55 484 622 365 828 130 301 467 559 708 402 174 113 278 260 607 510 102 433

803 344 628 234 595 79 795 558 673 591 530 818 390 521 539 719 373 785 378 852 163 105 814 899 236

38 339 787 774 548 543 68 594 127 578 846 834 151 753 507 326 116 979 243 957 551 103 917 945 604

152 261 709 1013 327 488 247 566 453 655 726 627 717 317 416 196 600 581 842 868 890 355 144 1003 517

788 431 197 855 157 805 295 837 497 268 897 997 742 291 922 949 928 140 486 720 802 478 553 314 587

909 286 725 542 624 97 294 96 617 1014 913 781 244 923 434 980 641 996 912 978 730 618 835 812 335

315 357 72 786 16 779 381 773 423 80 757 87 960 122 777 131 867 845 464 807 810 754 680 804 73

153 544 350 567 114 263 876 865 894 623 89 783 606 30 324 825 759 6 109 468 345 696 718 612 282

827 181 107 481 502 858 614 672 878 953 306 537 476 1 653 1025 700 472 942 538 465 419 596 580 427

946 552 457 549 1018 15 824 266 950 281 2 1010 937 359 81 524 679 132 702 82 238 527 352 569 738

435 129 85 656 380 67 965 310 77 760 336 686 479 664 56 914 25 603 749 534 242 670 425 41 258

961 176 123 721 1011 458 256 518 572 896 270 9 784 293 646 716 982 1023 23 634 249 678 363 563 772

487 727 250 296 454 895 854 241 681 629 869 693 901 480 671 892 305 576 449 69 347 475 597 274 388

443 421 910 269 227 175 51 755 66 638 179 644 257 1012 998 253 370 522 316 1007 645 86 170 24 986

764 273 885 662 254 285 259 214 185 42 406 409 516 65 932 747 446 1021 765 245 159 1020 889 332 724

769 414 60 349 904 560 831 74 233 740 859 626 369 863 936 192 57 104 906 833 762 703 429 22 201

983 401 5 13 940 111 188 304 621 417 808 262 451 847 1009 887 374 396 180 585 462 302 493 525 505

763 846 874 200 10 94 608 627 145 72 202 587 776 427 945 556 818 1024 784 736 289 251 704 793 417

904 991 113 912 775 364 281 695 616 841 195 411 386 123 286 142 170 484 864 431 780 934 855 126 84

406 482 259 902 420 292 311 905 425 884 1016 253 607 816 985 461 41 701 953 680 399 329 952 739 299

799 180 813 332 811 903 384 496 272 543 52 188 946 169 155 341 817 826 31 876 808 622 7 585 227

631 660 896 15 803 860 393 988 150 374 1012 261 494 230 719 560 613 1000 365 347 943 519 731 285 658

85 645 1021 600 335 465 913 983 705 691 44 854 4 709 337 641 214 599 258 891 372 594 1005 16 968

368 410 623 733 414 156 381 546 312 77 633 279 60 752 144 741 982 671 344 305 877 682 500 628 153

146 1002 586 423 571 980 141 859 387 554 549 137 213 523 906 206 489 39 223 340 908 958 109 108 900

173 677 626 597 812 87 437 555 490 720 673 176 730 879 99 46 853 351 684 551 562 298 237 873 805

589 160 186 871 466 163 187 121 362 383 201 315 413 791 539 159 696 12 450 961 909 229 823 635 538

480 234 409 105 225 711 615 773 128 255 814 657 174 540 418 154 935 429 878 1020 865 436 777 467 868

703 738 759 919 570 73 1013 767 21 619 794 573 806 164 62 503 260 326 925 901 171 269 530 687 1

700 13 49 999 850 955 124 650 456 694 112 732 857 578 245 487 920 529 510 960 125 277 683 319 179

36 304 702 34 942 379 772 907 161 827 1008 211 407 888 199 361 986 100 977 947 992 718 667 840 847

949 915 11 452 512 363 287 898 242 756 595 552 271 681 301 605 514 133 576 204 819 447 995 303 583

300 931 726 644 843 646 380 829 468 795 149 740 916 140 1019 895 779 475 256 564 716 858 830 713 375

308 3 1022 442 132 445 563 189 783 264 419 1003 111 55 476 373 478 917 866 26 809 252 270 219 707

754 964 954 922 769 568 346 714 923 218 276 231 969 792 801 59 842 232 1007 90 1023 506 636 870 990

653 66 198 472 267 181 345 734 602 336 747 320 638 675 672 390 369 61 625 273 836 872 639 471 236

37 520 282 892 743 400 833 265 18 511 893 67 127 470 27 224 405 116 524 712 758 981 534 849 577

91 48 83 280 527 771 293 821 938 787 612 697 656 207 403 458 831 349 158 745 659 727 134 706 762

491 244 749 663 194 81 504 518 887 661 74 967 19 435 800 371 575 430 290 629 453 250 209 937 928

162 978 216 748 933 798 531 797 522 1011 883 80 550 822 880 606 247 2 852 460 104 963 528 495 802

634 438 611 422 238 367 56 723 940 742 601 93 640 233 43 825 501 5 359 668 686 463 976 588 78

652 676 1014 314 440 621 655 1001 321 168 669 965 95 392 721 122 339 654 358 559 620 778 226 24 845

333 569 76 459 548 851 751 542 295 248 479 302 1025 481 397 688 220 327 785 203 566 291 882 243 147

385 973 869 918 217 316 536 416 92 618 439 376 699 509 941 473 136 190 462 119 354 717 322 567 835

404 148 14 97 572 42 975 297 469 984 278 914 485 274 929 338 499 790 71 838 593 970 196 115 957

894 433 1004 936 152 357 526 789 729 796 746 382 508 53 377 1017 750 23 394 75 455 609 486 998 263

507 899 240 708 22 725 579 328 590 722 294 352 249 488 832 69 415 192 993 441 863 994 428 228 897

951 848 101 804 391 890 25 674 9 457 483 974 533 598 492 810 254 443 535 911 284 356 632 143 989

464 191 584 241 33 565 175 987 139 221 1009 788 378 331 679 867 665 545 20 755 885 630 193 690 774

317 117 715 96 692 421 103 557 110 770 262 246 757 580 959 926 64 98 760 45 324 881 596 1010 824

444 51 355 215 678 107 370 948 505 930 28 432 537 996 408 135 79 446 197 614 106 325 182 334 70

165 581 1006 205 58 57 685 1015 477 275 257 724 962 815 889 184 288 837 558 839 172 753 932 474 997

737 617 649 648 401 54 553 235 670 643 157 395 591 547 1018 497 956 834 330 310 177 396 451 574 666

183 765 102 309 398 6 517 544 360 637 856 944 222 582 210 114 647 513 532 921 610 178 971 47 434

515 266 698 268 561 862 768 924 323 966 348 662 728 353 651 604 185 807 130 624 972 32 979 88 208

493 120 910 29 342 525 8 521 412 781 65 89 664 448 131 129 782 426 786 343 764 402 50 306 875

68 118 17 449 366 138 82 350 766 844 502 313 35 498 541 927 167 30 38 820 693 886 861 318 307

424 151 40 63 735 603 761 166 939 642 388 950 86 710 744 283 239 516 454 296 212 689 389 828 592

558 693 949 688 499 555 434 510 266 497 95 783 489 157 633 6 279 39 229 925 417 148 420 617 455

74 984 741 664 723 892 368 385 364 248 985 306 850 727 874 460 848 887 129 44 973 516 581 336 432

624 399 450 181 834 213 223 492 595 456 454 796 296 75 958 672 449 807 841 682 589 565 941 140 553

301 968 613 739 376 458 5 726 472 658 250 99 857 67 778 635 533 104 926 816 135 418 86 534 240

750 959 388 345 751 799 992 629 485 754 447 586 203 1016 653 143 593 354 171 392 490 524 478 591 851

517 131 562 502 70 619 975 871 791 657 904 233 583 503 82 483 923 161 795 786 293 940 656 89 277

922 784 621 808 518 908 350 522 790 30 14 974 92 215 170 474 268 21 351 115 917 546 989 477 1003

28 937 237 128 574 970 962 545 188 950 225 722 557 660 527 435 979 441 373 781 585 842 1008 603 437

340 469 1011 853 406 707 749 123 711 630 328 330 667 508 554 691 55 259 428 137 604 920 408 494 282

610 1015 227 881 160 988 929 154 362 439 228 650 130 333 102 728 24 383 612 615 49 81 180 253 124

529 236 390 674 285 427 686 631 609 309 45 951 560 331 302 374 101 832 571 598 2 112 509 969 190

177 729 56 38 840 72 297 402 823 141 877 838 721 536 919 359 634 100 625 445 935 281 462 275 332

184 1012 500 965 121 425 165 983 564 404 977 59 127 41 36 116 993 687 789 606 930 182 683 521 1022

398 90 692 825 448 879 787 732 347 46 648 436 928 214 819 953 636 244 68 80 252 238 806 34 573

948 151 221 570 193 802 377 204 33 801 587 60 20 431 547 855 356 146 590 287 946 453 955 286 514

584 122 854 896 843 247 1019 845 526 876 479 912 267 680 627 164 334 414 1002 712 987 978 255 316 1021

818 106 186 389 713 532 846 649 906 938 945 325 481 869 133 675 645 794 42 632 391 828 715 199 343

561 320 258 110 936 40 742 964 305 210 303 671 911 637 313 15 743 809 353 569 771 307 1025 859 61

839 85 626 767 861 567 192 1024 64 770 471 999 407 863 685 62 274 187 1014 12 8 998 852 319 737

77 914 655 907 956 314 339 542 58 78 19 642 934 572 117 48 748 366 484 246 22 947 971 504 982

443 98 566 465 798 113 23 361 704 178 276 360 201 149 375 426 967 212 346 540 921 16 254 291 1006

886 821 995 243 405 714 69 299 512 866 444 176 815 883 153 543 327 835 47 159 295 885 756 1009 219

961 924 211 622 844 1020 782 262 768 755 666 641 559 17 289 125 792 618 607 232 261 597 549 145 429

698 470 381 323 109 409 175 208 172 898 582 888 623 785 694 342 548 263 717 913 763 556 91 218 249

7 162 830 365 505 13 269 703 97 352 386 594 416 35 803 371 981 11 9 915 506 709 27 719 335

37 568 300 357 400 457 423 847 421 463 25 903 147 515 32 52 605 894 209 348 241 976 288 577 205

54 179 245 379 822 318 538 600 94 901 480 442 358 231 954 10 196 272 916 446 643 226 283 761 424

679 735 676 487 519 239 647 321 528 862 87 304 224 957 29 980 875 884 931 183 1000 452 222 271 422

294 730 88 856 805 235 451 280 701 344 251 696 872 628 486 775 51 370 395 264 601 932 144 706 491

889 812 810 891 513 697 315 1010 909 57 897 829 602 878 31 824 126 134 396 1005 760 725 3 669 393

804 292 972 412 189 397 720 26 966 200 724 403 986 311 498 501 158 865 198 870 820 401 150 152 194

738 580 745 551 663 740 384 142 308 991 488 278 337 678 76 639 944 777 596 257 867 322 939 1 651

788 107 673 537 864 705 902 576 50 464 111 681 614 918 207 773 689 206 367 265 592 811 63 324 990

899 774 167 860 700 927 73 520 644 890 433 668 202 746 895 882 710 168 166 759 772 507 430 836 757

716 185 702 156 256 765 440 290 616 734 827 1004 699 96 900 868 18 752 776 363 216 475 387 1001 960

996 163 942 718 608 933 766 943 410 550 120 826 769 662 71 893 310 298 473 552 849 708 242 539 797

169 1007 382 378 380 495 1013 800 273 118 670 369 684 588 646 138 220 1018 197 780 758 541 1017 640 84

234 493 535 677 880 482 284 659 329 317 326 905 438 415 813 467 525 994 108 733 661 496 858 764 270

873 372 620 575 599 173 65 230 638 174 563 997 963 103 530 952 105 736 195 4 511 579 814 747 341

79 338 833 695 83 910 779 817 690 355 155 531 466 744 731 53 793 578 523 1023 217 461 611 837 139

419 544 753 652 654 136 413 312 459 119 831 411 93 665 349 476 762 394 191 260 114 468 43 66 132

965 985 179 299 704 791 245 212 198 586 381 707 417 325 21 663 304 871 109 737 584 913 1008 56 3

562 71 699 632 745 622 874 685 870 238 829 168 364 317 378 606 335 969 607 377 901 391 882 480 106

473 693 265 639 207 841 837 423 658 114 426 145 1017 225 236 516 920 390 667 968 709 526 971 487 997

49 382 825 668 544 803 124 594 430 625 289 1001 316 80 719 816 538 26 351 103 128 399 189 110 613

650 921 17 956 770 763 711 799 129 355 911 308 415 994 116 440 266 127 437 284 546 535 839 42 244

869 1016 986 454 79 479 980 617 296 990 365 556 6 139 360 739 58 579 886 216 87 928 908 64 445

7 157 59 220 797 434 246 117 1022 787 306 844 936 878 740 112 696 600 237 1006 86 178 664 615 449

805 386 481 978 853 315 730 191 554 863 782 290 690 520 154 47 137 383 836 497 453 52 111 753 903

807 22 569 665 581 342 660 865 640 272 100 529 933 768 909 802 122 160 904 845 144 998 192 550 362

576 36 247 252 815 553 840 588 564 388 344 53 691 924 274 636 812 1000 681 1025 628 558 340 1 18

394 884 254 438 170 720 444 217 977 98 188 35 849 90 494 519 585 734 777 919 893 738 432 624 808

834 89 572 1009 712 772 761 393 800 424 338 644 10 208 1005 34 82 323 698 571 666 935 683 495 895

180 455 475 784 880 267 443 758 661 891 1014 769 885 801 786 742 259 687 567 819 283 582 502 773 94

771 150 591 256 611 287 514 31 148 551 363 775 701 131 806 759 620 823 573 848 603 988 406 914 938

172 318 135 735 119 631 374 123 141 852 700 675 369 253 963 716 732 565 515 262 30 348 950 350 23

960 204 499 251 755 268 337 227 459 955 552 560 743 702 32 542 136 206 239 69 827 242 659 273 121

655 492 652 291 1019 646 314 43 311 61 285 843 29 1007 531 877 673 781 436 511 126 575 926 517 73

979 964 240 984 718 862 288 643 533 78 175 380 654 270 504 942 332 292 875 93 747 748 339 973 205

638 811 500 199 879 566 83 385 570 222 75 477 983 295 505 688 868 705 46 384 796 320 183 835 249

248 427 263 941 647 539 471 618 255 833 991 70 164 713 604 95 48 327 809 959 858 54 19 133 200

939 243 214 498 66 820 88 446 967 215 798 831 146 241 762 142 1012 421 143 349 387 474 9 281 563

25 72 412 425 102 235 156 883 41 728 352 298 752 902 962 483 856 395 163 303 1013 900 574 1023 794

326 989 932 376 887 513 28 485 593 132 860 548 451 460 60 1002 63 750 457 347 559 723 130 717 330

1021 610 467 684 953 186 234 476 370 779 407 974 785 408 51 414 592 689 97 396 410 966 557 864 894

276 821 419 545 778 946 416 999 38 530 105 401 975 309 651 74 57 346 814 354 851 319 468 972 357

14 710 202 405 722 677 906 166 854 944 402 892 441 578 203 174 751 336 62 521 947 889 1015 679 727

907 91 790 824 149 68 187 196 630 826 896 286 733 108 783 5 115 767 943 104 859 724 392 760 645

725 294 876 881 466 147 250 260 275 940 431 328 855 92 428 173 776 375 714 257 219 1010 12 616 50

167 361 626 458 162 67 233 756 181 927 305 970 587 873 534 792 486 680 508 232 949 672 866 671 957

813 101 151 218 523 608 463 470 226 512 897 331 496 15 169 371 629 177 4 976 448 45 810 912 678

413 656 152 165 867 293 804 540 925 621 524 510 472 780 27 469 951 358 140 598 258 596 228 84 627

182 676 230 766 648 321 614 522 85 324 982 930 905 981 341 482 372 674 580 653 422 209 832 599 995

138 765 488 609 185 506 541 577 229 107 537 754 595 945 846 345 828 398 822 201 329 120 929 184 850

435 555 669 528 923 731 333 159 195 77 312 601 662 125 818 464 211 478 37 118 400 518 952 439 726

24 279 568 937 301 736 788 489 817 527 547 278 888 491 155 461 343 429 39 456 190 389 898 757 509

322 1020 749 447 954 397 307 16 795 789 313 857 764 11 176 694 589 1011 915 633 993 310 302 40 729

922 96 536 153 462 280 300 76 695 1024 418 282 830 706 493 507 838 231 1003 465 597 297 692 224 525

171 948 916 670 605 961 484 842 450 918 890 44 409 501 583 793 1018 161 368 404 442 992 549 81 917

899 697 686 649 703 373 958 635 746 420 65 532 8 277 612 934 2 134 194 744 411 741 353 13 774

619 210 641 721 590 356 99 543 503 642 20 269 637 861 996 223 847 334 872 682 213 931 33 561 433

359 708 490 657 1004 367 623 403 261 113 55 602 910 715 193 158 379 452 264 987 271 634 366 197 221

15 680 322 985 49 491 274 787 98 890 910 124 858 831 445 128 762 431 582 506 593 1015 855 337 485

650 254 996 76 587 968 912 735 258 868 351 1025 545 723 563 774 66 978 569 376 122 845 417 453 397

851 354 658 899 437 126 197 348 251 318 311 515 460 201 1023 239 711 59 364 1022 211 918 1009 975 802

630 539 151 615 572 448 292 627 224 112 885 546 705 85 722 433 441 887 613 568 982 874 125 898 746

74 231 811 751 915 1013 778 159 29 516 908 384 14 816 443 954 280 888 399 32 706 247 275 501 841

154 428 163 790 694 914 693 177 77 881 194 799 1004 636 567 172 387 237 11 708 262 203 429 115 132

779 945 739 298 114 846 742 23 252 900 727 564 442 1014 392 476 529 134 875 200 830 300 383 328 100

1020 755 205 508 104 69 853 752 92 997 554 862 1016 468 828 378 5 697 90 137 45 991 160 362 317

142 970 296 597 129 643 266 818 544 605 419 336 367 837 165 331 183 916 156 892 326 840 36 712 176

467 340 403 103 931 902 13 449 951 598 409 938 940 398 158 977 288 86 919 648 101 454 234 222 872

6 783 602 663 175 505 664 882 660 184 410 389 105 930 939 530 34 465 801 267 16 542 54 228 814

355 647 819 904 674 699 264 703 469 832 153 691 250 182 852 820 771 961 684 549 498 860 1017 683 71

473 675 291 687 284 269 535 314 379 198 174 3 88 452 271 249 343 40 168 306 617 935 578 847 233

287 856 494 157 808 677 412 139 313 621 655 864 415 994 67 672 743 79 434 629 458 382 63 534 571

9 295 689 806 241 748 573 745 446 388 304 188 579 585 497 835 395 929 547 1024 421 307 514 339 181

440 170 524 823 807 207 260 61 870 263 245 733 293 504 732 566 108 78 235 949 609 484 592 753 1001

955 191 943 581 466 843 204 430 451 513 623 439 618 829 641 179 173 522 265 472 656 934 966 327 668

651 509 180 932 261 826 553 558 352 140 19 121 333 1019 396 109 972 259 624 901 543 480 653 690 639

710 487 873 406 26 457 729 353 48 993 166 964 141 381 320 190 25 8 189 202 216 913 988 82 692

631 798 754 532 432 561 861 616 784 510 789 89 345 220 57 436 113 370 243 401 502 665 518 51 642

637 523 53 471 944 4 717 253 776 948 603 809 297 967 335 649 894 302 797 435 786 308 374 925 366

50 210 423 713 357 883 726 950 570 548 123 850 595 413 990 299 97 838 24 199 834 133 877 889 560

285 462 640 30 724 536 937 496 212 550 350 709 290 704 169 404 1011 538 607 923 131 527 227 559 478

217 20 255 737 416 111 927 394 879 599 164 760 749 836 785 740 986 46 33 622 813 520 933 679 334

803 780 18 81 456 87 356 500 824 338 987 594 719 983 84 229 715 608 372 591 221 588 257 332 167

455 1003 517 795 584 325 696 438 980 848 905 878 301 482 794 781 230 268 1010 145 341 282 193 303 590

734 849 917 971 612 857 365 678 600 106 686 495 329 447 426 196 893 922 289 135 565 146 2 555 312

865 926 730 634 391 731 763 952 489 214 1012 766 725 589 721 842 315 294 346 800 681 821 148 685 39

620 377 427 405 161 195 957 17 661 880 279 583 556 281 992 276 979 120 805 486 1 576 909 810 407

91 319 461 632 738 895 147 119 886 52 118 7 155 611 138 373 359 56 1002 144 903 596 541 418 633

171 580 459 965 777 867 185 41 526 804 769 492 477 604 186 136 499 897 110 999 644 60 817 758 812

368 152 386 533 736 324 272 425 344 956 414 963 662 360 450 614 947 844 772 277 921 839 765 628 347

773 659 770 219 606 238 44 720 976 973 959 72 178 1021 537 475 107 240 714 149 1000 162 58 62 55

375 358 575 911 463 75 619 474 316 907 652 371 531 984 767 503 741 369 64 782 1006 70 796 226 635

342 525 906 866 47 215 764 574 385 213 1008 792 464 232 519 953 707 42 256 363 273 958 695 728 43

493 117 470 962 657 859 99 688 969 757 682 130 422 1005 946 102 768 759 654 187 223 488 93 511 716

924 490 552 827 756 1007 411 27 12 330 21 242 321 80 420 884 700 793 676 143 310 645 393 246 854

791 822 35 10 38 244 483 896 95 941 747 744 551 869 788 361 891 236 936 871 218 209 390 702 825

601 815 667 192 270 127 278 65 309 28 610 625 73 863 586 761 94 960 424 83 981 512 248 646 479

305 31 995 998 323 96 942 206 408 920 638 150 671 928 670 698 669 521 626 286 380 557 283 1018 116

562 444 481 349 974 666 540 718 876 68 37 673 400 528 989 507 775 225 833 750 22 577 402 208 701

910	437	69	96	209	607	112	27	993	755	522	968	293	1021	532	222	939	425	23	643	866	299	148	709	767
637	472	190	622	704	54	820	822	615	288	893	498	677	949	649	278	509	1014	495	729	333	656	524	417	604
981	601	734	210	878	613	653	849	906	507	756	658	87	364	546	948	187	72	789	800	212	636	742	218	477
880	980	88	100	890	119	803	12	953	620	874	175	864	908	63	696	361	492	719	260	647	859	505	669	594
774	529	841	154	173	302	611	136	237	90	712	733	564	946	512	645	681	140	854	661	252	518	108	499	297
37	435	240	404	577	689	33	737	322	345	145	459	728	959	528	383	542	533	838	334	466	412	996	816	399
574	865	896	536	362	160	840	758	600	197	24	754	249	474	938	516	592	36	315	397	70	799	856	576	400
644	20	510	918	909	852	899	267	76	715	895	137	796	963	462	730	365	973	1	995	102	491	130	395	943
738	977	433	527	446	987	805	235	962	506	984	75	873	801	746	626	771	1011	421	221	554	769	853	215	289
540	385	478	9	1016	590	923	652	38	34	193	356	671	330	291	739	241	314	426	919	966	925	937	826	693
819	777	143	683	286	835	43	166	850	451	659	584	531	305	772	749	655	202	812	595	513	144	763	325	726
654	114	688	369	52	7	106	295	685	413	675	616	523	743	651	708	475	340	556	710	903	575	972	339	971
344	932	483	660	224	566	296	935	273	211	568	81	628	748	876	610	521	17	501	1004	309	4	93	396	263
402	256	776	68	401	855	773	886	327	691	618	997	282	898	28	86	15	706	266	317	280	511	78	129	454
370	258	837	557	514	25	125	51	57	954	378	391	201	272	941	287	680	504	720	449	687	431	352	363	544
759	944	301	912	813	888	61	231	664	456	844	386	571	686	248	904	194	95	457	496	1000	716	169	408	2
134	11	634	360	85	921	110	50	6	377	612	242	1015	922	587	795	806	982	915	599	1003	573	721	229	1007
894	306	808	243	843	974	519	159	839	956	494	702	750	827	372	552	632	889	989	83	732	103	700	747	19
608	355	320	188	823	585	724	526	58	830	178	694	646	842	442	1005	367	617	48	429	917	300	204	697	447
151	270	482	312	780	97	717	798	393	167	341	593	555	627	359	857	1019	230	964	56	927	485	84	955	782
376	967	965	342	882	916	770	73	448	833	884	679	380	434	1006	551	77	388	960	905	71	638	357	545	1017
942	170	605	535	161	403	373	47	768	992	79	349	583	257	64	39	699	157	760	548	158	872	589	891	121
931	436	809	994	176	382	168	415	471	275	911	141	139	723	883	489	329	762	559	975	1020	663	831	497	284
117	597	354	279	42	66	206	238	785	316	924	718	473	731	807	753	180	10	988	602	722	441	259	824	418
673	150	460	563	264	945	199	761	424	133	246	409	633	94	606	846	35	952	851	579	416	858	1010	630	13
701	847	374	703	887	195	881	570	283	3	31	631	198	581	624	828	14	277	82	171	766	55	713	177	406
936	549	751	115	16	877	775	461	1001	817	120	502	191	784	465	337	961	553	271	452	818	450	678	1023	155
45	707	368	815	153	790	869	323	203	745	196	118	138	253	560	690	541	778	89	868	428	328	558	379	698
398	255	389	123	227	1008	969	46	863	786	635	668	825	619	74	165	725	503	208	294	164	603	80	440	269
390	486	244	185	596	265	392	741	432	508	430	736	950	331	303	665	304	879	648	192	285	810	44	479	207
311	957	821	657	22	834	444	101	998	794	131	40	350	213	236	539	662	735	765	92	958	132	582	666	870
580	220	126	343	239	21	970	99	598	332	500	223	245	951	930	727	639	829	983	216	1013	184	705	5	30
871	324	147	116	53	928	515	625	127	318	292	182	228	179	476	695	867	804	614	346	682	897	98	104	251
26	811	901	276	940	832	468	480	405	274	674	537	481	146	107	779	163	1024	348	384	387	189	313	490	892
781	487	493	793	411	569	591	667	407	419	1009	641	254	525	91	764	420	469	791	152	484	797	623	336	307
250	394	913	453	464	233	543	381	978	787	920	934	326	1025	845	308	122	268	547	32	586	298	900	29	109
217	783	757	990	999	976	225	200	156	933	319	310	234	290	744	517	445	1012	640	162	885	261	550	752	214
262	463	530	714	128	875	467	358	947	49	621	814	186	172	520	124	338	572	929	443	1002	488	991	802	226
578	427	67	1022	59	534	565	65	836	642	335	8	458	149	588	113	562	135	60	629	281	371	609	105	848
914	979	861	676	111	986	181	414	538	423	902	650	247	684	62	740	353	672	422	455	142	410	788	862	219
985	926	470	561	711	860	670	375	439	41	174	366	907	205	351	692	18	792	232	347	567	183	1018	438	321

921 762 360 249 831 670 818 960 265 177 542 463 723 630 1005 1018 349 395 380 269 358 788 16 826 430

851 100 910 966 551 90 235 220 714 354 393 413 252 216 870 417 73 546 304 282 371 712 153 319 999

676 166 14 364 377 686 1012 947 613 839 881 781 446 422 658 564 2 942 202 421 956 53 523 110 214

241 616 58 460 513 884 96 721 529 829 186 321 891 66 178 938 149 1002 268 632 908 639 591 4 782

165 342 115 428 563 60 651 328 612 874 36 9 858 383 718 389 972 451 852 245 634 237 219 710 154

795 398 751 189 179 1006 456 314 301 291 62 922 470 1003 45 887 797 267 771 840 526 792 278 232 517

1023 394 26 770 778 27 40 866 507 209 776 790 801 281 768 648 907 375 362 841 206 160 396 399 816

917 263 137 331 901 427 977 480 64 932 359 767 822 10 496 799 673 56 414 229 835 169 47 203 655

424 601 924 308 550 343 640 508 34 217 516 919 347 94 554 295 599 447 853 890 401 150 842 813 339

31 930 911 1021 372 101 774 51 290 487 338 933 41 965 761 848 623 135 57 184 35 218 74 669 996

117 944 701 819 425 618 979 951 337 25 675 313 641 565 392 857 981 868 92 370 352 748 1024 566 743

693 316 322 455 775 970 520 307 739 246 187 555 182 457 50 78 990 283 109 484 197 327 683 756 598

238 608 84 589 992 889 397 341 340 132 913 583 906 504 528 312 361 373 381 5 230 588 228 1016 42

37 606 39 832 905 780 836 12 927 72 698 104 935 261 482 674 604 859 899 727 543 512 934 926 161

489 645 477 894 854 469 1013 660 539 687 724 491 514 547 433 438 323 76 287 148 746 918 400 167 577

454 995 335 55 986 114 705 329 296 243 19 946 111 936 691 940 18 815 892 418 953 208 740 476 61

277 708 257 423 679 48 495 357 731 806 468 129 97 538 113 573 571 279 506 869 735 336 311 86 779

952 192 893 1004 904 544 896 126 8 387 419 666 492 163 732 843 642 760 582 717 449 863 171 266 633

1019 929 499 709 548 450 384 479 444 250 964 825 997 317 626 204 728 800 320 292 80 251 239 233 798

326 299 366 609 494 734 22 540 378 967 824 811 620 533 959 955 861 318 849 501 664 707 837 353 119

574 900 611 348 244 1010 298 98 808 559 70 102 621 823 880 474 195 130 671 969 136 766 155 515 998

188 585 234 390 878 706 87 459 368 280 619 568 1008 6 883 461 305 783 503 224 561 607 661 240 817

796 696 156 541 471 681 103 704 121 962 236 752 458 38 532 211 306 120 215 416 785 622 635 629 692

719 274 980 530 649 32 439 44 814 809 212 617 594 67 330 286 954 678 973 534 118 194 898 29 138

141 181 355 963 125 876 200 657 958 928 127 993 803 481 637 254 758 388 741 672 984 1009 105 467 75

385 569 333 99 888 434 134 521 170 948 210 736 133 15 729 21 578 201 213 991 576 231 625 116 436

157 190 988 610 367 855 789 294 258 644 410 652 196 143 895 293 915 713 315 309 769 522 509 223 199

524 145 656 174 871 875 845 600 122 68 11 1017 185 697 682 1025 259 885 1 180 865 431 725 680 684

483 787 738 442 902 596 695 982 300 978 142 43 909 172 570 810 79 730 497 490 765 402 662 531 71

654 882 949 159 862 805 807 830 284 791 860 575 262 912 85 453 535 406 365 667 688 472 659 28 443

677 382 994 920 802 415 408 289 374 557 587 653 753 772 429 737 694 93 486 572 631 334 139 297 699

663 804 144 941 403 939 164 872 518 957 586 812 183 475 420 614 838 580 302 33 445 158 82 877 369

253 715 225 764 303 581 502 525 411 324 473 1015 511 560 784 579 168 404 897 205 624 273 916 777 867

627 498 903 493 124 914 536 221 20 95 140 605 77 46 763 248 537 821 793 426 222 643 255 107 260

7 227 128 1020 52 147 59 931 603 247 462 989 363 567 345 987 256 602 49 820 89 435 879 553 24

733 744 193 173 288 344 754 123 346 54 152 558 750 794 108 773 285 23 556 974 191 755 151 628 1022

405 83 650 950 584 1007 264 17 448 63 13 690 1011 590 176 562 971 720 864 786 69 325 356 466 716

88 242 3 593 106 276 937 759 545 91 272 1014 500 597 747 485 409 685 527 310 647 464 198 983 1001

703 452 847 665 175 30 440 702 351 827 749 432 742 412 131 711 700 552 350 510 757 1000 886 332 505

945 379 162 726 376 925 668 873 592 112 646 478 846 834 275 407 386 943 488 745 65 146 689 271 923

722 828 441 81 549 519 850 207 465 615 270 968 391 833 985 437 638 226 975 856 976 961 595 844 636

403	429	85	468	168	663	599	813	473	546	396	779	159	610	123	694	316	607	553	681	42	158	68	938	276
558	786	1018	162	529	500	291	419	912	983	385	705	561	143	929	622	402	696	857	852	872	233	323	963	758
373	226	652	980	594	976	401	613	154	771	950	670	932	191	908	788	208	238	250	609	658	372	916	417	314
387	621	735	383	583	835	769	719	655	28	532	237	555	364	587	407	332	36	910	815	311	704	267	163	576
43	312	463	350	51	531	644	936	895	801	161	992	602	605	146	803	690	483	358	263	57	840	212	692	606
1	326	239	582	251	362	50	160	408	77	30	557	944	649	292	370	688	131	315	230	126	931	295	339	589
608	84	977	432	869	422	39	93	1001	666	1020	575	96	25	659	629	654	783	352	341	384	371	865	874	637
748	993	730	999	900	834	627	841	676	665	439	618	714	1015	457	600	264	298	458	399	863	566	816	482	811
444	941	927	489	534	137	799	55	919	327	234	192	743	321	780	318	13	418	34	909	319	198	738	905	210
80	365	672	278	149	947	409	805	369	515	3	675	772	145	78	440	729	167	151	554	176	889	948	67	853
989	507	530	789	277	511	22	333	668	181	156	273	219	814	509	248	214	745	825	479	475	819	597	348	752
470	633	812	974	190	847	1012	271	522	452	448	279	1002	467	998	105	98	186	171	329	95	516	683	724	504
822	62	334	27	430	707	996	737	207	379	781	29	209	289	894	890	144	578	293	731	750	792	777	232	703
53	991	935	297	1016	774	961	363	340	952	524	591	32	200	907	450	60	866	969	256	739	375	268	656	244
472	390	763	174	716	197	679	33	19	684	693	410	61	514	601	669	846	216	485	243	257	287	220	545	265
628	838	414	619	870	1007	254	274	426	503	687	1008	465	767	83	1009	549	760	97	269	773	945	903	593	357
720	660	817	981	481	368	715	404	195	344	653	747	7	949	717	16	52	155	302	236	275	304	281	517	218
127	347	759	376	818	798	902	928	427	875	20	142	221	242	322	461	691	518	153	639	556	635	828	766	48
17	571	797	177	625	700	528	885	1021	536	569	843	116	975	397	806	548	552	756	573	987	824	899	860	829
245	433	918	325	462	630	971	44	24	272	296	964	120	746	172	394	441	1010	722	732	41	827	677	702	320
114	189	118	122	138	958	21	425	356	86	541	361	967	76	1000	741	435	193	454	204	646	862	657	1025	187
270	491	886	723	577	179	400	129	685	512	135	37	345	584	213	590	443	260	262	1019	833	140	638	559	845
754	386	785	223	572	354	106	881	183	416	26	99	678	266	978	883	904	349	939	955	217	979	906	848	449
960	480	682	205	933	708	823	871	736	14	544	453	550	787	640	851	12	762	380	565	859	389	338	1011	831
733	1004	471	802	165	664	937	317	72	643	498	667	997	222	173	466	519	490	108	308	527	844	901	290	494
809	749	926	487	648	66	837	506	428	791	995	45	460	328	942	854	645	455	604	40	820	1005	808	73	398
510	391	914	54	294	765	378	588	990	662	946	520	920	864	393	585	623	695	188	953	445	115	121	551	185
23	306	718	563	586	478	148	567	858	343	501	641	477	921	755	360	288	887	790	196	6	63	725	751	923
626	595	225	81	647	884	956	925	184	141	438	420	247	133	69	596	1024	778	436	203	726	331	109	891	810
178	412	49	1022	930	943	839	1023	617	59	103	388	508	124	381	873	110	88	484	836	713	896	199	782	313
592	170	632	951	282	128	377	580	614	18	206	706	568	58	411	689	307	540	850	280	505	486	224	101	913
180	867	175	492	355	111	570	673	934	671	2	1014	764	342	988	182	740	92	728	261	598	525	793	543	74
768	562	228	537	954	970	650	1006	856	495	305	107	211	721	324	897	826	434	493	957	259	194	686	392	804
800	631	474	335	5	533	893	499	406	674	523	47	744	102	959	130	634	526	157	150	898	10	742	413	986
64	202	31	4	423	79	821	1017	374	711	164	424	231	832	538	612	70	497	119	574	94	770	395	547	868
1003	113	71	147	727	351	132	966	922	286	104	240	807	924	152	367	38	136	620	337	35	125	877	134	761
616	535	734	611	255	310	542	697	795	888	880	962	56	301	469	201	701	166	215	249	112	849	235	636	303
346	784	940	11	775	15	446	46	464	642	661	330	560	753	283	710	459	139	284	421	359	876	82	456	915
917	973	972	994	476	842	965	712	415	117	624	757	65	892	879	253	796	882	709	437	615	8	513	699	911
581	855	680	984	252	539	90	447	405	985	1013	651	521	75	246	968	451	229	382	241	442	258	794	502	300
982	564	336	698	603	100	366	488	89	87	309	9	496	285	878	353	579	169	861	227	431	776	830	91	299

40 349 608 825 998 346 84 29 354 404 482 370 497 80 302 472 267 255 479 990 418 638 529 655 944

410 684 79 398 46 295 623 174 211 270 807 908 200 20 14 671 17 905 851 36 221 954 154 489 272

949 518 417 840 1017 405 32 898 762 613 801 560 25 438 987 352 653 780 831 165 488 1000 339 658 991

784 71 328 836 364 325 171 536 45 167 1018 457 648 277 794 728 971 380 305 927 91 879 237 82 383

960 462 356 244 284 788 279 886 139 276 535 753 193 134 618 566 910 889 367 231 428 109 670 253 641

977 969 125 162 590 1009 1024 18 584 343 624 327 386 460 748 633 707 502 329 24 362 115 685 160 492

274 751 699 724 106 78 484 142 102 860 226 902 976 942 254 73 435 743 227 130 285 731 66 697 381

382 875 1005 675 89 581 201 959 450 882 111 603 331 915 994 677 740 874 888 34 519 313 913 415 790

481 500 853 70 11 137 38 533 551 983 286 399 358 140 816 887 390 574 345 474 495 919 184 123 844

986 819 876 503 96 463 236 799 930 554 1011 504 778 260 543 1008 407 579 307 261 952 203 499 553 841

962 332 215 172 950 240 786 862 893 718 885 800 101 15 754 894 934 619 442 858 119 508 300 393 563

368 891 937 155 598 258 330 158 168 422 830 182 127 527 620 558 257 951 569 371 136 146 928 473 683

443 921 880 760 849 611 321 360 195 625 538 335 1025 817 679 262 92 403 676 116 191 939 1023 635 663

108 159 122 423 97 173 982 855 461 521 350 884 466 357 183 749 680 74 243 714 872 694 516 459 391

956 507 287 916 61 782 85 319 733 30 970 131 999 690 19 228 661 278 429 734 845 796 431 392 766

110 984 222 673 739 113 44 21 498 978 923 75 205 717 674 514 340 309 68 935 657 572 973 547 206

5 48 219 213 478 120 402 996 890 687 602 824 912 832 1016 958 643 510 178 947 610 839 149 820 741

232 1001 931 665 693 548 99 798 1010 709 118 138 541 470 642 342 864 726 834 81 58 453 605 432 787

10 868 963 54 822 104 8 385 1002 802 469 925 150 595 377 214 209 223 774 143 632 63 587 186 792

264 682 288 282 873 28 573 132 667 1006 77 320 87 691 843 1012 758 681 768 727 878 27 660 871 197

732 907 686 559 94 967 755 62 440 736 652 678 601 375 850 914 866 669 2 490 964 198 299 1020 806

761 3 60 416 526 353 23 791 366 696 647 424 13 607 204 31 571 721 861 445 337 940 483 47 943

627 924 176 745 701 622 689 769 634 668 576 892 785 920 412 408 770 35 557 883 1019 69 781 88 567

591 644 1015 695 561 454 981 955 505 594 247 592 899 476 322 64 688 268 43 409 296 767 980 531 218

114 575 746 93 662 847 1013 704 271 586 719 397 452 612 654 826 151 414 775 185 597 283 413 86 895

212 1022 918 175 449 315 233 430 53 523 59 225 129 703 528 281 539 207 433 929 904 765 659 803 336

911 1003 420 468 76 294 1014 49 220 517 865 941 779 266 922 56 856 756 379 1 609 532 471 823 124

596 989 810 128 246 738 544 1021 301 427 809 795 419 196 4 347 494 250 448 216 692 265 117 359 725

974 705 577 121 637 965 742 491 187 698 400 808 248 361 369 961 730 600 202 621 909 37 456 395 649

304 188 917 650 793 475 616 273 842 323 997 163 511 166 750 269 966 708 95 512 870 664 772 41 411

580 837 145 906 311 614 387 1004 486 316 562 639 764 710 210 846 465 42 525 549 585 425 805 235 317

829 797 783 735 545 421 199 439 859 713 948 12 394 993 16 493 436 629 249 229 945 208 365 447 133

744 972 306 636 324 711 107 729 135 485 979 153 458 542 378 804 326 815 867 513 141 777 812 446 6

363 112 857 995 451 384 534 67 776 651 848 496 506 256 828 593 144 169 238 897 126 292 275 957 537

72 509 582 900 234 811 854 645 936 83 189 789 289 388 245 565 813 298 217 818 599 351 239 241 251

604 179 181 640 773 396 103 666 988 170 372 9 190 737 712 1007 617 672 716 501 338 606 373 333 570

530 814 90 975 152 903 933 259 161 992 437 946 334 376 318 555 180 177 953 615 522 550 747 26 583

355 344 401 589 444 467 630 515 821 938 926 156 441 105 455 722 290 869 763 628 310 752 293 252 863

759 656 33 626 65 852 578 100 464 280 434 564 7 426 224 312 297 968 308 192 720 242 52 147 932

157 757 827 702 303 700 556 57 896 477 524 568 389 314 406 230 631 552 706 985 291 164 901 348 480

723 148 50 833 22 98 487 715 263 835 51 520 838 55 194 646 771 881 341 39 374 877 546 588 540

961	939	466	870	895	622	566	980	840	110	644	353	839	618	259	450	727	908	885	172	178	506	757	366	654
327	940	164	941	613	150	58	237	1008	594	132	108	868	501	659	383	342	658	173	575	448	236	995	103	93
127	645	719	952	561	631	135	183	10	262	619	639	303	417	928	503	733	304	748	979	394	923	724	569	269
362	465	478	768	78	160	1025	743	704	510	434	1	632	488	989	81	364	355	797	803	443	406	549	315	854
31	625	670	498	1006	94	846	248	829	337	255	910	726	374	1018	848	977	974	72	865	346	877	377	892	116
222	155	91	953	95	738	217	476	405	424	368	369	750	945	820	157	205	845	34	635	675	16	565	212	122
257	925	730	706	772	909	864	338	504	929	604	46	153	919	643	788	761	595	894	946	532	224	572	280	47
137	475	526	692	686	189	879	336	560	233	568	794	874	273	978	497	195	609	2	600	282	35	817	701	511
873	649	766	162	828	850	657	554	640	399	194	807	1013	816	770	276	245	819	461	721	545	63	626	924	853
455	253	453	226	818	896	787	64	926	779	540	275	637	539	805	760	799	283	21	841	82	79	550	679	775
365	419	621	954	290	593	943	97	958	243	1017	741	179	357	44	784	634	250	468	26	933	683	54	976	485
671	256	755	308	624	99	535	139	19	227	71	285	812	502	753	777	210	211	802	96	145	477	358	288	213
871	144	948	407	118	541	138	824	177	689	83	61	412	363	223	88	367	717	284	612	120	647	463	898	914
163	592	89	69	56	500	305	901	667	516	123	911	23	993	117	983	588	148	231	705	287	480	134	603	413
994	699	682	975	490	359	445	922	415	246	629	581	698	376	422	826	1010	1007	520	716	439	371	567	935	514
321	882	798	773	389	553	387	487	289	548	382	1003	630	990	728	441	523	729	505	722	747	697	676	48	340
714	915	888	786	301	1016	950	579	247	965	920	278	795	311	438	332	739	736	791	458	783	146	323	687	125
558	11	492	333	735	42	881	509	628	623	903	201	242	175	208	534	456	737	67	856	4	678	789	326	507
917	693	319	964	334	190	473	967	552	759	890	102	559	842	999	344	763	843	316	996	720	836	320	130	40
586	700	806	298	723	384	350	286	7	398	672	695	1014	660	416	126	191	573	59	815	202	52	300	292	442
574	181	426	900	732	38	959	149	251	641	18	109	646	225	833	522	165	395	691	168	354	1022	827	234	702
830	648	49	616	185	166	15	876	774	204	131	851	811	947	30	239	663	447	124	883	474	14	638	158	785
209	831	582	495	238	765	45	710	690	297	33	662	229	293	1019	533	571	556	197	403	470	70	966	349	219
27	105	343	694	128	428	936	1024	530	814	420	328	822	258	762	232	872	792	111	499	740	270	381	235	742
578	1000	524	601	214	330	159	156	669	715	484	318	240	380	467	272	186	666	119	656	955	215	913	752	962
866	496	893	725	296	169	136	680	513	421	800	294	834	249	432	313	17	982	916	838	115	429	606	1002	857
20	543	1012	776	521	471	85	599	221	261	515	431	972	620	302	454	411	404	375	460	855	650	446	986	373
899	971	542	869	307	66	472	987	751	810	960	651	444	596	602	790	331	813	184	665	863	62	196	907	86
309	161	114	809	930	942	372	241	796	880	605	611	192	322	68	1001	459	934	904	793	823	348	562	583	451
266	174	661	536	981	203	912	636	518	764	887	931	653	386	555	60	218	849	325	449	886	129	992	73	525
519	410	335	396	402	684	949	614	493	75	433	734	685	610	538	101	778	494	711	973	193	767	508	746	397
590	551	528	991	22	951	182	462	200	112	423	440	984	1005	918	121	9	584	486	98	589	781	580	29	356
107	804	1020	77	867	712	998	479	268	351	106	76	744	844	414	858	544	24	598	587	808	264	312	563	198
897	39	585	3	13	668	143	188	591	932	92	435	825	133	393	664	537	756	324	230	401	80	32	55	718
37	57	491	392	28	252	938	708	997	74	547	228	385	90	341	745	199	615	436	418	113	281	957	1023	713
517	1011	361	314	140	409	347	860	50	176	677	291	674	489	852	482	141	577	891	963	345	400	317	437	970
832	277	681	627	427	100	652	512	642	1004	905	483	187	142	564	51	758	608	944	53	1021	902	709	84	837
310	360	254	220	847	171	408	968	557	244	884	754	835	597	780	260	271	878	430	6	370	207	263	452	1009
267	937	391	379	216	985	151	707	274	927	527	5	8	152	206	703	378	570	921	875	655	306	41	87	771
469	769	339	464	633	696	688	531	529	906	782	299	425	546	295	388	673	279	352	167	25	265	969	65	1015
617	801	731	180	861	390	154	481	104	862	170	607	36	859	889	821	457	329	749	12	147	576	988	956	43

646 783 893 1024 789 440 700 827 37 68 913 702 458 383 491 978 268 833 737 570 851 344 368 800 837

78 613 349 698 387 911 343 1004 577 757 54 612 52 155 147 658 117 6 943 45 400 638 237 620 763

831 334 796 361 534 459 428 67 264 246 333 817 591 198 821 509 743 328 281 306 7 484 309 912 986

190 880 426 362 512 261 977 610 270 323 657 160 288 388 378 762 453 311 787 417 195 611 313 326 56

75 587 34 973 115 647 922 849 556 1020 364 675 668 543 359 413 461 347 1021 187 21 988 257 894 402

735 184 914 44 1003 307 427 13 522 672 802 380 745 766 661 517 755 504 88 412 180 689 3 77 170

41 679 523 53 234 164 460 181 617 33 592 826 331 965 1018 919 488 958 741 734 259 934 984 208 910

906 99 819 930 900 301 69 42 293 1000 126 384 751 23 538 795 297 303 292 213 298 670 760 272 790

97 430 12 874 176 715 811 251 505 423 425 631 143 567 409 137 316 17 815 66 853 346 357 103 335

501 28 4 399 271 101 877 120 255 816 871 452 667 406 243 859 239 554 506 788 456 223 960 220 207

138 118 778 216 841 995 597 917 847 942 799 445 374 814 530 385 838 887 683 203 656 842 405 91 508

379 682 19 971 302 824 752 582 265 467 703 490 20 951 856 404 627 524 221 355 434 182 73 541 105

652 318 920 113 557 408 157 162 276 791 794 202 447 886 386 175 46 156 483 987 963 247 578 598 717

547 287 854 979 551 736 92 1005 858 645 560 976 519 226 472 325 936 879 666 563 151 758 1010 61 238

653 878 135 515 548 280 1014 48 870 394 228 514 718 536 193 497 709 166 681 685 1015 616 229 395 96

516 674 392 706 253 74 642 961 1023 82 844 970 710 798 59 606 584 72 935 356 807 966 224 358 518

568 848 174 269 304 43 463 106 857 79 639 531 462 235 348 863 340 784 590 444 1022 688 393 678 87

654 696 8 49 742 410 192 565 684 695 24 832 448 124 869 769 194 225 797 687 946 373 953 586 949

435 583 29 1016 371 93 829 422 559 599 217 407 1017 891 549 502 299 739 496 227 604 626 169 285 576

983 972 895 607 249 843 941 338 185 421 540 575 644 624 813 776 967 416 676 200 991 465 753 320 513

420 284 846 278 651 785 123 980 662 603 896 71 321 128 98 535 992 500 954 161 139 5 659 964 446

345 367 945 32 594 974 211 206 451 89 806 622 989 555 883 573 884 507 372 765 366 22 469 16 861

104 455 589 479 581 996 542 650 673 360 714 146 898 998 691 693 204 640 1011 732 660 189 926 153 353

727 571 553 80 994 477 719 677 231 933 1 750 671 332 415 315 890 134 1019 245 140 241 921 248 550

260 704 562 294 290 369 786 902 561 391 26 382 396 754 95 55 950 699 865 411 860 782 312 803 825

793 818 230 197 545 937 738 579 319 955 9 132 636 774 956 527 882 940 179 828 999 142 725 305 697

749 148 730 1009 525 401 150 558 909 308 711 125 178 149 810 275 196 273 772 418 212 39 596 868 511

58 254 209 532 728 112 350 888 892 588 485 915 600 764 932 110 341 219 475 342 470 471 875 839 947

57 274 277 201 351 901 454 11 131 520 30 480 482 593 232 244 473 792 10 296 191 493 712 489 822

466 768 692 744 171 300 168 442 609 601 905 50 476 337 608 580 809 86 84 823 669 805 27 614 929

487 663 158 637 969 780 632 233 51 938 173 438 90 707 923 31 649 186 94 177 904 486 944 862 990

129 81 370 899 107 365 172 867 1002 777 449 424 866 314 336 377 130 852 939 1006 690 252 615 291 108

701 47 145 437 279 263 537 830 286 324 494 761 733 114 83 885 481 492 812 403 102 804 375 256 214

722 872 726 38 975 167 876 376 15 35 564 62 390 266 510 633 835 389 907 363 1013 322 478 927 121

959 808 1007 746 329 144 539 771 574 468 836 183 621 957 432 655 779 100 1012 834 441 897 630 210 250

70 770 295 283 981 258 419 747 450 694 731 775 397 569 133 352 218 236 433 262 924 623 25 716 474

339 948 686 498 916 40 60 199 282 457 533 665 928 18 267 443 2 968 918 889 544 1008 595 713 526

499 205 109 529 982 76 619 993 127 503 64 820 881 664 528 585 1025 925 773 429 767 159 721 436 188

330 850 65 634 122 36 141 643 439 618 680 398 1001 215 864 495 116 289 546 222 602 641 962 310 985

63 414 629 873 997 431 781 154 152 729 165 625 119 740 572 845 242 111 855 724 240 952 85 566 801

748 635 720 136 759 908 464 931 14 903 552 648 163 354 628 723 327 317 840 756 708 381 705 521 605

958	590	464	106	918	658	663	594	505	218	828	44	664	894	653	366	861	4	622	518	318	300	237	69	257
977	238	403	1	315	469	353	936	213	891	95	567	462	818	5	613	588	1012	141	981	766	666	158	308	741
767	417	949	147	520	856	275	504	830	719	24	865	99	432	515	362	369	447	76	528	757	545	160	675	834
175	348	104	821	738	445	286	901	364	871	130	223	202	511	480	872	997	667	570	760	174	679	34	60	803
247	492	876	357	606	772	485	665	435	919	229	410	990	15	708	273	884	444	317	704	206	102	561	684	438
541	819	212	138	756	118	395	730	593	487	490	166	910	909	6	475	97	727	694	38	616	673	120	863	837
781	373	474	29	921	670	488	857	200	1004	600	991	574	491	940	360	258	192	916	1018	243	414	306	682	869
874	1014	782	554	577	345	824	602	1011	1001	132	429	400	159	988	388	137	959	920	791	853	710	177	966	37
799	736	303	140	391	164	268	533	19	399	389	98	868	816	717	170	805	235	982	180	836	70	378	683	532
346	512	962	1022	83	599	18	605	281	32	841	85	22	623	892	496	680	788	956	169	59	361	583	1010	259
178	692	441	431	330	440	813	777	376	61	975	992	722	630	617	499	929	256	161	931	215	855	677	150	754
225	631	240	260	495	405	637	347	363	937	998	365	342	91	513	1021	742	860	812	649	609	776	527	187	591
109	48	103	446	145	678	10	49	372	476	119	110	421	287	255	902	548	555	40	972	479	586	124	839	521
589	427	80	374	747	337	740	264	68	111	695	716	798	641	749	514	651	58	142	1007	233	249	198	406	877
434	226	46	96	276	768	309	94	800	398	55	31	41	210	162	935	668	451	912	336	136	144	881	517	825
424	250	687	516	241	53	875	12	773	1020	165	893	340	745	3	355	501	506	312	976	620	128	794	381	906
662	701	358	779	913	648	761	559	459	420	796	77	1006	610	632	859	13	402	879	1009	425	542	621	1013	185
539	242	466	418	354	320	47	765	230	967	1024	254	923	650	611	948	377	157	560	396	986	468	995	587	416
1016	430	9	45	851	463	220	993	343	75	973	964	739	785	843	484	173	81	289	880	419	723	35	14	39
283	401	253	478	313	807	261	628	661	984	409	759	341	833	924	497	883	862	775	849	207	244	274	108	552
726	428	510	216	271	700	646	562	827	573	543	411	702	439	903	638	733	452	636	489	939	176	82	328	720
831	265	171	854	224	676	526	204	371	645	732	280	172	847	482	422	770	932	734	344	806	349	277	784	729
2	307	934	294	706	703	691	905	711	762	84	285	969	1019	737	660	143	707	52	763	885	597	407	629	79
789	184	693	595	28	282	50	721	270	538	115	725	507	686	979	57	379	7	321	227	278	608	481	64	793
390	810	423	500	996	525	983	335	331	72	596	705	385	944	458	571	780	568	163	194	183	112	712	502	627
603	333	498	123	460	955	634	890	426	509	790	764	279	380	196	753	334	51	394	783	624	1017	262	135	925
387	90	534	820	236	291	927	67	938	443	870	139	370	493	151	751	483	714	556	633	351	946	953	569	930
329	222	450	326	205	252	928	263	284	864	167	848	71	471	852	89	146	314	557	963	626	408	190	535	850
508	580	835	639	731	961	1015	604	565	197	117	873	101	540	1008	615	698	1025	66	954	614	272	652	774	744
999	896	246	25	655	672	887	960	367	269	522	63	182	203	33	311	304	127	581	911	758	1000	643	332	797
889	771	415	319	17	113	809	211	572	553	217	297	950	122	323	619	352	778	564	116	486	503	951	612	437
715	454	804	625	73	457	943	149	134	295	898	867	338	56	786	107	994	823	681	100	942	296	845	181	598
822	267	531	209	359	339	298	947	219	878	735	86	231	549	709	688	382	470	699	448	324	293	234	537	829
126	563	232	897	792	838	92	87	922	697	900	384	926	882	978	579	671	465	292	904	952	547	43	54	208
350	121	20	404	455	965	640	601	386	971	558	27	228	957	654	618	656	635	642	221	769	724	968	669	413
302	814	42	530	93	846	550	576	987	189	305	251	129	16	288	566	886	529	477	368	494	1003	811	449	858
412	155	153	933	647	985	105	30	899	718	941	546	1005	689	36	696	239	815	801	114	970	551	524	519	674
8	467	659	644	186	826	1023	523	325	245	316	266	945	74	191	133	125	88	795	327	787	453	131	392	575
65	657	290	685	840	888	322	817	752	832	915	592	755	748	713	895	866	473	299	578	808	310	301	989	154
461	168	746	907	980	214	456	582	908	393	844	607	436	193	472	802	195	1002	914	156	21	199	375	974	26
750	917	442	690	743	397	585	201	23	148	728	248	62	584	356	544	152	188	383	78	179	433	536	842	11

675	808	896	266	565	31	152	679	833	22	199	760	382	966	250	260	621	211	658	328	710	870	27	604	32
934	464	638	436	1013	151	759	768	160	538	898	749	94	504	428	977	134	385	289	899	860	948	613	699	552
424	235	882	350	483	700	468	720	120	827	34	628	639	702	307	646	779	349	231	902	579	490	797	583	362
138	831	599	697	557	1014	118	304	217	161	920	188	322	408	496	335	903	961	142	169	357	682	558	998	993
671	30	338	544	97	762	1006	269	115	539	186	866	479	585	757	417	761	701	184	419	791	423	992	541	344
763	191	776	729	652	52	243	47	270	147	439	35	664	331	1015	375	433	131	141	813	632	364	919	963	746
62	758	1022	214	918	305	775	737	824	790	930	372	513	7	926	825	819	829	907	80	59	1002	397	555	377
55	651	477	981	81	421	629	283	742	380	125	218	751	589	821	924	736	460	910	549	875	570	473	923	972
670	124	101	528	554	683	19	173	888	76	1018	640	249	465	789	1010	915	1009	717	137	466	446	448	455	853
458	874	182	478	108	254	49	334	189	556	488	508	312	586	770	451	690	681	688	426	550	997	168	225	1012
733	510	333	799	300	837	708	767	726	163	442	16	951	399	203	43	509	526	531	317	816	933	11	113	66
274	241	841	153	939	695	245	598	778	272	6	158	887	846	834	705	61	709	60	64	201	783	663	878	862
87	534	788	26	721	403	686	244	769	230	67	728	988	39	2	548	432	1000	190	960	306	654	290	678	418
756	576	491	33	303	164	180	387	172	798	595	1004	941	148	942	93	547	287	48	128	282	396	388	542	945
400	259	378	414	696	92	634	489	522	665	885	872	37	341	346	989	326	575	179	17	514	170	642	73	830
563	707	698	405	895	401	481	935	91	183	672	577	308	644	228	420	588	185	650	925	297	659	9	974	277
255	559	262	8	617	858	932	850	765	299	15	970	828	130	117	286	781	181	674	311	482	662	969	715	171
96	916	246	323	386	608	361	392	636	84	911	340	905	687	102	818	876	520	293	416	750	694	498	631	248
873	50	320	569	438	838	864	516	512	406	971	1001	551	718	38	162	832	967	390	607	74	877	820	980	234
545	281	411	780	20	612	602	901	95	374	226	1005	298	480	785	258	1023	443	519	268	492	562	57	221	886
56	900	292	883	236	594	656	622	843	944	987	279	187	222	275	964	205	735	990	159	976	103	404	429	276
959	739	347	982	51	1025	712	315	928	369	1	474	302	1021	63	711	384	208	46	643	794	633	366	861	574
440	450	353	511	605	393	1008	814	685	879	530	434	811	927	793	865	1016	359	112	487	524	591	325	358	126
463	731	122	469	5	680	329	803	294	572	85	931	167	105	485	844	251	806	355	719	70	127	943	573	370
772	815	1019	314	836	845	965	938	525	578	501	467	427	533	239	116	291	193	725	560	922	738	732	204	273
177	764	54	472	752	431	356	536	962	41	157	42	90	413	584	351	596	517	619	852	506	593	263	503	855
264	196	316	499	18	493	909	106	835	252	12	330	561	156	625	691	810	215	891	475	198	704	660	906	1003
240	693	104	253	795	623	653	371	889	978	571	425	352	676	995	389	615	859	668	25	518	422	730	521	590
407	771	564	119	784	523	321	53	689	955	301	68	495	744	278	507	288	82	600	807	212	582	497	462	655
673	285	805	100	635	580	471	884	24	88	727	996	3	437	647	318	295	826	952	745	614	206	912	412	457
40	376	109	532	79	83	949	975	441	111	13	136	890	227	368	722	339	666	309	630	456	842	940	1020	592
618	500	402	515	107	220	132	224	800	983	936	256	502	641	280	486	174	77	917	267	724	787	755	740	453
893	812	809	207	566	684	324	363	804	645	360	537	706	238	430	587	714	4	867	155	777	610	620	914	435
1007	868	348	194	753	69	968	603	817	881	365	23	459	381	123	21	624	921	410	657	197	774	854	802	796
36	195	637	716	452	747	611	444	327	801	929	649	692	146	216	568	409	823	1017	782	398	505	892	529	447
345	265	535	454	748	863	567	546	165	973	913	880	461	1011	75	89	139	145	986	979	897	176	609	271	296
1024	741	958	202	984	44	648	999	71	200	154	284	956	391	856	332	985	150	991	86	606	144	72	957	847
773	484	210	766	953	581	78	135	213	946	476	379	661	319	233	869	703	192	257	597	849	229	29	904	840
734	616	99	822	354	494	743	14	209	908	175	65	954	343	894	950	394	342	310	470	178	121	626	149	140
129	527	445	133	857	786	45	627	667	373	336	166	367	947	723	839	10	449	143	540	754	261	219	383	553
601	114	713	848	58	247	232	994	792	395	223	937	871	851	28	677	669	110	98	237	242	543	313	337	415

59	511	160	861	366	485	672	357	613	753	3	706	499	254	721	686	315	972	733	2	1	658	541	745	715
999	97	446	645	181	194	912	939	421	1017	551	386	133	34	240	865	282	651	68	494	362	862	1023	18	718
319	249	886	971	293	719	568	139	13	593	332	1005	595	177	273	312	854	449	713	742	519	1020	1022	152	89
389	838	243	772	822	209	221	451	199	623	535	149	698	311	634	803	274	353	129	470	119	220	464	738	495
364	436	669	987	404	207	418	172	475	117	808	234	71	219	244	114	430	20	824	736	284	417	309	77	919
587	656	232	704	230	909	792	323	49	402	979	601	39	819	5	225	469	136	950	124	266	757	581	947	925
800	850	183	740	786	717	561	241	302	72	246	730	1010	553	325	610	27	111	885	216	393	899	586	298	911
40	600	796	367	853	19	415	292	946	585	626	524	271	396	735	900	954	620	147	844	452	109	188	409	685
544	847	459	322	441	683	893	341	489	722	994	498	212	176	630	277	137	141	384	641	542	265	910	481	953
56	811	104	83	664	171	382	820	873	891	376	814	969	707	554	126	530	695	262	975	193	612	135	208	540
350	670	9	536	75	597	703	570	381	379	866	356	678	433	699	394	611	821	105	1018	805	584	746	864	128
898	399	558	569	359	472	375	443	256	548	880	816	106	467	186	578	579	61	401	251	973	874	211	134	482
84	752	918	63	650	905	231	848	882	984	398	881	532	604	727	896	239	205	390	590	986	222	799	488	397
661	812	849	697	462	565	1002	420	798	815	156	841	131	907	608	48	518	643	913	206	363	940	932	777	30
365	57	279	780	214	747	981	1025	50	42	218	62	943	870	236	185	922	165	627	965	1007	884	653	673	287
484	316	944	413	1003	24	671	528	633	734	797	28	132	648	662	788	636	1024	76	716	514	143	997	928	191
988	144	151	929	562	122	261	6	343	935	708	145	473	637	1008	837	692	127	582	217	649	572	639	317	765
164	14	360	303	305	543	795	961	609	927	385	949	845	304	116	54	892	559	306	318	416	51	338	1012	450
926	687	690	301	174	711	773	921	370	180	731	435	167	329	346	45	712	269	125	767	354	411	313	388	868
405	1004	112	538	320	851	557	523	91	170	625	888	785	782	408	60	340	168	666	619	723	483	967	915	503
11	793	456	491	883	964	412	934	1015	233	291	515	978	842	684	826	834	242	288	328	477	259	829	689	210
300	756	335	917	963	432	833	442	88	663	938	307	476	647	378	96	314	936	410	428	516	843	263	150	455
351	25	349	638	348	835	631	238	201	162	391	400	652	90	1011	552	956	255	640	549	37	158	852	423	592
178	725	755	739	448	877	702	252	352	289	646	617	465	414	525	226	294	889	184	403	336	577	759	345	550
806	453	10	764	628	720	655	406	831	1016	115	635	948	276	758	573	952	700	933	189	4	976	342	827	444
810	903	863	914	839	493	200	368	830	732	728	204	762	457	615	250	447	374	991	331	787	337	665	596	621
103	754	196	270	245	993	688	58	361	564	110	930	781	46	290	16	29	771	794	872	295	1019	140	358	344
869	937	339	681	468	437	94	192	846	26	724	779	505	148	69	512	153	23	744	527	802	1013	790	606	31
380	268	187	229	614	267	945	7	419	677	763	21	768	460	657	43	751	463	531	52	155	879	691	100	660
560	878	737	654	179	15	286	567	539	260	580	749	113	694	101	817	202	439	729	856	281	424	571	618	434
422	347	471	195	373	769	308	860	709	876	32	130	508	566	693	1021	182	916	355	761	98	1001	955	588	701
591	258	632	327	902	989	486	371	157	507	35	87	22	203	66	616	676	461	857	602	951	93	102	941	1006
556	996	321	867	520	426	801	575	529	741	974	789	159	629	958	44	429	47	598	175	166	501	38	107	278
710	427	407	438	547	395	828	334	659	253	748	36	492	213	506	377	804	324	142	968	537	778	775	887	576
809	445	807	906	667	574	966	272	82	99	497	818	890	960	644	583	766	982	696	257	642	283	924	440	998
840	942	333	871	248	923	901	154	990	750	931	479	474	517	480	12	1000	509	247	458	605	895	784	41	546
190	680	163	227	73	228	783	823	599	496	169	92	85	859	992	223	285	897	81	985	894	995	959	161	78
813	95	825	487	983	674	8	80	705	67	545	714	198	275	875	466	299	774	70	770	957	197	743	425	235
310	65	264	760	555	970	431	563	1014	490	668	533	502	296	173	526	33	383	500	980	855	17	534	908	79
675	836	392	791	330	858	726	215	120	280	86	682	108	372	920	53	1009	237	454	962	776	64	478	679	607
138	74	977	121	118	326	603	594	624	622	146	513	510	224	369	521	55	904	297	522	123	589	832	387	504

833 591 15 24 736 124 277 26 296 815 241 758 916 362 506 16 807 245 774 613 34 242 497 784 160

130 86 586 552 846 227 876 341 714 454 243 184 824 49 707 602 396 489 153 969 868 210 285 225 286

921 233 569 12 152 588 983 919 542 922 205 63 906 688 904 349 443 222 427 121 638 360 42 965 171

943 38 831 582 827 1010 782 949 464 702 643 331 179 945 133 995 159 646 759 258 115 500 41 102 429

1003 318 762 364 289 717 681 713 476 43 819 435 308 517 700 79 859 494 531 502 440 482 417 316 390

931 492 84 654 1025 790 128 123 757 695 605 449 905 146 982 199 425 413 174 628 9 401 150 720 930

436 941 853 280 621 878 666 438 795 574 956 932 270 928 624 129 903 608 603 344 19 236 520 336 948

50 470 1011 780 114 224 250 474 460 683 753 989 391 85 572 279 678 137 93 808 999 113 684 769 751

147 149 178 680 332 89 266 127 554 633 319 209 54 959 974 342 822 515 101 910 301 709 650 198 410

523 845 480 818 53 508 669 548 990 345 87 1008 380 575 1017 182 10 52 122 668 706 993 337 828 57

839 947 1018 659 951 601 899 188 450 855 842 139 576 194 420 70 7 116 944 901 936 219 61 264 763

598 645 27 203 917 185 670 568 232 816 31 792 826 141 874 468 689 585 535 456 348 636 431 1013 779

94 503 419 412 821 238 729 950 288 854 745 66 51 927 750 399 799 798 737 58 644 284 110 533 48

287 88 642 991 167 778 544 547 647 3 487 662 329 731 140 895 444 248 619 581 71 625 962 439 696

424 514 937 539 275 322 553 786 562 527 765 664 370 768 754 200 841 570 978 488 215 521 592 887 330

240 411 960 789 711 447 95 761 13 499 912 433 4 1020 68 426 701 556 746 863 836 220 712 29 545

72 980 192 606 92 112 994 788 291 367 18 559 334 954 272 979 866 749 299 430 677 629 416 755 415

309 119 607 946 382 938 453 375 918 186 626 35 314 8 869 260 1000 397 77 942 1006 935 228 207 263

485 952 835 25 889 860 509 699 785 540 369 635 967 73 632 953 495 914 775 47 852 787 350 674 216

368 283 402 622 377 340 511 594 587 505 1 558 320 997 352 98 32 333 579 907 90 458 970 687 793

252 265 883 902 802 271 211 981 76 218 136 135 924 229 30 409 1002 315 177 134 23 563 69 452 623

273 366 898 528 783 202 843 303 988 392 389 317 457 882 865 17 593 655 964 832 62 190 351 610 131

295 896 67 306 708 74 111 163 525 142 394 33 847 856 6 231 858 346 176 164 373 837 22 214 861

764 772 724 405 191 180 567 796 719 155 620 771 800 21 388 615 534 516 697 740 294 657 738 857 91

339 998 459 170 493 475 848 597 353 109 596 770 718 564 703 1023 81 616 96 923 379 705 803 604 725

473 611 1004 526 806 437 40 100 767 175 739 386 641 810 573 565 522 259 551 715 1012 893 817 166 297

196 1019 710 730 255 195 973 732 326 671 267 466 64 387 479 1016 1005 519 204 618 162 75 744 909 583

491 381 966 161 631 875 441 976 173 971 566 478 378 880 469 870 722 60 886 461 395 630 672 704 226

108 168 305 293 213 726 986 614 877 221 600 627 376 276 797 741 181 992 690 5 44 975 984 561 958

212 400 834 639 686 660 580 915 617 721 496 20 825 327 2 358 599 169 756 838 83 80 37 125 217

766 794 733 235 398 805 577 143 1009 913 374 888 404 99 393 338 987 849 667 661 691 445 406 510 247

36 11 663 414 325 256 955 926 304 234 555 871 748 698 46 571 529 257 432 813 881 28 801 282 311

104 269 372 165 55 862 776 158 634 254 486 595 442 302 107 734 685 656 463 471 151 968 961 844 223

532 323 403 385 648 804 78 324 891 894 1014 103 298 867 537 777 693 117 879 1024 363 589 939 300 477

716 727 483 925 972 246 261 900 911 665 490 747 513 193 361 840 154 829 812 455 201 524 484 1007 546

278 682 356 543 384 640 365 676 557 985 507 781 940 434 292 560 743 920 584 274 735 343 408 422 512

850 550 549 120 206 872 355 897 421 313 1015 830 809 106 536 679 172 814 996 371 312 760 530 791 651

885 578 472 354 541 933 138 728 673 118 45 538 14 590 908 187 383 811 59 208 244 105 446 321 126

692 237 132 637 963 504 612 465 268 1022 451 157 281 649 884 467 418 890 189 145 183 249 144 742 957

335 752 347 929 498 501 773 253 851 448 357 934 39 310 462 56 652 518 823 407 723 65 1021 251 675

694 864 359 262 197 820 82 892 658 428 97 148 1001 156 481 609 653 307 290 873 239 423 230 977 328

361	366	973	890	608	761	663	527	754	611	523	217	434	75	842	54	84	823	572	797	701	243	629	9	321
392	238	627	917	1010	772	127	122	932	512	639	279	442	456	444	338	158	641	563	11	991	738	861	937	832
717	665	407	35	1008	50	1006	689	633	926	803	475	780	826	845	128	509	984	919	719	880	300	355	40	200
288	677	304	353	201	296	57	412	381	477	157	819	775	197	17	781	458	858	749	29	116	74	333	695	403
961	454	441	944	650	661	909	143	88	647	632	464	592	722	190	187	417	253	450	47	986	152	630	774	863
924	376	82	503	678	133	783	455	904	151	625	718	283	730	269	86	975	33	19	1023	849	364	121	260	28
551	731	829	497	807	713	606	714	268	927	67	1021	377	913	872	704	830	784	192	978	619	281	501	4	447
227	386	640	469	137	561	167	600	347	683	734	420	398	83	853	494	636	51	860	329	285	534	163	757	869
212	61	910	500	550	902	728	522	5	983	370	98	554	705	385	755	32	1005	506	519	548	881	297	715	199
562	81	147	484	591	502	662	142	971	770	129	436	549	933	256	557	1001	886	165	483	408	1024	805	185	449
12	765	363	916	146	906	787	261	694	326	387	79	672	229	22	453	189	923	1015	914	808	648	798	48	712
69	1007	543	602	263	711	399	41	393	181	526	343	123	799	373	465	114	777	505	221	995	816	1018	874	427
952	857	987	812	411	314	999	286	859	202	603	747	293	838	148	20	290	15	23	266	287	64	635	291	670
466	938	998	368	532	963	517	889	841	856	514	716	538	876	404	188	104	209	448	802	313	822	624	470	112
332	753	352	899	478	130	26	416	425	325	440	429	844	488	835	245	669	652	585	319	25	852	821	149	141
726	153	311	302	570	354	479	102	567	891	90	89	601	559	173	14	219	280	685	365	258	45	616	16	159
793	935	27	655	588	792	21	940	457	583	686	657	335	38	727	875	2	423	947	934	656	721	166	224	234
175	328	351	144	851	982	967	785	139	307	931	664	758	155	723	510	605	252	846	706	698	108	544	232	1017
637	584	945	320	773	428	733	649	992	322	950	535	308	524	724	710	161	295	298	194	145	179	788	193	282
85	568	525	883	1009	198	966	615	356	433	581	692	117	634	492	746	284	825	80	771	206	688	817	395	687
553	833	496	169	645	786	132	599	564	536	184	242	339	520	964	53	673	71	574	106	340	595	900	668	323
461	609	814	862	246	939	384	911	590	294	680	854	264	530	735	884	43	764	292	474	531	195	438	843	929
247	892	267	235	437	638	349	596	555	552	918	813	100	741	105	44	493	958	866	959	397	254	681	618	725
667	467	186	462	516	431	415	208	70	566	375	745	445	55	578	925	811	654	210	855	126	213	331	115	472
988	164	367	480	827	989	346	994	3	702	776	99	941	303	990	930	372	831	589	759	997	646	518	810	744
317	818	533	76	327	871	274	653	573	878	974	907	96	850	350	251	954	769	901	868	91	762	700	93	828
628	612	239	289	223	521	739	113	233	837	218	172	6	720	204	981	382	806	790	752	405	766	220	962	196
558	708	513	62	56	1016	528	626	709	575	180	699	388	979	215	24	72	1014	1019	1002	330	306	156	257	732
576	476	912	68	312	183	131	540	344	244	946	87	487	748	430	751	801	972	270	360	30	13	1020	579	614
490	359	36	873	750	815	782	182	259	948	134	651	162	207	460	921	214	885	101	529	580	953	903	659	170
380	660	78	446	418	976	240	336	255	644	968	920	248	421	77	211	508	216	150	836	894	498	882	499	226
631	262	18	276	545	42	135	191	107	52	1004	682	791	820	435	231	696	621	949	864	895	898	275	951	691
7	742	537	993	154	767	763	203	358	840	955	571	546	598	1012	59	309	250	249	486	697	965	451	39	481
66	804	95	271	679	956	547	409	174	922	324	120	265	743	119	877	760	896	378	230	582	642	867	452	471
617	969	342	604	60	887	391	985	222	337	277	406	63	541	778	138	491	402	118	316	394	495	587	318	1022
848	684	779	643	46	37	1011	463	489	136	943	1003	737	693	178	610	176	443	473	10	847	707	205	374	794
703	671	357	690	410	379	413	666	396	623	504	439	341	756	980	400	171	908	299	468	1013	241	569	383	729
225	607	92	960	228	556	515	809	237	390	177	8	597	879	124	369	839	345	577	31	485	419	675	897	565
593	542	740	482	422	957	507	65	511	110	977	58	736	800	168	620	49	97	389	94	426	111	834	796	795
768	936	622	432	789	459	305	915	594	301	315	414	272	310	586	278	539	996	125	1025	676	942	1	103	674
109	73	613	140	893	905	424	865	362	560	273	970	401	334	348	888	928	870	658	371	824	236	160	1000	34

717 507 302 912 833 731 22 755 242 828 697 637 215 649 207 901 330 654 898 231 695 480 619 491 681
135 234 823 51 93 400 676 278 974 656 422 996 692 37 818 216 879 329 68 919 941 989 60 650 927
636 929 878 371 478 473 577 373 552 487 466 638 206 193 349 311 819 769 896 115 756 229 77 331 167
453 836 646 998 721 831 417 173 698 103 575 890 524 240 370 609 914 673 19 132 321 584 678 499 930
271 409 202 152 702 113 106 210 364 604 759 787 560 690 857 726 505 686 394 420 298 452 356 2 265
587 282 434 875 108 510 414 18 576 87 750 892 834 659 536 700 23 790 464 69 884 309 762 709 827
323 802 712 185 121 275 720 117 402 197 248 683 168 853 119 847 635 548 848 296 479 671 900 590 856
292 270 355 583 733 289 101 814 562 495 454 133 565 644 432 774 757 628 634 530 407 751 616 137 176
915 868 472 166 713 105 379 125 291 368 460 895 554 904 662 361 735 182 384 610 263 952 86 61 545
798 253 888 157 903 518 910 578 765 889 508 314 711 305 136 567 911 246 462 703 512 344 233 696 595
208 352 411 948 710 835 852 938 825 80 992 112 663 95 467 1009 199 25 951 811 126 161 494 48 597
300 870 203 665 395 547 784 796 781 82 862 623 442 476 598 11 939 653 714 642 158 175 380 657 21
399 436 254 1018 457 752 620 966 217 90 155 449 799 52 285 925 797 24 251 147 187 360 874 287 816
239 7 129 763 227 338 514 621 740 782 66 670 156 655 496 336 921 169 501 497 599 403 807 111 800
559 993 500 281 1021 841 639 299 201 926 850 817 983 887 252 724 980 389 808 416 778 150 177 459 485
109 771 235 347 973 506 511 593 114 627 611 268 56 477 351 612 75 893 55 813 793 250 295 369 555
958 304 461 949 188 935 247 737 1 785 502 815 830 435 172 372 872 195 274 821 607 8 488 589 266
729 213 455 564 79 594 273 445 585 641 956 359 92 315 880 741 44 228 339 141 984 615 967 146 776
468 10 570 342 779 320 439 40 269 999 873 618 209 667 865 674 960 961 183 470 622 123 822 525 337
995 591 151 426 788 764 498 143 28 942 149 178 42 99 1013 899 244 174 687 391 883 669 556 603 885
437 294 871 312 601 772 661 566 513 964 965 986 419 970 582 624 381 829 12 1001 267 738 319 906 100
664 1000 332 41 843 475 820 725 31 1011 544 861 728 864 849 219 493 1014 972 427 340 366 272 318 640
722 262 232 684 694 89 792 839 789 27 550 753 947 651 803 630 316 922 596 859 223 766 832 719 73
110 517 734 421 975 410 280 58 933 810 602 345 913 539 481 257 392 441 563 334 94 744 327 916 418
408 730 222 768 189 490 433 224 1017 74 15 746 549 376 63 1003 909 39 666 385 353 425 629 446 322
876 148 443 249 950 706 196 440 230 557 205 701 515 801 516 286 943 451 483 398 748 424 139 920 858
614 806 707 59 682 465 194 704 894 277 529 17 969 429 290 881 791 1015 535 643 573 761 83 509 413
165 303 346 718 527 458 130 397 96 600 732 258 1019 1024 284 795 569 140 581 36 333 1023 159 742 204
35 102 568 968 1016 553 190 164 171 936 484 71 561 348 866 937 91 1022 786 918 739 580 754 489 78
241 256 991 805 390 551 760 775 38 931 469 26 405 997 1006 448 245 120 648 341 988 301 33 605 261
1025 588 444 783 842 343 154 546 186 645 47 743 200 749 541 543 16 840 396 138 982 118 375 679 212
388 283 306 632 668 523 519 363 837 538 1005 198 67 180 53 153 76 6 854 386 317 652 107 5 963
924 163 928 867 981 777 917 677 1007 236 456 691 54 660 715 29 415 537 313 907 482 534 162 486 238
542 225 264 492 985 955 308 528 471 260 170 179 804 350 846 994 124 708 747 324 85 218 572 226 297
423 45 680 689 401 383 255 504 716 62 826 863 905 522 357 1002 812 49 574 367 886 259 377 571 976
845 358 745 276 30 586 9 608 520 474 127 934 758 14 945 675 736 335 705 908 122 84 954 971 382
221 116 307 288 855 365 104 688 631 237 192 131 959 393 860 579 214 354 279 412 699 532 438 558 97
328 723 387 72 693 606 824 877 326 447 869 626 647 88 780 1004 897 431 977 932 633 3 592 672 1008
160 531 428 243 293 946 34 378 450 902 134 65 987 32 540 181 838 979 50 4 770 851 70 220 20
978 940 923 374 990 625 767 658 128 362 310 844 57 406 953 957 81 404 144 98 43 809 794 463 882
1020 521 64 526 503 685 184 944 13 142 430 617 533 773 1010 46 145 613 191 891 962 211 325 727 1012

919 475 156 408 605 62 913 1002 960 130 350 630 385 290 734 415 251 636 737 616 645 809 752 583 772

1015 80 729 942 939 719 239 102 877 635 166 465 861 441 970 802 557 366 1009 483 994 722 931 854 631

198 794 19 832 439 668 30 382 1004 992 420 862 367 463 982 53 556 975 925 819 803 161 38 825 678

374 710 712 254 73 468 378 956 131 406 245 368 952 779 435 954 272 558 26 337 398 567 376 426 214

85 353 881 417 419 563 175 56 507 588 342 10 263 823 612 448 392 1013 949 46 850 699 1000 579 909

789 657 676 21 966 548 278 422 599 391 178 889 395 185 83 562 815 617 364 291 16 1024 996 264 730

680 711 1012 683 745 574 662 492 31 464 626 491 261 879 25 334 152 74 496 153 484 165 169 767 314

61 112 179 371 600 938 852 137 835 72 308 540 652 555 648 352 963 882 858 55 134 704 359 174 853

582 538 42 554 343 37 3 839 629 946 979 94 539 474 846 274 765 191 1011 155 321 890 813 172 543

431 965 805 58 183 438 48 959 798 256 520 400 411 318 1023 457 561 211 855 873 60 589 953 757 220

776 103 212 345 509 577 560 133 684 655 697 945 817 313 718 296 110 898 90 756 121 372 17 231 235

1007 922 774 86 247 904 758 244 430 410 333 713 316 454 363 70 701 424 498 768 885 197 469 910 724

190 33 934 688 958 407 5 434 473 195 207 1020 820 335 287 551 747 458 777 13 761 423 295 252 864

213 716 312 399 135 533 351 793 216 771 416 799 874 741 521 962 896 494 44 666 45 816 461 445 199

972 140 355 307 519 339 912 215 147 559 414 1005 386 1003 513 1018 262 515 330 690 667 990 812 514 14

253 618 841 77 783 901 1014 43 418 1006 937 63 531 754 615 480 775 99 481 670 527 68 354 834 35

365 851 47 723 297 532 785 168 534 394 413 714 328 449 604 361 157 871 222 943 67 715 651 436 564

935 566 129 443 749 808 818 223 283 681 428 39 452 795 671 654 525 967 265 828 886 348 432 512 205

924 285 487 240 522 488 941 104 409 82 784 632 971 446 989 499 271 991 766 100 421 267 643 163 936

565 836 707 807 277 93 883 451 569 309 915 144 125 301 320 821 969 437 393 764 200 974 230 184 848

187 221 663 983 490 769 305 266 249 377 294 888 705 677 587 687 773 114 847 327 493 227 497 444 257

158 672 744 238 18 940 171 242 596 833 489 402 781 260 725 29 188 500 501 141 964 842 176 145 920

703 637 115 390 838 523 649 791 59 442 987 11 788 331 843 340 575 379 119 742 727 665 585 20 878

146 863 750 801 403 293 404 495 810 1025 349 387 891 930 181 748 300 341 456 682 844 610 326 917 570

576 899 860 770 241 275 506 209 685 709 470 113 54 894 822 325 552 281 1022 659 692 502 597 1021 638

78 545 196 149 797 870 79 36 217 646 268 123 236 347 826 928 831 529 87 999 669 572 248 136 396

206 118 760 609 614 81 338 302 827 319 603 644 664 929 601 702 762 759 120 201 689 544 790 482 192

872 968 656 624 573 606 412 923 32 526 679 516 132 122 796 210 541 895 64 926 902 869 219 138 700

98 95 182 623 592 1019 792 620 332 27 845 101 751 639 696 830 806 477 193 127 204 580 905 673 447

154 270 12 892 906 111 647 4 142 584 401 88 995 124 840 720 800 542 84 732 743 234 232 288 947

591 106 524 9 433 1008 508 356 740 739 884 746 753 89 49 311 225 459 546 460 116 279 322 628 608

389 586 22 357 298 536 346 893 780 455 304 642 859 1001 41 344 107 75 951 427 633 627 1016 289 96

985 978 625 867 547 50 486 504 466 478 450 485 537 280 598 590 903 611 698 303 973 91 177 736 932

988 900 397 97 224 804 109 383 675 686 269 2 984 868 139 203 950 961 721 324 405 1017 380 164 233

997 535 706 829 593 471 694 755 916 691 619 660 948 425 517 57 503 908 980 880 726 173 728 369 918

162 998 472 571 117 462 641 778 323 66 151 581 511 52 944 824 814 602 866 955 373 530 299 640 229

6 329 7 550 518 735 108 180 226 731 887 786 384 143 476 977 105 128 510 292 284 28 237 194 282

986 933 273 661 976 15 837 71 243 8 875 306 857 578 440 40 317 607 1 388 375 634 553 763 927

51 170 360 126 733 202 160 911 1010 568 811 167 849 246 381 695 621 897 336 467 914 186 315 76 34

92 787 24 658 981 907 622 429 595 876 228 453 708 255 362 259 993 865 650 653 594 65 479 286 505

717 370 258 738 693 957 674 856 148 613 528 310 23 549 208 276 189 250 159 782 218 69 921 150 358

104 263 21 866 783 750 139 712 183 1017 316 957 180 976 144 280 41 715 919 678 477 950 859 555 878

534 224 833 291 331 589 659 809 306 922 819 1001 889 275 6 297 639 388 775 67 657 35 773 886 813

25 864 930 170 314 255 581 971 248 358 140 115 885 693 527 796 535 145 242 1006 666 837 19 498 317

163 87 522 155 820 425 235 47 284 786 113 545 76 276 709 259 754 562 937 576 375 706 515 372 393

552 938 644 852 1003 711 637 940 649 800 835 186 553 708 638 455 283 776 517 352 244 194 620 185 349

631 457 694 831 528 895 218 632 112 916 417 924 749 221 907 662 627 111 548 459 981 71 304 727 623

724 991 696 683 63 765 762 877 568 705 20 95 247 463 348 728 75 646 692 740 790 602 262 817 364

61 440 611 411 838 936 413 481 827 90 853 893 655 672 269 973 823 943 759 891 702 961 312 844 987

325 181 507 195 751 958 404 182 513 350 101 445 829 795 1002 700 200 464 222 137 640 377 62 152 794

609 374 48 554 177 406 461 44 15 1004 741 295 677 293 685 929 798 205 972 996 389 326 984 415 418

460 29 720 651 422 485 645 109 378 301 443 278 151 880 550 643 994 260 213 252 46 444 210 387 667

367 143 617 628 159 39 99 771 30 933 951 854 876 642 28 206 132 214 757 1014 270 429 676 286 508

421 321 369 598 289 969 371 793 641 258 871 569 558 890 238 339 302 131 910 770 673 351 879 382 842

917 656 189 661 699 618 193 980 416 277 954 579 133 148 707 446 121 230 931 344 892 605 287 593 547

299 816 40 584 451 849 986 380 713 203 564 549 456 903 767 223 296 523 511 130 860 491 615 863 53

904 356 171 489 38 526 197 234 1012 102 454 198 399 982 766 81 64 381 668 874 559 514 799 290 884

400 607 66 100 902 54 273 524 560 778 774 233 1025 192 199 923 1018 1 267 37 390 86 566 249 106

191 734 32 841 887 341 626 147 826 257 8 948 134 920 490 882 670 315 785 494 408 311 465 385 525

26 59 1015 689 577 865 540 594 85 437 327 756 967 572 590 869 868 264 742 483 103 557 60 536 52

211 698 436 434 946 745 588 447 630 763 935 98 236 245 622 7 142 791 72 764 928 913 407 298 606

122 294 475 680 898 441 697 482 92 953 883 320 231 1022 476 722 412 772 979 241 396 228 493 738 682

845 127 88 721 530 462 621 975 288 744 478 725 3 748 220 488 492 4 16 574 674 592 900 448 449

474 861 253 719 22 714 129 801 366 398 686 153 2 472 993 355 894 808 964 814 336 647 596 466 687

431 117 157 173 116 120 250 384 843 179 970 414 292 960 323 726 855 105 308 803 905 376 518 473 821

834 846 942 282 138 430 608 1008 78 150 401 118 279 881 529 735 959 690 737 1024 578 340 360 84 810

679 784 633 510 141 114 788 261 653 652 963 361 484 921 782 467 760 541 909 542 438 896 520 36 832

780 353 246 729 1020 135 9 108 126 556 70 730 124 512 24 13 207 634 82 285 811 188 266 83 165

168 614 432 807 227 272 73 450 392 426 625 229 945 570 543 648 49 911 373 225 196 978 998 585 216

604 580 704 503 595 840 733 752 962 343 50 500 755 208 521 563 1000 743 968 875 497 983 932 439 538

204 479 394 68 736 215 573 501 313 546 337 468 671 857 154 779 74 586 912 600 619 156 330 533 251

334 688 944 732 265 209 470 146 858 956 239 899 419 1019 357 256 822 187 806 516 1013 758 990 77 57

848 999 107 663 505 914 664 452 335 504 502 544 731 781 342 435 202 561 669 125 10 805 423 915 789

123 565 583 1007 925 675 739 305 409 665 149 178 601 212 1023 949 934 363 97 927 271 901 888 329 480

777 718 787 167 486 23 469 506 319 856 1016 1021 383 45 128 747 939 69 453 537 31 158 1009 985 391

307 825 828 847 51 14 17 240 603 629 324 11 908 499 281 862 442 43 219 531 867 79 616 96 824

174 812 354 166 232 176 587 487 792 347 161 94 716 818 850 612 403 56 27 815 309 300 804 539 80

551 433 802 379 836 254 243 746 1011 91 332 322 695 346 654 650 5 509 268 839 977 624 237 992 947

89 723 851 164 110 635 359 34 405 974 955 703 328 691 58 660 941 333 1010 402 681 303 471 370 989

345 1005 362 318 582 995 190 610 597 753 93 428 160 567 201 458 571 18 33 119 710 768 424 636 701

870 162 368 495 769 599 658 797 872 717 175 532 906 684 12 184 761 897 217 65 365 386 519 988 42

420 427 591 575 136 274 310 997 926 55 410 873 226 966 918 172 338 613 496 965 169 397 830 395 952

1021	963	763	663	247	652	835	376	92	947	394	125	506	433	7	521	164	562	915	301	746	356	322	205	232
711	366	945	719	524	842	624	888	443	332	938	418	957	912	852	817	868	665	643	1024	962	674	819	19	234
305	81	972	526	158	536	988	265	68	860	861	484	261	77	513	803	162	533	457	881	281	185	238	330	64
923	909	543	917	565	651	958	970	11	662	442	809	476	452	311	165	724	863	445	347	848	112	226	215	590
993	298	960	523	667	44	456	90	648	741	621	195	403	569	538	300	39	268	271	976	83	990	655	89	548
277	995	417	192	942	295	707	411	343	902	693	336	180	1014	765	213	969	832	730	997	918	397	461	409	753
900	255	446	313	688	252	306	462	683	421	250	901	6	32	99	353	847	698	758	388	480	230	737	358	364
137	814	259	423	309	556	176	142	240	170	472	530	499	392	871	837	950	869	853	866	317	906	276	61	12
563	139	48	335	1017	606	489	150	390	379	98	73	704	1025	360	171	201	600	826	587	798	518	771	451	54
828	921	427	689	1000	823	375	782	478	223	859	554	872	703	721	256	426	152	464	729	76	105	339	272	280
535	818	466	463	43	323	531	618	830	384	2	572	74	292	447	591	686	708	578	41	249	487	934	402	351
412	615	363	45	726	24	928	561	467	186	766	117	597	653	786	341	735	631	217	793	836	439	581	224	805
4	996	22	811	173	747	218	907	870	119	926	553	528	338	858	1007	610	757	236	706	564	877	284	797	981
425	777	468	910	126	477	287	779	282	14	490	566	18	989	920	194	416	212	1001	592	794	742	507	654	307
517	495	559	419	1013	510	396	789	278	1023	334	246	647	337	257	681	59	634	267	88	71	288	122	974	941
136	327	816	208	639	108	62	93	752	514	676	127	374	791	46	716	845	469	406	100	422	911	241	354	482
785	116	350	378	437	342	890	399	10	251	568	156	121	328	133	956	682	874	525	718	1022	1002	812	1004	799
764	1018	694	617	415	602	455	5	733	435	875	296	916	595	428	879	321	17	371	723	998	769	851	713	905
199	904	750	551	391	608	493	454	214	670	994	841	229	279	575	31	184	796	84	1008	629	178	967	239	373
625	94	801	627	542	620	978	935	365	509	147	633	894	30	197	304	86	728	539	275	878	440	949	401	748
9	459	780	558	491	450	248	367	333	382	774	800	320	532	755	857	479	294	744	131	494	659	883	120	645
579	925	386	331	144	576	623	519	640	269	961	124	33	541	1005	15	111	767	839	138	596	545	118	854	725
113	49	833	619	740	436	174	58	829	50	687	709	529	699	503	773	458	1011	190	964	932	78	760	560	75
56	159	644	1009	242	810	110	424	202	488	973	286	1012	37	701	115	939	36	930	815	87	679	429	954	225
258	340	57	984	349	761	895	914	449	505	145	583	850	104	862	103	400	843	611	612	893	407	550	876	768
69	856	616	434	743	944	731	345	80	808	825	756	886	577	586	60	638	821	151	715	95	931	53	933	605
790	783	831	134	28	161	196	582	684	297	318	453	23	389	968	668	736	329	696	129	882	191	359	880	552
154	42	940	714	534	646	626	143	109	971	992	788	787	177	198	130	393	637	614	927	148	254	649	67	840
827	101	290	692	759	485	141	702	253	355	38	102	580	167	727	546	540	775	410	35	166	357	762	189	982
157	946	97	570	231	163	661	802	264	641	211	700	128	751	266	504	72	51	1006	114	522	188	965	549	182
593	675	986	806	1019	937	283	953	172	642	979	849	140	85	204	47	898	710	221	316	573	527	585	873	697
465	270	599	274	82	20	844	635	732	516	370	784	666	951	369	567	107	285	460	414	891	745	824	508	754
838	980	695	408	511	361	496	175	169	924	609	183	987	55	515	650	985	922	381	720	210	383	473	929	40
483	3	588	498	834	983	557	512	749	555	598	628	672	705	966	227	385	632	690	220	26	395	547	908	537
237	885	813	574	299	1010	977	739	368	864	243	636	734	497	1015	685	404	325	324	500	867	486	680	245	807
380	348	664	377	1	544	273	896	1003	822	820	203	206	326	589	492	344	899	1016	293	289	952	181	132	804
501	607	657	244	315	430	892	448	146	21	372	16	474	991	432	903	673	855	387	34	669	913	96	470	209
776	677	502	263	207	959	362	630	235	302	717	865	601	135	936	308	778	8	200	999	153	471	160	168	431
622	795	1020	65	943	193	413	722	216	887	660	63	691	260	420	179	712	955	13	187	889	149	262	66	594
52	155	584	25	613	770	571	70	656	897	219	444	772	678	123	738	884	520	441	319	346	438	91	658	291
106	352	310	792	312	79	228	603	919	405	27	398	846	975	948	481	781	475	222	314	604	29	303	671	233

979 551 264 331 956 1025 421 87 10 447 655 953 102 473 38 571 470 709 669 512 209 461 310 213 819
930 346 146 634 662 629 752 90 834 91 171 246 690 342 880 390 28 532 689 189 446 173 644 113 282
548 510 31 999 85 208 745 156 295 957 773 22 572 833 95 895 451 143 115 144 601 911 99 489 290
1005 592 108 220 177 928 502 501 4 539 411 242 109 765 435 412 149 405 178 251 509 871 549 303 389
661 896 94 638 123 145 33 223 239 809 3 386 432 236 219 519 696 341 249 319 164 349 333 391 252
226 232 465 190 790 339 168 641 122 680 792 104 485 187 433 595 647 322 746 162 288 949 88 771 27
766 853 742 574 79 845 618 986 998 588 839 875 988 947 26 61 603 831 458 849 683 364 733 417 552
135 490 396 101 332 701 182 137 48 58 637 920 649 492 482 430 408 693 762 351 646 976 127 798 245
615 474 110 759 1015 768 793 59 624 702 241 483 40 506 715 593 855 886 381 1011 557 781 373 424 385
464 13 997 216 671 734 700 761 393 642 1021 180 358 566 369 229 554 940 116 174 431 207 827 751 564
663 925 281 1020 915 267 959 665 1022 511 479 508 16 971 815 604 918 905 727 397 297 152 692 257 791
347 56 534 306 823 84 6 153 416 279 857 460 980 308 255 682 448 125 388 783 276 951 67 89 1008
633 757 837 755 259 317 70 394 158 438 913 939 287 170 608 179 978 270 888 612 547 327 345 753 100
1 525 463 929 442 862 684 273 1009 305 866 910 210 522 559 268 35 299 775 625 850 401 520 720 598
846 962 912 76 163 265 542 300 359 780 848 403 950 995 514 891 609 582 221 11 318 450 437 628 521
375 785 42 68 503 565 330 507 20 607 799 9 996 708 816 631 583 630 77 315 844 410 203 1006 202
215 120 283 1017 139 47 399 865 80 877 380 722 825 987 452 289 906 533 764 748 619 894 874 12 344
133 138 937 652 945 903 278 118 124 132 967 254 280 914 838 493 527 271 594 441 794 8 505 932 50
422 404 528 975 581 754 622 772 161 541 672 685 121 325 738 409 186 963 140 616 965 981 778 398 801
316 990 887 841 224 760 744 713 69 907 475 705 992 218 66 1018 225 924 676 859 49 206 535 856 786
591 453 731 376 293 553 78 890 847 181 374 201 284 294 670 632 673 406 57 23 41 892 46 427 1024
36 321 228 881 329 787 326 529 596 515 320 749 484 725 296 944 706 872 261 166 666 873 883 935 679
674 543 719 92 62 480 879 165 904 387 379 71 454 172 586 922 927 176 52 830 199 1004 147 371 194
274 167 183 861 425 687 703 810 197 233 302 1002 499 948 240 803 377 964 366 587 86 901 309 378 538
517 402 343 599 843 350 498 688 909 55 758 743 763 83 217 802 193 494 1001 648 884 617 736 710 7
106 436 357 730 477 970 968 496 567 169 840 1003 488 656 338 597 864 568 797 51 926 991 348 584 774
610 832 260 828 423 635 154 836 966 395 128 820 677 175 356 214 200 885 487 415 868 340 555 313 870
449 97 43 234 531 504 821 476 560 353 119 589 491 813 546 30 335 370 960 994 818 936 770 614 196
558 413 600 368 808 824 650 29 407 602 767 934 916 639 444 590 244 621 993 536 131 580 942 18 524
695 129 37 645 654 440 952 989 64 495 737 392 675 367 336 262 704 256 943 63 788 372 694 382 795
222 563 699 235 805 81 21 383 73 556 776 250 854 400 1012 45 941 636 311 136 579 526 974 455 103
14 747 1010 74 908 1007 806 272 481 954 434 141 681 1019 363 298 860 728 985 204 301 107 573 307 657
114 516 643 977 570 729 60 796 304 537 462 923 188 756 732 842 93 1000 238 426 714 243 577 561 205
439 429 627 858 472 253 900 360 698 443 324 354 486 585 889 263 867 237 777 150 312 15 212 266 863
269 25 286 921 159 882 620 291 782 640 328 814 418 34 355 917 155 902 191 712 804 769 518 716 530
157 851 160 314 459 1023 469 829 192 750 523 717 275 800 105 247 739 812 53 134 876 575 456 961 420
384 779 292 285 111 878 817 75 626 678 550 184 258 569 578 362 352 972 605 723 931 1016 428 32 513
545 248 467 96 969 471 651 623 659 718 323 869 789 82 540 721 39 835 468 668 24 784 334 653 142
414 983 613 117 227 337 707 1013 938 457 98 419 65 2 686 852 198 740 658 973 478 445 735 562 933
807 897 982 151 544 664 72 958 724 130 811 919 711 899 466 500 277 955 697 606 893 231 5 211 611
497 185 195 112 44 19 726 126 741 54 361 822 946 365 898 17 230 660 667 826 1014 984 148 691 576

660 252 1006 684 612 691 228 639 648 229 56 836 355 310 223 487 987 127 954 758 688 955 132 925 163

455 818 771 318 674 325 571 83 157 685 892 742 366 343 828 206 803 482 838 548 119 765 719 411 479

313 909 728 241 957 784 672 52 673 857 339 191 410 404 18 285 47 861 582 939 850 396 116 283 92

983 134 730 1008 705 905 335 43 531 1009 495 527 862 59 490 618 899 359 544 882 82 664 423 920 766

209 970 669 233 978 279 755 763 351 754 346 140 15 500 136 822 91 937 42 924 7 293 181 948 227

159 798 497 625 364 626 654 809 303 417 405 53 934 1022 632 683 989 61 326 791 470 304 807 84 429

601 825 387 796 48 302 682 202 793 540 941 853 286 583 884 615 974 965 257 633 832 566 564 608 414

600 668 697 666 267 999 627 164 960 512 450 137 316 254 605 193 640 401 146 931 361 80 353 876 749

505 554 898 226 327 829 93 942 307 704 868 45 377 961 780 681 269 162 149 584 515 258 211 256 231

356 690 834 992 502 392 693 319 914 219 616 946 542 620 619 550 106 656 100 473 873 503 72 161 198

50 933 152 621 953 1007 501 459 464 363 988 800 976 993 14 922 322 856 27 476 433 416 746 805 9

947 348 561 991 336 563 73 275 166 287 23 437 172 130 75 737 769 232 979 69 792 932 982 123 747

183 973 38 234 777 524 120 894 453 124 603 536 358 74 770 590 556 559 575 264 750 354 148 525 111

745 57 79 180 716 200 250 118 787 823 740 731 260 151 623 187 274 272 757 328 432 677 212 748 102

248 997 189 545 984 85 329 878 944 276 864 764 426 893 332 541 225 1000 1003 498 514 611 49 910 138

927 760 397 858 493 918 388 729 723 896 812 624 936 290 184 168 55 801 255 220 710 785 851 428 659

496 169 170 880 444 469 29 78 399 967 3 679 874 306 802 311 6 885 506 28 64 820 599 816 799

680 795 529 81 1021 567 89 317 462 837 1023 463 586 150 555 576 143 439 744 167 298 526 781 259 549

841 135 736 782 1018 596 943 883 725 51 813 753 644 589 87 709 507 36 413 175 996 294 966 395 360

331 900 121 923 262 635 665 320 921 935 631 95 518 113 109 133 718 472 430 389 244 860 281 866 63

779 177 301 915 814 708 278 789 713 663 877 26 588 347 5 698 465 671 895 76 530 670 574 365 334

375 964 676 810 128 105 222 422 115 370 216 245 238 604 125 950 855 468 492 743 372 207 661 794 930

840 687 696 890 773 144 1013 995 578 17 158 641 147 888 268 357 849 532 13 474 419 863 833 842 431

643 557 139 235 981 292 384 242 551 46 485 968 776 1020 986 199 902 337 408 481 653 205 296 368 24

403 917 218 321 11 904 12 349 454 1015 305 394 467 483 186 959 154 374 952 442 406 385 843 1017 528

308 614 16 721 581 546 657 786 192 32 638 280 381 504 443 300 97 907 735 86 21 906 371 323 650

956 523 488 848 879 2 70 117 686 734 145 811 142 340 824 197 10 535 312 790 629 196 40 456 494

869 675 580 418 520 859 224 126 265 284 1005 179 509 553 438 1004 831 552 342 695 448 153 593 636 478

539 333 62 706 617 41 77 427 646 104 912 98 762 386 101 369 466 31 182 436 774 378 519 565 521

1010 156 282 702 71 330 383 263 68 606 751 246 591 1002 642 194 511 889 33 452 178 752 569 962 726

39 846 201 969 985 190 208 391 173 243 911 634 533 827 759 972 247 435 271 913 637 821 155 649 513

510 54 447 977 651 350 707 449 951 25 826 291 458 508 712 700 107 409 908 872 94 788 251 215 980

715 239 352 22 806 273 237 847 537 560 949 314 817 886 692 1019 547 277 425 460 940 830 808 573 204

324 491 34 630 867 108 1025 1001 129 393 732 407 270 1 568 230 945 727 598 839 689 299 214 445 420

572 971 958 457 379 516 722 804 963 315 176 30 720 1014 390 424 58 652 717 990 517 835 486 701 415

44 724 446 741 767 489 562 607 110 938 1011 412 441 4 160 421 768 678 595 667 852 297 171 994 141

926 451 37 461 783 592 67 309 103 213 570 195 587 188 733 362 203 703 131 398 217 628 761 865 210

739 738 585 797 382 714 266 477 609 338 480 875 114 1024 534 928 8 174 499 558 594 711 240 975 929

289 1012 484 402 1016 647 475 597 367 622 658 288 236 434 655 261 99 998 344 88 112 380 901 400 772

295 903 775 645 577 19 249 815 881 471 90 221 122 919 778 579 613 871 65 870 522 185 341 376 891

440 610 96 20 60 897 854 845 694 662 165 887 819 373 253 543 66 756 35 538 699 345 602 916 844

912 201 425 77 365 872 439 991 310 608 521 438 266 114 618 633 930 16 585 922 897 548 308 770 483

401 381 992 718 260 448 30 450 103 677 179 714 568 955 791 115 415 696 520 153 1022 452 485 348 161

914 780 682 311 351 660 330 172 40 37 691 994 68 734 5 200 833 830 96 616 271 767 150 962 505

242 564 183 533 400 957 571 298 532 566 619 360 334 144 1001 64 409 434 503 517 462 773 856 257 131

23 864 9 779 1012 61 253 382 921 274 847 542 498 936 166 69 526 349 558 789 782 615 593 1003 215

364 417 48 327 756 551 932 369 367 444 81 50 518 29 17 472 798 577 790 846 267 468 683 638 793

699 698 664 60 787 511 182 176 100 55 1013 814 145 379 552 820 355 831 853 530 900 579 453 419 913

703 795 945 926 285 990 105 346 645 642 157 899 762 860 923 731 710 337 544 217 91 809 137 101 885

496 120 944 82 405 309 797 954 854 329 980 751 554 587 653 578 338 784 413 124 57 24 477 599 646

827 118 669 225 519 63 227 802 104 983 652 894 437 49 916 943 702 1005 602 629 303 416 555 822 169

637 525 649 470 870 694 10 748 467 509 951 597 273 963 499 138 292 440 209 508 384 500 927 240 759

863 162 342 175 813 1 956 480 464 164 547 567 395 966 402 238 262 244 589 700 630 301 191 541 386

811 222 497 760 31 598 693 33 226 722 882 842 601 333 901 167 152 807 460 735 902 559 287 323 299

686 126 149 514 178 610 976 940 639 679 586 692 999 372 117 270 134 764 146 721 315 398 801 441 539

720 988 192 361 481 917 455 261 910 478 757 785 975 32 78 607 51 635 493 865 205 414 2 1024 190

744 738 203 391 772 319 435 823 322 487 94 836 594 433 219 886 512 752 746 727 484 728 643 458 142

443 36 540 628 15 466 502 529 475 816 538 967 799 376 156 715 776 358 736 393 8 456 119 626 27

123 231 98 18 368 208 697 399 758 869 874 232 429 210 370 235 622 523 792 543 726 246 688 53 881

297 473 596 725 344 312 929 276 839 947 180 128 971 159 501 634 818 380 294 211 911 282 165 828 251

603 289 21 424 668 606 255 876 304 743 690 605 286 952 883 648 495 609 898 173 931 834 778 701 949

783 640 1018 569 903 258 510 887 768 67 388 935 841 66 946 357 320 239 997 343 657 72 418 58 136

228 1011 306 810 803 6 534 891 840 953 313 397 463 531 650 43 719 83 110 761 918 79 423 198 332

674 861 989 121 269 432 507 624 22 627 108 979 447 964 968 796 826 366 335 133 996 187 259 170 670

982 654 974 687 39 132 504 972 54 550 513 92 713 317 837 844 961 829 154 221 97 522 909 969 636

52 89 155 889 775 631 933 130 278 264 843 506 147 20 934 689 730 941 546 247 707 695 824 174 595

345 676 148 38 745 422 675 199 866 196 163 1025 794 206 877 263 35 620 614 892 168 733 987 651 277

572 390 412 1021 325 875 7 93 681 673 753 890 685 970 708 838 800 4 230 102 76 459 781 296 896

45 353 998 454 171 307 1006 592 904 832 763 817 445 404 1010 712 85 291 948 25 580 75 815 220 340

189 3 494 684 973 352 321 283 281 233 375 950 151 489 1014 314 600 46 243 111 672 86 383 488 256

958 740 611 647 288 667 925 197 665 908 985 56 704 769 347 928 88 446 290 275 406 374 371 421 47

457 805 741 410 107 436 236 893 318 977 451 575 612 984 705 528 623 981 835 14 420 750 181 960 293

237 915 195 122 852 680 527 724 995 879 671 213 218 186 884 942 747 582 924 135 663 1007 44 363 373

788 302 34 717 537 479 545 821 354 125 850 1017 937 268 938 341 430 549 461 907 139 326 392 28 774

888 659 581 143 604 328 1019 880 678 158 632 359 99 786 939 248 573 845 140 754 1004 193 229 204 562

716 993 216 486 574 906 535 871 711 584 280 324 127 42 378 867 806 207 777 561 12 387 249 878 868

851 106 184 74 588 749 737 449 428 553 804 442 476 621 855 862 112 73 857 212 160 563 655 732 617

965 576 295 90 482 116 300 556 224 356 465 723 656 431 305 62 808 11 284 26 492 403 13 1009 362

658 515 661 316 742 666 1000 396 129 706 389 109 272 245 336 223 1002 185 394 377 859 1020 516 474 812

590 848 755 65 407 959 613 1008 858 95 662 709 241 141 919 19 87 41 250 427 71 560 426 194 644

565 279 188 729 591 920 524 254 819 570 895 408 350 113 80 739 849 252 978 825 469 583 177 536 905

84 385 214 625 491 70 1015 986 331 339 765 873 1023 490 471 557 766 202 265 641 771 1016 411 59 234

1016 897 351 3 566 943 663 710 471 654 50 129 715 581 620 9 542 83 974 739 811 453 344 786 335

280 915 117 126 238 721 609 289 887 63 459 535 66 803 94 932 941 310 787 902 599 929 141 719 268

934 686 496 906 169 125 435 903 971 615 555 228 366 135 75 553 391 570 12 62 800 671 863 564 301

156 430 244 674 888 478 297 267 151 1002 955 262 290 158 861 407 560 189 284 731 842 2 752 188 909

114 61 266 839 691 701 222 142 681 585 111 32 802 604 329 57 680 589 92 730 93 973 224 793 327

208 67 567 100 683 207 251 424 611 403 706 124 891 798 395 859 246 192 442 660 96 813 966 957 944

49 893 307 275 549 305 911 300 205 48 783 58 949 194 726 216 740 466 71 984 11 917 927 571 175

481 844 574 761 643 417 427 364 853 41 45 52 372 225 714 28 132 634 120 491 768 282 534 623 350

173 523 103 541 394 137 575 239 522 256 138 98 894 869 970 855 110 13 221 118 214 167 769 750 456

767 545 474 26 206 416 635 14 20 443 7 1020 591 748 492 880 600 588 437 832 353 892 143 1011 431

586 775 363 1007 568 760 673 248 51 465 606 704 525 848 37 415 948 763 30 776 434 510 554 987 809

960 312 959 679 354 878 801 35 131 325 163 838 91 994 253 565 174 685 400 245 659 235 425 805 747

464 392 569 558 577 418 370 942 595 22 368 78 764 544 201 404 328 287 664 265 346 108 872 559 233

716 428 576 184 756 389 382 70 303 826 672 152 493 777 355 736 830 517 447 661 345 899 405 1012 109

128 293 529 212 723 849 157 657 283 308 912 285 733 785 952 21 514 851 521 77 408 452 1001 561 1006

669 910 164 95 644 969 16 162 1015 47 693 784 60 815 54 36 579 181 744 884 557 271 822 367 438

179 967 470 684 709 73 986 983 641 74 812 87 68 209 705 962 757 689 82 563 520 226 385 177 483

294 113 743 737 302 193 448 924 816 326 799 972 895 993 868 513 330 500 707 875 39 227 153 699 409

247 56 527 725 584 399 823 998 596 410 476 215 874 847 645 556 533 1025 650 357 277 621 4 601 976

390 106 146 988 592 1000 636 331 612 582 572 854 387 485 883 925 937 381 734 272 807 954 651 412 318

746 926 889 379 217 356 40 426 696 320 140 155 754 358 930 149 469 840 336 858 191 497 230 999 632

338 154 219 882 824 850 916 263 115 322 841 88 968 250 846 602 810 695 477 433 935 171 97 176 656

833 964 276 414 694 729 593 797 42 445 928 365 1018 749 319 288 27 489 703 647 359 373 1023 440 504

255 536 309 291 236 446 512 590 990 502 232 546 421 25 377 479 587 670 1014 180 134 792 817 361 939

614 314 352 862 242 667 439 524 5 597 947 144 451 718 123 133 675 870 945 687 122 229 773 913 712

501 790 515 196 402 666 1009 713 499 845 341 234 1010 996 121 388 532 997 958 463 965 240 349 843 369

397 652 150 457 580 540 243 170 918 259 306 6 127 213 835 147 603 44 626 316 511 638 507 741 857

642 552 211 834 728 340 455 101 249 901 963 332 231 420 724 831 639 182 461 480 383 770 697 334 195

462 871 17 985 15 360 898 762 908 116 145 980 938 610 690 317 79 278 837 199 789 99 473 53 852

677 488 80 468 676 311 422 825 562 254 873 273 779 751 782 630 482 624 991 631 646 296 977 551 429

668 678 722 64 755 711 931 655 904 237 717 946 921 72 107 298 159 187 890 583 877 260 922 348 794

432 547 876 299 286 441 112 759 1008 86 827 398 487 396 34 200 119 1 951 419 605 508 836 454 702

315 321 198 261 506 905 700 295 241 1024 526 537 708 742 76 1013 866 472 494 518 223 953 89 202 978

900 204 160 625 530 436 197 484 1005 979 371 975 598 279 161 46 304 18 649 637 337 258 460 90 104

629 607 936 406 84 640 1003 185 538 486 374 362 828 172 992 81 688 814 865 753 519 1019 573 324 867

505 509 732 24 105 183 698 375 543 616 29 804 59 136 168 270 633 386 758 821 920 806 788 818 495

856 864 692 879 662 252 498 982 475 578 450 766 950 653 444 774 490 881 738 594 1021 772 376 781 608

622 658 401 627 339 203 550 896 333 829 940 19 269 33 274 720 923 771 914 264 10 8 528 981 165

292 516 384 186 780 467 619 618 745 613 648 956 166 342 218 281 791 503 130 411 796 860 919 1022 961

665 423 795 23 38 190 220 531 1004 808 43 628 343 727 347 539 31 907 933 819 449 65 765 820 69

257 178 458 393 778 1017 995 85 313 413 989 617 323 735 886 55 380 210 682 378 139 148 548 102 885

879 868 429 946 72 432 15 267 283 556 181 443 639 455 506 927 593 1006 606 737 293 345 615 728 993

167 793 739 159 858 705 476 1000 808 471 595 449 47 310 897 469 375 272 621 753 124 115 913 327 108

652 120 584 426 100 326 901 225 22 833 1016 776 605 365 610 950 302 981 480 49 528 931 193 953 668

138 1004 129 168 798 963 447 198 235 61 781 118 684 979 1021 876 218 286 733 1023 336 635 924 815 369

356 51 48 617 144 242 570 387 349 378 683 569 258 826 250 541 894 907 773 312 511 106 141 955 186

487 318 718 660 437 304 875 532 632 638 5 188 691 281 937 656 748 836 410 119 729 790 527 957 418

831 980 582 101 689 140 760 1017 640 786 754 642 56 571 368 417 96 896 364 182 54 347 586 139 853

114 998 679 525 266 590 925 665 552 273 416 612 560 439 969 264 370 18 995 581 982 407 137 585 630

280 1024 646 441 145 751 39 553 136 554 495 657 952 707 398 745 762 535 4 749 801 722 536 21 62

277 663 12 284 972 688 513 334 412 818 269 1025 268 736 829 524 1002 78 261 1 130 377 828 220 550

714 933 975 572 538 758 128 150 547 234 38 906 764 592 559 42 299 627 484 951 508 809 850 961 359

158 373 125 247 3 939 543 671 651 759 148 390 493 224 827 17 796 85 102 287 915 551 315 789 702

171 744 360 350 647 859 888 785 464 607 479 881 376 71 135 706 36 88 700 529 460 598 230 865 491

104 928 475 594 782 649 462 637 738 152 214 650 165 772 666 91 514 515 468 770 103 965 194 288 779

889 1009 11 41 620 648 636 921 434 229 743 357 531 270 430 43 403 604 155 419 442 346 489 316 862

122 519 680 459 298 189 290 544 37 622 767 423 405 300 1013 311 910 236 343 989 427 664 1005 8 967

313 518 720 400 337 216 596 799 446 1014 263 207 30 857 75 800 203 974 421 303 294 757 445 305 253

162 97 629 451 840 941 591 817 695 845 260 677 692 64 415 991 472 816 725 899 693 654 335 151 386

577 922 667 200 530 628 394 526 127 164 83 994 568 226 973 824 509 25 341 131 399 940 883 874 348

254 1012 549 778 823 958 712 33 855 320 380 814 574 285 154 822 968 900 425 111 291 504 13 355 873

741 935 1020 209 314 210 431 80 803 93 157 976 24 825 984 756 719 558 352 727 611 934 333 810 669

909 841 983 82 249 492 698 382 681 546 893 116 28 213 583 470 344 653 848 81 44 740 10 105 784

539 886 457 275 228 461 601 60 565 342 474 964 835 190 675 623 227 195 500 66 588 366 887 872 578

1003 609 367 730 29 143 988 579 929 755 99 936 358 31 26 482 724 289 201 393 1010 1018 517 956 861

420 292 978 92 384 307 465 687 444 923 1001 852 715 614 458 871 467 750 880 670 265 830 903 674 202

383 433 746 183 860 992 396 149 196 45 178 999 146 575 843 938 959 245 699 807 1008 243 172 769 161

256 655 70 77 219 616 562 279 323 241 742 452 94 625 864 735 580 545 322 498 133 276 905 497 971

970 147 985 14 977 391 711 255 505 271 908 954 912 274 319 713 121 521 645 297 248 27 223 811 180

438 295 308 717 678 856 126 232 463 353 795 435 854 112 820 340 52 891 792 996 600 633 659 191 84

701 59 166 413 388 920 132 90 502 237 752 408 450 721 962 68 109 914 878 507 409 608 117 832 661

7 354 156 805 557 199 389 839 361 330 16 882 885 414 704 947 363 520 997 747 107 67 902 34 1007

619 483 153 863 401 892 170 55 328 259 534 179 503 490 847 512 849 69 424 844 2 1015 783 123 686

768 948 185 602 134 537 918 301 780 215 576 533 278 766 478 488 23 763 58 385 221 943 6 306 238

252 477 208 177 641 842 603 926 986 246 217 206 251 184 448 949 761 160 916 296 397 522 63 440 1022

676 339 599 851 644 904 317 867 422 324 142 771 32 110 710 777 95 837 20 960 379 362 428 791 501

573 723 466 942 1019 618 794 262 726 486 204 392 631 338 454 662 911 176 332 453 987 673 716 694 890

79 239 50 411 682 895 685 496 169 709 797 703 634 282 804 1011 787 494 877 233 555 561 192 86 87

697 812 113 589 624 788 775 765 919 932 436 732 626 917 381 838 222 542 325 212 9 806 244 19 734

813 205 98 371 690 819 473 870 613 731 35 173 231 485 197 404 821 587 321 163 846 834 257 540 658

898 510 73 187 643 174 990 395 866 65 548 566 802 46 966 597 74 563 76 456 708 211 309 40 869

499 944 945 402 372 516 930 240 564 884 774 406 567 57 523 374 481 696 175 53 672 89 331 351 329

138 1013 803 70 100 921 969 719 118 321 51 197 4 271 332 501 793 850 77 462 880 692 120 42 519

46 337 366 79 409 412 707 897 368 894 909 310 541 750 371 380 940 134 770 778 628 516 521 912 386

624 965 438 861 344 708 440 210 602 298 509 307 774 311 68 666 575 592 939 629 39 515 471 1025 769

657 373 472 847 374 572 545 277 916 739 518 748 370 21 727 76 730 228 66 61 308 586 798 962 887

390 289 808 926 694 661 248 333 760 437 683 520 674 479 48 45 1016 952 972 33 866 406 316 513 330

109 530 651 929 647 679 533 697 179 215 903 626 879 89 955 92 16 834 88 862 408 477 64 449 217

814 1009 10 886 853 900 338 393 231 230 187 473 991 379 609 153 677 957 1015 690 540 557 288 260 659

797 141 878 389 348 375 416 385 417 14 525 247 176 211 364 736 849 229 171 483 801 526 256 190 24

981 956 600 31 489 715 528 753 660 506 200 570 898 342 448 703 129 128 539 691 105 653 78 137 928

764 832 354 747 188 641 1007 873 432 53 950 122 554 96 81 236 922 353 970 986 698 458 571 857 578

95 72 178 493 186 946 650 845 467 378 617 805 704 52 559 155 328 587 177 870 971 1004 576 218 363

1021 891 636 94 825 846 1014 297 889 184 644 445 292 287 734 446 384 36 254 529 309 585 421 907 597

357 87 455 990 132 781 936 744 407 114 381 341 7 15 923 266 953 29 127 429 451 809 428 80 728

323 723 391 763 1003 735 159 444 168 931 716 709 817 240 402 777 639 743 560 263 895 668 583 785 851

695 435 113 945 960 1017 25 281 116 67 844 948 667 464 40 485 786 979 892 811 860 139 605 499 514

995 97 206 202 755 942 212 291 534 126 221 286 967 876 783 172 347 958 198 152 62 701 581 392 561

553 522 1002 910 213 596 352 44 258 535 712 117 610 824 840 752 812 741 183 161 249 714 424 294 839

331 280 768 757 901 913 504 978 665 233 20 156 58 721 314 480 696 896 673 992 91 725 864 498 482

724 12 74 457 835 2 902 274 795 968 99 686 154 883 930 284 346 816 461 1008 987 761 593 195 799

810 103 73 693 982 251 625 906 325 304 396 264 652 405 871 399 820 491 110 685 874 949 268 616 563

836 675 852 1010 863 544 745 279 546 115 963 303 208 663 505 246 119 640 224 838 905 664 320 478 413

301 943 420 915 775 487 163 911 706 162 938 214 71 369 742 935 434 885 404 856 1011 241 220 350 238

158 671 993 841 223 964 737 511 726 32 469 239 833 859 130 142 914 253 823 166 899 84 194 633 226

655 858 38 672 829 767 272 608 450 37 365 884 282 550 63 125 466 634 842 18 164 55 556 243 35

687 30 503 383 23 933 135 102 3 961 868 495 136 400 192 621 976 85 1018 562 1000 888 269 614 69

181 262 295 843 1023 403 148 442 790 196 476 242 427 174 670 920 627 293 619 59 349 822 41 711 773

642 577 638 980 1006 209 604 11 818 917 580 780 710 599 415 285 828 355 173 112 401 426 144 630 669

430 510 688 336 722 244 398 345 98 555 273 193 222 470 678 796 977 908 358 90 300 131 490 182 283

584 601 983 47 591 988 568 831 1022 705 532 305 261 496 169 1024 994 302 985 869 453 157 101 784 717

34 552 729 538 558 718 237 791 589 484 205 133 326 227 758 787 250 500 456 1012 82 5 756 441 766

290 252 543 276 185 108 147 121 813 107 751 713 975 924 50 523 643 216 762 340 680 425 207 106 1

682 999 508 620 932 951 433 315 387 145 746 966 542 481 595 339 189 606 771 299 646 9 382 60 356

443 662 175 255 881 537 579 459 180 996 322 160 439 656 731 684 802 815 807 394 146 618 395 547 149

199 27 517 827 872 22 507 497 219 800 527 165 567 463 531 362 43 75 151 367 702 376 865 13 372

1020 334 738 699 867 460 410 590 324 488 319 772 574 848 607 937 598 855 759 632 329 989 411 257 733

654 549 318 388 754 565 551 944 232 343 486 765 973 536 594 792 423 19 201 431 648 700 475 57 974

313 259 524 582 776 111 335 492 278 919 296 573 789 997 941 17 1019 927 804 204 566 830 140 447 1001

904 819 265 6 351 306 875 749 806 270 611 649 984 502 947 588 637 474 622 826 56 170 658 150 8

26 893 422 740 918 235 234 312 890 612 104 454 645 123 569 124 377 732 167 28 191 954 613 564 548

631 959 512 837 468 83 854 93 49 414 418 788 779 267 327 361 635 397 65 615 86 494 925 203 676

359 275 681 782 245 419 452 603 877 821 882 465 1005 689 998 360 143 623 436 225 934 720 317 794 54

534 74 494 170 923 783 259 115 454 928 579 997 221 857 369 232 788 171 206 792 391 230 904 873 586

760 436 489 821 435 247 323 216 676 6 811 422 207 29 306 511 563 673 748 367 86 701 735 890 233

918 437 517 502 516 987 61 897 798 818 839 254 699 20 236 73 680 122 424 947 828 936 310 522 796

736 290 768 685 630 48 752 845 837 471 1003 58 80 123 872 631 397 825 126 794 394 679 860 833 444

1001 1024 739 261 838 848 201 398 583 801 156 117 321 13 325 189 128 469 683 197 365 317 688 877 761

993 954 242 858 525 155 830 273 361 737 721 980 446 110 556 371 773 758 127 78 349 191 722 790 421

416 172 1000 144 445 182 484 451 853 1020 565 538 620 949 1014 341 441 404 512 855 414 1016 603 642 272

137 1023 251 417 75 889 884 650 163 183 364 2 101 46 459 431 957 638 686 151 955 332 774 574 645

708 449 426 636 868 808 202 246 975 208 161 882 800 831 1 116 1011 854 543 902 498 864 775 501 621

529 691 474 552 531 43 554 263 79 992 549 476 672 76 406 492 795 35 532 817 755 265 764 374 478

863 879 571 293 134 881 820 239 274 866 315 624 588 751 660 5 299 911 559 762 989 493 667 36 973

744 634 726 111 865 570 238 718 508 482 25 547 951 181 646 978 336 249 958 141 376 165 357 413 974

729 959 941 32 648 145 452 28 466 654 250 741 423 1008 142 96 193 282 616 26 611 129 984 287 743

893 740 271 77 702 352 475 738 607 943 1006 885 584 785 283 174 343 302 89 301 772 695 213 44 291

602 460 313 345 106 759 461 834 245 314 465 440 809 375 195 594 827 705 625 712 598 335 842 505 188

871 55 173 585 700 981 916 279 70 187 824 528 521 905 396 143 97 856 47 99 192 912 326 63 514

1004 231 540 294 622 8 914 93 464 880 967 626 753 473 835 356 457 724 690 840 439 697 623 409 166

211 98 387 847 725 917 152 114 742 275 84 378 950 68 266 218 617 694 596 633 924 506 510 504 241

968 330 308 608 852 907 407 186 217 83 869 154 450 681 438 926 551 477 334 262 69 656 270 934 962

816 338 520 503 710 1010 789 456 560 590 799 432 750 883 599 938 223 17 222 203 23 649 898 910 637

169 496 874 205 769 720 632 810 533 527 815 420 536 215 546 595 104 675 555 108 379 619 684 244 757

453 661 920 606 545 1021 408 523 803 91 655 780 59 150 937 179 401 53 575 719 320 176 797 16 399

1005 787 935 139 786 754 692 778 346 781 557 1015 307 562 524 72 909 714 243 410 946 153 589 703 643

112 581 405 22 519 953 318 1017 813 693 483 468 109 481 366 490 248 779 628 733 140 380 295 711 62

377 587 228 659 443 90 383 281 966 419 841 940 614 749 234 448 861 168 385 1022 849 45 870 730 964

995 823 553 535 782 344 668 791 728 664 597 15 50 389 347 66 395 386 303 429 766 887 1002 582 360

717 462 447 878 455 226 986 687 159 175 1018 1013 309 196 9 544 979 931 802 162 674 210 678 56 372

289 985 670 639 641 256 103 14 280 875 612 92 284 567 491 727 580 843 731 542 921 908 605 932 977

734 896 34 240 976 434 990 329 771 177 252 339 402 903 826 846 665 337 925 682 899 509 198 164 629

258 224 95 350 333 906 57 359 776 42 268 609 499 600 253 929 185 576 770 286 618 33 876 237 12

37 662 970 472 927 644 107 71 393 363 353 850 257 311 328 998 381 518 747 298 944 1007 354 569 214

515 190 418 704 411 610 133 160 832 235 194 184 669 767 805 945 689 663 54 340 822 706 358 312 886

355 965 982 64 470 709 713 988 566 147 4 285 537 40 167 10 362 209 428 859 264 895 666 87 400

969 901 158 316 900 814 601 19 124 220 939 24 480 539 30 765 851 745 635 121 530 485 715 915 52

260 351 500 956 971 653 276 113 412 867 983 640 157 671 125 723 324 31 577 777 304 716 342 784 458

578 804 913 373 996 1025 225 991 919 427 707 486 592 7 888 131 227 677 41 105 82 564 49 526 415

132 763 1019 746 442 204 39 51 819 891 1012 994 403 658 267 862 199 615 130 548 488 119 479 327 756

392 178 368 568 550 277 38 120 573 613 507 255 463 348 698 297 836 180 652 135 593 696 561 433 572

102 829 892 94 487 1009 948 118 806 963 300 81 88 146 558 322 812 11 999 960 149 200 3 212 85

384 305 219 27 288 933 18 541 21 930 60 732 269 647 807 942 972 65 390 513 604 138 467 591 331

651 67 627 495 319 136 952 388 497 430 278 894 370 922 844 292 425 382 148 657 961 793 296 100 229

255 803 679 286 356 863 282 719 876 726 157 307 500 161 551 463 341 248 174 326 634 446 639 507 983

413 433 909 345 992 258 142 155 746 128 466 736 437 1014 202 180 577 47 227 451 82 859 334 663 30

789 415 131 310 322 240 788 61 986 45 104 296 32 798 659 274 755 402 17 389 720 445 820 116 238

1012 641 158 889 78 48 146 499 897 730 301 904 278 387 846 801 915 924 778 999 366 656 990 756 149

616 219 978 125 885 388 427 650 173 192 994 27 878 590 692 683 494 628 842 41 454 943 861 380 264

150 510 63 888 636 887 482 536 177 667 471 525 228 982 436 890 220 734 516 671 817 807 745 86 821

940 344 519 403 497 232 416 674 60 792 14 263 170 249 1008 997 676 66 568 422 319 1005 610 259 558

917 92 210 55 527 640 468 739 856 625 779 684 632 95 98 6 853 381 576 945 505 958 442 256 306

815 36 957 417 197 1016 44 213 300 937 166 137 794 764 386 364 869 135 741 11 591 524 382 304 25

396 727 493 877 321 354 291 600 108 595 279 901 262 357 905 918 955 130 425 947 631 419 480 644 529

234 195 456 559 305 754 317 38 502 352 903 360 40 85 1007 747 410 397 604 837 914 328 579 3 289

744 314 485 353 633 69 119 712 550 123 87 1013 895 184 140 371 367 782 461 695 743 99 363 554 222

450 23 606 829 599 509 921 609 629 430 318 377 244 970 699 428 749 805 929 709 84 774 241 871 102

337 851 608 148 46 555 33 835 733 269 808 660 933 832 523 742 205 710 457 287 704 724 836 691 462

207 361 332 723 393 22 333 619 169 496 113 487 503 652 603 961 517 643 582 785 913 824 449 571 97

52 852 504 708 96 141 593 223 406 514 872 414 191 627 512 963 886 56 777 374 840 589 216 716 18

443 813 518 967 129 809 190 612 879 938 294 501 770 401 954 394 680 780 76 696 495 453 570 481 136

188 1010 796 7 464 968 925 447 830 866 715 920 79 311 645 725 875 201 154 472 59 298 787 1001 596

392 675 971 458 359 152 539 290 854 372 42 395 930 212 812 655 882 13 624 420 331 10 848 966 561

50 855 1020 295 802 342 530 562 31 24 175 826 369 1022 960 910 585 546 883 818 189 763 490 565 828

115 375 757 431 574 998 948 511 567 515 900 134 816 814 942 243 956 711 64 89 810 891 132 799 850

151 965 569 265 542 981 874 399 105 90 688 932 114 892 528 297 320 731 266 791 9 112 766 666 653

218 75 844 187 492 677 758 407 935 459 378 74 178 260 54 329 689 316 630 617 1004 776 526 620 578

91 549 206 800 722 950 698 4 614 964 991 682 1024 312 678 474 833 398 563 94 939 753 261 383 834

771 221 841 977 697 441 67 339 273 944 186 484 235 467 73 907 506 690 560 717 233 588 538 57 418

349 783 231 384 200 626 642 693 196 790 346 602 81 908 973 348 618 365 452 673 252 980 927 473 440

242 714 257 373 185 182 77 985 773 687 479 26 916 969 271 959 391 862 292 543 469 534 580 412 540

638 611 28 111 237 1 987 635 101 823 984 34 975 167 522 20 1018 531 989 211 43 701 843 592 405

162 572 245 839 662 685 556 70 735 409 435 858 1009 670 521 303 424 432 694 898 974 912 707 1025 144

88 786 740 654 62 566 1000 165 993 893 411 325 124 226 39 323 923 664 881 465 922 737 831 272 811

229 160 647 217 838 68 873 847 768 107 761 143 1023 423 277 139 58 544 299 926 376 1021 477 315 941

621 51 951 404 362 547 343 765 752 781 164 1017 962 390 865 581 648 126 288 49 532 762 751 29 552

156 899 860 857 772 884 646 330 438 972 946 623 513 936 426 338 368 880 53 335 508 340 976 225 1002

163 168 21 491 281 103 327 607 535 868 379 117 553 313 308 738 475 351 444 537 19 564 5 110 72

1003 598 275 718 215 657 651 145 520 171 133 953 120 615 928 594 347 995 254 949 230 797 267 93 476

460 280 825 713 827 952 138 370 672 703 548 253 284 919 118 867 147 434 533 721 702 324 358 176 775

250 293 2 622 822 804 934 179 16 658 236 686 489 681 121 251 35 819 486 122 541 759 80 1011 336

845 83 350 15 214 100 988 181 870 894 246 153 408 586 613 979 208 247 669 668 429 750 700 8 729

906 584 470 172 605 573 159 557 478 224 488 1015 37 902 661 209 793 728 931 1019 665 12 193 204 583

864 483 896 455 601 996 806 400 183 545 575 239 199 911 268 270 71 597 276 767 769 285 65 587 302

649 784 637 421 705 849 309 109 1006 194 795 385 760 732 106 283 448 355 439 203 706 748 498 198 127

822 261 199 715 763 960 625 973 535 166 26 630 456 253 732 115 262 553 434 667 249 817 856 758 781

606 996 263 958 281 636 477 61 942 518 538 521 733 409 669 78 398 798 1024 222 582 912 988 801 650

905 217 132 48 279 28 984 298 72 770 53 10 209 472 484 284 347 914 971 722 70 276 946 926 995

44 833 25 213 396 273 205 111 470 891 311 244 441 611 245 280 741 56 847 539 310 523 948 168 458

31 74 643 338 980 37 892 531 463 214 953 285 599 897 43 601 683 543 989 69 68 465 507 22 525

416 740 400 767 143 99 84 291 297 296 642 24 893 563 255 23 962 974 612 710 342 555 633 788 350

904 871 797 471 365 224 438 169 784 983 496 12 530 352 461 379 790 956 330 450 975 195 355 241 180

653 157 42 900 941 853 529 73 665 654 433 1 608 875 36 357 516 814 746 71 925 182 589 500 349

881 101 359 176 695 619 494 242 454 64 82 844 979 314 773 308 821 227 503 712 742 906 278 764 481

364 520 137 429 577 493 194 322 447 703 206 86 105 443 724 436 423 165 215 469 268 668 706 233 880

850 957 315 673 15 931 94 999 515 813 835 30 453 578 890 149 417 144 376 178 533 457 743 623 638

1016 787 859 67 870 422 780 159 744 605 676 335 526 728 146 221 343 896 299 666 388 559 831 648 739

260 998 275 313 372 93 131 16 170 198 826 858 97 824 179 966 259 865 219 223 756 401 955 27 554

20 319 306 455 951 1012 467 852 272 677 772 556 807 552 762 547 395 534 415 965 783 698 751 663 997

938 920 391 785 408 991 1023 532 232 987 1000 522 197 6 587 508 737 287 738 597 316 792 475 59 153

639 81 557 41 631 292 681 802 594 1015 685 321 286 497 384 504 876 994 646 175 993 840 794 607 701

689 5 50 571 348 918 598 660 934 569 325 567 158 427 424 877 558 309 60 258 750 691 939 915 661

1010 838 317 125 145 702 774 420 397 621 435 839 426 448 1022 837 568 483 514 54 947 200 371 490 655

769 382 849 811 968 888 402 761 735 9 545 827 264 967 808 596 622 460 385 671 776 731 294 4 154

542 868 323 403 862 791 562 312 745 220 109 884 718 502 295 759 449 725 404 932 8 83 575 768 58

112 412 248 373 141 990 546 579 591 479 923 809 329 711 982 418 476 442 46 96 700 240 766 123 675

374 969 1009 986 307 367 389 336 163 883 922 846 592 300 90 110 243 752 11 126 235 570 464 425 499

873 708 799 699 672 927 775 659 910 610 944 250 203 603 29 406 682 129 810 729 152 156 57 135 270

130 293 734 572 909 3 936 304 320 76 188 860 816 803 641 640 879 707 305 604 719 949 117 332 1025

618 721 945 771 383 874 229 167 399 635 181 512 193 85 339 1011 649 88 757 444 637 678 361 35 45

614 257 302 551 366 288 730 866 501 720 191 277 717 584 251 517 439 585 177 647 878 252 414 39 38

908 104 254 246 624 334 901 106 2 861 208 977 1003 79 964 390 550 686 778 480 857 381 102 430 935

207 216 356 196 705 628 933 148 228 972 513 283 124 119 829 114 14 872 17 380 95 576 185 266 954

674 1001 644 566 368 80 882 789 928 902 911 887 692 645 256 34 478 825 269 326 239 1006 580 841 985

21 981 225 174 651 201 91 411 47 843 394 687 528 961 375 230 89 836 662 49 51 40 171 237 66

1005 627 378 236 487 634 583 345 895 657 485 656 354 328 92 693 1018 1004 680 122 344 617 407 830 854

670 823 590 864 652 218 765 183 210 184 924 134 1007 282 848 600 726 747 387 18 346 940 87 172 489

753 863 565 120 351 495 370 466 150 405 327 107 560 13 952 564 709 363 498 913 845 136 160 795 519

714 468 138 32 238 615 779 186 805 903 187 386 353 19 907 118 950 963 267 289 247 536 142 428 362

832 419 189 226 506 340 855 820 593 970 537 704 161 162 113 796 541 1020 127 851 413 834 303 290 727

324 192 341 265 421 609 632 894 716 696 919 574 929 301 690 431 173 664 548 202 992 274 723 524 586

937 658 782 451 976 164 1013 818 116 755 684 943 360 819 828 527 100 510 867 697 446 544 842 473 777

52 492 602 748 760 815 445 63 62 147 33 613 234 804 540 440 133 885 629 1014 626 486 793 509 231

978 358 139 369 333 916 620 337 462 930 410 713 432 754 786 393 899 474 98 616 331 211 921 155 151

1002 377 212 1021 588 75 108 736 65 459 679 1019 561 812 917 595 204 688 121 886 452 869 128 898 140

190 959 392 806 491 77 318 800 488 889 505 437 694 55 1008 482 103 7 271 1017 573 511 749 549 581

608 909 404 316 476 834 806 878 868 839 991 506 798 381 803 884 121 719 45 292 203 241 965 119 270

58 768 352 742 826 291 899 871 761 732 813 488 461 998 61 435 195 619 81 358 961 848 680 99 503

649 966 250 199 310 637 366 62 576 200 811 627 735 348 730 729 95 690 336 13 525 453 565 48 836

897 695 778 786 457 395 163 14 357 861 720 18 40 780 323 487 724 697 683 787 372 712 314 939 473

775 764 290 1002 626 855 923 126 495 996 103 752 988 672 139 835 231 529 644 36 416 401 1020 136 110

669 211 156 434 265 491 439 54 485 743 432 253 228 822 581 276 569 175 380 652 256 689 551 223 540

949 674 887 471 507 628 796 59 574 862 802 913 1021 104 493 193 895 440 1017 189 4 853 431 788 293

97 922 479 516 17 824 117 137 852 463 920 553 66 584 209 354 334 602 963 328 898 567 87 35 181

600 938 601 92 106 373 781 50 1007 747 417 916 559 470 29 709 535 744 184 776 296 1011 364 692 302

251 474 873 494 284 492 789 490 1022 180 554 285 428 957 418 412 731 1009 363 344 860 821 904 312 255

347 86 504 37 840 113 655 932 818 356 444 739 281 9 694 828 452 436 278 593 995 936 592 454 721

355 983 271 329 1005 433 208 785 326 353 969 746 1016 287 705 235 851 283 955 280 214 940 805 210 151

723 295 289 77 620 519 1025 704 767 946 696 168 246 400 791 420 1006 2 500 890 588 784 542 350 686

832 1003 154 88 47 229 239 422 959 53 676 572 75 459 707 82 970 157 322 72 766 227 903 549 1010

590 294 944 647 12 71 514 386 999 224 912 953 711 409 727 911 926 777 57 149 388 477 656 562 716

90 146 967 170 254 902 217 288 675 691 112 521 857 387 800 577 259 596 174 26 150 968 927 688 478

30 194 665 929 369 973 847 536 70 219 468 997 706 277 571 660 779 906 924 725 345 197 682 27 39

282 807 319 792 756 825 68 511 758 321 419 794 167 634 6 268 338 930 546 243 390 306 635 331 609

774 809 859 611 339 561 379 630 52 371 131 883 962 877 261 465 812 984 28 631 979 80 232 726 245

509 918 497 1013 96 330 398 415 771 111 513 928 538 972 618 212 466 1024 1012 524 464 810 808 797 668

947 230 317 183 782 484 438 583 864 115 33 863 629 171 257 795 172 896 142 360 429 837 252 449 678

141 7 383 392 320 43 703 893 994 32 143 663 15 122 799 632 989 498 176 722 910 152 397 931 393

921 558 728 46 527 333 543 236 974 215 441 886 308 740 238 159 717 124 816 605 368 570 651 60 531

462 49 874 977 757 870 185 502 399 960 845 41 173 937 520 21 684 413 273 337 533 489 198 51 234

192 374 161 301 158 941 654 225 935 915 566 833 908 942 510 980 820 880 123 568 129 657 427 614 763

140 34 992 597 247 179 127 876 952 662 410 715 815 642 274 842 406 754 623 382 188 455 190 964 975

132 165 74 237 749 881 708 258 1 202 580 370 16 790 196 377 423 587 879 948 943 125 411 286 985

892 101 885 120 591 376 563 595 891 403 365 76 332 841 98 153 639 349 888 585 603 971 182 579 671

10 318 118 275 765 242 408 687 518 773 843 309 367 343 108 755 564 264 335 648 442 425 458 63 327

160 557 299 541 11 266 73 699 1015 472 446 638 267 917 138 421 315 745 351 93 116 539 869 220 341

107 362 402 770 297 512 31 831 1018 865 582 586 661 982 144 616 114 615 866 361 298 451 469 300 313

894 844 751 547 733 738 79 681 693 670 978 475 233 750 135 91 501 772 414 483 1014 342 448 19 311

537 530 849 934 607 155 56 508 552 823 604 262 191 762 951 206 305 624 55 445 240 385 24 956 456

646 528 166 482 3 653 919 814 545 407 1008 109 856 517 594 990 673 222 499 858 100 606 346 505 548

610 1004 846 178 981 819 793 640 612 89 760 22 272 523 221 556 954 617 769 575 405 340 532 900 375

889 736 83 38 578 658 205 304 249 867 67 737 378 1000 128 64 105 324 85 598 94 625 748 1023 130

8 486 645 925 218 643 872 613 389 702 993 42 817 914 162 882 679 303 986 430 248 667 560 622 244

958 550 555 1001 759 526 905 69 279 522 714 875 599 987 827 102 359 145 804 5 460 20 783 534 226

698 263 950 666 467 701 207 396 216 945 700 753 907 664 650 734 659 437 307 426 710 685 641 854 515

148 204 447 544 164 481 496 830 169 134 633 850 741 718 201 976 636 325 391 621 133 65 147 186 23

177 269 384 838 573 84 443 25 450 677 424 901 713 187 78 933 44 394 801 829 480 260 213 1019 589

89 573 623 61 802 560 16 457 52 2 133 873 378 1009 246 468 981 712 373 191 686 147 444 47 779

664 357 135 976 713 695 806 309 714 153 776 412 982 48 835 223 536 419 239 567 387 525 654 273 941

408 478 488 7 544 36 604 121 954 345 418 164 517 975 392 980 911 732 305 59 312 218 592 174 924

960 969 743 902 629 165 907 881 731 1015 642 416 1013 33 833 402 393 509 1003 50 310 920 683 529 423

93 661 335 942 782 634 886 229 763 3 897 950 753 1025 235 360 1 186 524 275 852 358 764 557 882

899 254 282 707 97 483 182 938 333 932 490 572 343 9 824 199 648 88 493 376 240 790 1022 645 448

365 632 990 288 315 430 542 744 313 921 640 385 101 337 854 499 130 349 647 85 857 853 329 726 872

462 364 506 788 190 299 849 304 610 773 471 559 242 234 791 948 137 466 750 134 38 655 74 187 1001

840 201 830 834 846 109 390 102 766 504 57 132 417 142 80 527 277 715 638 563 865 39 996 825 681

892 32 934 738 971 545 144 554 207 795 684 62 276 831 516 475 216 420 863 937 927 988 944 772 295

173 951 296 287 238 769 498 751 785 822 562 575 183 635 1010 864 394 547 172 957 73 507 469 550 891

434 154 510 552 112 594 148 508 821 253 928 986 458 762 167 754 583 786 711 463 607 690 682 669 103

749 171 209 815 10 491 139 513 539 248 413 972 848 389 955 473 140 410 829 1002 377 90 933 904 739

820 480 294 297 565 734 470 646 233 192 269 230 675 968 680 454 581 122 518 255 436 945 1016 494 697

651 622 961 119 243 842 13 31 532 901 472 236 231 514 180 1017 858 601 598 596 301 86 641 278 83

618 274 307 595 318 285 890 8 161 339 298 540 489 546 342 1021 553 845 659 626 432 967 206 725 844

24 21 992 252 691 1000 433 108 770 956 746 311 702 460 98 257 556 771 272 673 535 943 211 1023 368

5 869 657 759 37 781 582 983 678 571 440 660 145 422 676 51 381 737 627 124 1020 177 898 827 836

227 49 995 878 917 214 265 388 602 700 993 530 810 855 883 885 322 355 63 221 784 284 500 127 202

225 916 149 767 717 94 280 281 259 350 136 178 431 247 82 157 814 487 67 18 653 290 197 400 45

270 534 56 185 203 718 95 909 189 20 495 809 733 803 426 574 999 755 170 719 383 464 900 952 347

219 616 578 64 152 621 306 522 341 794 146 799 910 40 576 320 321 370 27 116 997 987 783 566 105

325 224 908 606 946 371 774 71 614 446 730 631 652 808 421 694 816 577 168 796 6 685 96 456 977

757 222 120 474 492 874 232 701 72 399 14 319 366 452 12 449 55 411 451 262 877 792 662 644 612

884 756 906 327 838 42 118 526 476 141 570 53 706 861 964 935 963 391 30 34 807 485 913 978 22

856 580 720 359 925 698 778 237 649 424 505 918 895 564 138 837 637 953 523 194 467 1014 271 868 985

947 205 336 445 477 729 588 268 497 397 151 765 351 586 267 87 515 166 77 665 541 256 196 404 317

292 155 959 709 244 354 380 482 260 250 129 615 818 384 228 828 328 666 1012 839 926 875 46 131 1008

747 894 687 160 887 843 620 850 188 58 674 768 859 912 217 435 677 625 841 184 415 549 409 761 643

994 502 600 249 338 104 362 26 991 599 81 374 847 19 60 66 459 75 914 551 979 1007 521 628 593

896 667 692 100 735 710 668 811 558 69 585 439 92 113 316 107 123 163 70 447 406 555 363 965 428

443 23 589 17 169 496 548 334 696 344 760 851 889 817 905 128 663 1018 110 68 481 279 800 672 879

962 793 537 353 245 736 568 670 931 998 41 748 379 348 293 193 200 797 805 688 775 429 323 973 708

332 114 826 819 28 465 704 330 605 603 382 15 679 126 584 266 181 958 723 427 76 633 752 919 396

703 158 263 813 915 823 741 106 176 940 84 91 716 789 198 923 939 156 35 984 302 450 693 210 159

111 1011 636 1005 503 241 903 867 832 289 369 658 579 44 777 438 324 340 611 650 213 949 758 970 728

372 367 99 143 533 486 930 261 308 125 331 356 519 453 870 117 437 346 511 25 215 613 866 608 619

787 398 876 403 727 871 461 455 801 195 405 361 742 425 1024 630 520 591 78 671 888 893 538 966 804

43 352 79 4 484 291 922 258 501 407 251 442 386 283 689 989 286 705 29 395 326 740 699 512 862

528 264 587 11 226 880 303 479 722 162 609 1006 812 929 597 721 974 780 531 860 414 624 569 54 65

314 1004 724 441 745 590 179 115 936 212 798 1019 204 375 639 561 543 300 220 656 150 208 401 617 175

959 932 9 568 663 472 151 173 1019 204 749 410 80 409 405 140 909 795 737 217 803 61 588 673 31

338 172 573 490 866 529 668 864 510 203 238 815 382 852 36 913 644 41 329 912 1022 342 896 48 963

806 938 303 542 14 226 221 743 956 730 390 162 498 298 521 147 277 549 183 847 485 427 993 270 39

310 192 931 824 366 583 70 732 620 26 764 895 311 413 429 416 24 426 718 818 579 683 828 407 133

928 379 15 301 861 605 944 361 493 927 915 87 797 655 158 67 57 68 713 318 459 97 791 75 770

635 653 766 987 528 121 178 976 501 256 198 624 79 94 159 842 367 820 530 512 488 595 617 20 621

98 522 425 414 295 664 685 171 744 378 582 375 108 328 699 560 800 962 778 814 783 1004 709 534 897

888 230 176 943 649 330 167 973 720 245 513 900 184 714 637 591 972 728 853 593 981 354 122 164 125

476 442 747 380 358 578 869 137 840 89 465 559 682 161 236 504 544 228 671 105 274 403 325 703 420

887 701 711 489 992 870 64 984 884 1010 364 651 113 191 428 438 218 562 868 674 28 688 1007 199 845

258 336 628 300 611 66 286 696 885 733 11 56 90 455 112 729 600 215 417 876 63 838 471 363 917

467 551 287 758 520 154 127 899 264 220 111 907 368 424 785 92 250 851 788 308 404 202 533 391 554

968 839 344 893 456 517 698 753 692 675 723 950 954 612 597 996 526 21 143 805 516 745 957 104 186

261 768 294 704 439 771 882 124 42 135 740 305 243 257 606 369 761 587 755 618 639 339 51 353 657

359 17 546 515 989 252 116 292 604 739 538 22 435 955 511 507 616 247 58 988 276 982 596 384 716

43 55 163 341 398 222 970 260 645 1016 952 49 630 967 880 925 296 725 262 1024 179 777 514 334 821

903 289 822 421 494 436 940 225 677 484 678 187 672 309 523 930 16 832 904 531 666 463 331 210 974

735 789 775 451 543 811 3 978 722 623 134 872 81 293 454 110 62 446 854 669 370 153 193 875 506

166 856 883 209 834 810 717 441 654 1001 941 566 505 278 181 1005 402 253 205 103 255 991 584 86 850

890 752 35 571 470 660 430 1014 786 244 85 519 383 812 180 316 185 323 106 408 643 691 434 302 965

690 977 120 139 38 348 201 212 447 640 830 200 561 557 126 240 1008 727 273 601 130 1002 1015 115 491

275 599 980 422 499 661 320 676 609 411 662 581 118 949 386 625 929 423 482 464 445 975 356 448 156

586 541 614 990 998 1017 102 910 207 433 908 555 473 799 304 809 216 914 746 327 285 923 483 1011 138

388 117 267 705 335 34 443 69 326 553 385 197 710 152 93 816 697 394 564 481 165 881 155 610 52

376 96 399 231 535 833 500 343 150 648 1021 169 985 550 1 496 392 351 589 939 249 322 983 283 642

590 757 1006 905 846 656 170 935 615 37 355 468 964 826 279 849 848 23 874 779 237 259 432 784 765

999 933 211 794 157 565 808 82 182 419 894 196 149 790 667 313 540 148 251 580 7 626 321 750 227

813 781 6 449 536 396 889 27 315 774 721 633 680 306 47 817 29 829 681 960 400 997 214 284 109

269 570 862 922 128 763 219 160 545 146 450 995 631 13 350 393 208 942 387 101 860 898 371 349 767

934 841 629 1013 843 281 924 986 362 365 440 686 760 246 100 84 280 865 958 877 299 19 33 509 141

444 319 936 74 689 638 372 769 475 945 577 736 619 961 792 886 773 687 239 2 575 347 772 503 242

360 679 901 1020 54 44 548 479 602 119 389 107 345 213 966 453 480 4 174 608 738 741 241 748 232

1009 787 144 317 650 71 129 547 395 948 793 807 563 918 524 911 734 248 873 782 569 831 263 837 333

1018 337 30 756 742 478 594 99 25 627 919 168 188 397 951 751 855 636 373 46 224 607 265 916 641

659 946 290 552 715 706 780 175 73 497 461 190 195 431 819 871 921 132 836 762 947 537 508 12 469

1012 131 658 352 234 462 971 891 592 401 72 374 437 1003 574 585 634 892 694 412 906 670 902 83 194

312 613 665 726 867 801 487 567 282 776 622 177 136 406 78 18 598 307 324 646 189 802 632 291 381

859 266 804 60 858 458 486 314 123 823 527 532 452 693 724 502 415 8 495 418 268 53 340 953 879

88 539 59 684 994 1025 271 492 702 114 474 254 878 223 460 91 233 969 708 796 937 466 457 229 712

206 647 77 759 926 272 145 731 40 235 297 95 76 50 477 142 10 572 857 1023 558 65 827 45 835

5 719 825 32 332 525 288 357 700 377 518 603 1000 576 979 863 754 346 844 798 652 920 556 695 707

789	881	165	602	12	163	384	992	849	980	266	435	236	230	743	846	513	91	63	48	972	879	635	93	829
519	293	1012	97	167	766	269	194	204	193	1019	114	706	824	292	168	212	335	885	561	845	655	672	612	1005
1	961	376	123	573	683	1020	109	202	708	346	416	651	727	750	584	648	502	916	489	343	906	764	42	131
310	677	415	147	806	609	106	302	313	682	405	265	359	606	929	946	493	260	181	456	775	110	295	642	515
986	694	81	480	420	735	545	945	268	665	119	732	855	52	386	72	811	22	833	60	127	925	666	681	76
711	53	603	991	627	262	356	562	994	226	315	755	859	953	504	431	368	182	162	790	35	901	392	744	133
574	101	769	112	734	934	290	389	90	1010	523	752	616	222	840	875	713	575	21	853	558	332	303	897	323
51	316	137	121	960	641	949	248	407	772	866	156	965	836	116	657	299	7	126	55	349	865	559	850	488
136	763	638	773	124	705	348	365	205	242	364	468	341	200	942	326	452	976	150	738	779	189	247	1011	475
656	477	471	41	785	978	590	554	271	487	979	643	164	952	419	923	618	257	154	283	339	382	18	417	568
117	381	49	856	926	166	244	659	446	492	607	505	495	74	663	199	474	675	617	421	771	831	393	547	664
177	796	509	77	544	1004	33	751	144	528	951	358	252	714	243	968	579	451	896	560	1006	447	427	594	287
387	629	762	668	251	47	998	501	512	981	217	886	375	788	83	957	563	508	225	361	79	624	536	378	370
158	555	622	912	338	333	414	725	599	588	678	939	367	1014	552	469	1008	516	546	409	948	596	294	1013	307
29	996	360	931	566	646	218	914	429	443	482	847	924	89	967	208	915	73	699	721	598	514	481	625	959
239	549	605	591	69	95	589	524	246	739	826	40	899	860	445	425	710	8	132	955	652	521	782	151	878
907	120	191	922	797	70	2	185	159	715	821	190	45	125	198	1016	337	15	174	345	892	717	169	496	686
883	249	671	971	702	383	118	862	810	296	379	155	891	23	276	888	921	68	507	576	460	26	403	963	532
411	950	436	463	541	818	75	327	905	828	586	827	728	620	904	858	442	936	279	444	138	911	913	988	186
300	691	176	234	11	564	1023	478	233	454	145	803	909	462	719	485	962	753	759	813	977	494	662	644	459
556	800	876	320	272	450	632	954	660	396	245	908	458	571	267	4	689	86	479	330	667	703	700	633	873
517	84	730	258	34	973	286	614	870	464	634	1000	203	255	372	5	817	669	54	14	1009	278	351	895	822
737	844	87	264	619	910	894	297	438	539	966	270	206	503	220	615	569	765	889	465	799	373	882	455	902
103	152	395	673	726	608	62	253	366	28	209	1003	237	10	180	809	527	745	985	816	958	215	282	890	453
688	213	256	993	308	399	601	861	964	741	434	645	135	470	787	506	709	593	533	984	937	305	128	187	241
426	736	100	592	354	184	466	520	518	196	604	718	611	760	597	422	44	676	412	328	684	31	935	874	580
221	746	748	472	742	778	19	587	111	377	1002	160	754	197	96	786	854	342	134	263	175	757	491	639	982
312	228	720	1007	956	428	871	636	776	749	747	25	140	872	362	285	113	142	650	679	99	780	143	433	834
259	322	843	793	548	581	401	649	1001	298	696	229	567	758	388	621	461	637	418	893	195	139	802	410	254
857	170	969	173	690	107	309	983	815	20	600	841	687	179	32	740	380	321	808	3	24	674	363	863	67
783	570	291	553	685	534	880	94	16	572	774	449	352	794	784	510	795	1017	851	887	311	500	987	1025	88
153	85	201	530	306	628	261	238	997	430	830	989	149	227	371	473	355	522	141	825	178	66	919	647	770
864	974	631	697	437	724	82	476	402	288	535	6	723	325	235	819	999	653	805	707	538	80	92	37	369
400	457	884	50	498	729	314	801	183	223	172	511	531	1021	877	868	814	1024	130	43	318	78	27	157	537
704	658	104	216	716	413	231	336	640	484	192	214	432	623	712	146	353	900	1018	38	398	630	731	219	59
350	613	777	578	670	324	792	920	701	582	129	394	250	835	692	240	408	551	207	767	344	595	838	105	284
211	304	842	108	837	722	654	540	188	319	583	1015	626	404	102	941	390	543	930	232	301	867	39	277	331
1022	424	441	832	848	448	391	695	340	280	317	98	970	64	46	577	918	820	499	9	781	995	932	557	329
869	852	334	542	943	565	17	928	347	483	281	661	550	357	490	210	585	990	397	439	807	804	486	610	898
733	440	756	122	71	374	385	761	940	423	274	148	56	839	693	275	273	525	823	289	947	903	798	65	467
58	529	13	791	30	224	917	406	698	768	944	36	61	938	933	171	975	161	115	526	927	680	497	812	57

764 21 319 611 715 585 14 46 214 232 823 205 858 116 837 759 782 587 368 360 473 792 251 520 400

447 420 657 971 830 730 688 524 284 416 337 643 697 317 918 87 891 700 767 145 924 3 1021 190 693

231 998 562 430 709 577 244 921 247 721 397 341 201 143 203 111 432 208 593 350 683 1019 204 1023 493

893 174 939 246 85 744 504 374 90 856 345 272 5 366 573 505 166 309 711 978 270 91 807 51 233

861 626 840 540 184 806 781 421 686 406 256 1010 266 328 860 310 280 1000 995 29 947 556 112 179 239

206 207 38 346 402 497 737 147 216 458 16 732 451 758 462 114 211 124 2 952 740 354 130 446 879

844 1008 405 922 640 555 897 618 339 443 559 599 153 911 113 257 898 481 880 234 756 347 853 394 281

224 632 989 137 993 102 625 936 718 1007 444 771 539 778 747 370 673 30 133 826 428 49 297 696 71

538 304 974 363 261 502 252 482 162 488 426 713 478 10 240 228 589 225 154 710 862 1014 848 914 708

303 417 785 194 76 408 243 706 674 531 623 12 1012 600 851 565 43 69 169 720 675 496 123 226 364

511 287 906 23 610 887 168 550 1015 527 445 873 121 31 968 499 649 380 634 554 1024 369 131 440 637

415 941 680 678 990 66 602 148 805 60 342 621 282 448 723 518 479 471 484 557 902 937 221 630 398

155 905 684 933 472 407 628 332 543 603 249 596 294 654 689 92 726 813 279 1009 4 13 566 546 976

994 120 665 754 164 20 866 67 268 353 829 377 725 946 716 373 722 54 956 916 661 1003 199 957 483

358 185 717 685 516 298 777 441 72 664 385 569 118 372 466 859 514 967 558 987 930 788 633 331 704

694 104 953 94 265 410 783 522 541 846 966 476 344 396 667 534 275 269 586 1020 140 450 24 138 749

412 970 395 849 383 551 955 961 560 619 453 142 178 311 714 423 503 84 868 617 692 325 327 544 729

883 250 530 653 770 608 378 975 815 564 528 1004 739 592 662 855 810 93 336 832 411 817 273 884 53

510 109 624 115 254 165 335 814 981 375 838 863 32 173 958 431 996 241 1016 267 977 568 787 889 382

908 574 289 501 741 701 361 480 903 894 229 579 900 404 980 750 41 812 175 821 351 119 210 79 881

34 312 296 979 776 44 17 663 765 439 648 427 901 128 290 899 795 318 105 343 213 627 512 615 945

88 896 313 681 561 545 212 89 742 904 614 276 320 452 780 376 986 218 334 238 857 940 578 418 507

864 571 237 760 985 836 99 367 477 494 988 263 642 189 1025 969 825 391 414 424 691 436 1 567 802

389 100 910 172 498 183 699 64 454 926 192 871 401 734 799 647 463 595 464 271 80 572 660 736 582

108 789 136 158 761 769 839 492 748 707 833 636 474 413 288 668 1005 650 575 907 86 195 461 816 25

196 248 768 790 301 278 235 519 182 425 217 727 964 915 934 315 152 809 18 186 77 580 641 467 679

338 352 392 865 52 163 193 672 950 409 609 255 98 591 929 495 874 58 191 160 935 842 487 399 19

56 349 293 475 584 125 793 757 753 772 291 435 362 669 796 299 820 890 101 526 931 583 822 429 698

59 198 943 223 292 888 869 724 959 381 39 605 738 180 588 403 277 390 847 384 386 50 912 548 731

960 242 107 253 422 843 7 457 177 110 314 676 96 775 442 521 209 671 302 159 659 15 181 733 106

62 607 928 547 197 954 841 919 329 437 103 612 917 601 920 78 274 773 470 151 365 712 687 638 797

83 35 882 260 811 63 161 728 68 819 42 356 831 300 549 9 70 379 434 594 11 835 932 801 942

81 992 808 171 506 144 74 508 885 677 537 517 433 187 746 652 1022 751 122 735 26 763 951 307 515

1002 703 876 176 323 752 236 285 658 925 878 962 695 150 321 762 468 542 490 388 40 779 666 491 359

258 286 330 552 75 322 57 927 963 563 220 620 622 95 513 230 570 449 393 606 845 786 972 456 259

745 1011 305 202 598 949 794 156 264 324 635 991 852 459 126 326 613 944 22 170 1018 141 774 645 419

139 500 948 834 45 576 646 489 33 245 791 134 8 913 983 590 371 818 867 705 828 469 455 357 870

800 804 438 6 149 965 631 604 73 167 784 875 850 306 997 581 886 651 938 854 135 656 670 283 509

222 36 1006 655 1013 999 485 200 644 355 798 262 523 973 536 877 127 227 525 465 215 316 340 486 629

597 219 532 28 188 690 743 157 755 37 333 872 533 129 553 529 82 982 65 460 348 923 766 1017 27

895 892 803 97 535 827 295 682 984 909 719 48 308 146 639 55 47 824 1001 61 117 387 616 702 132

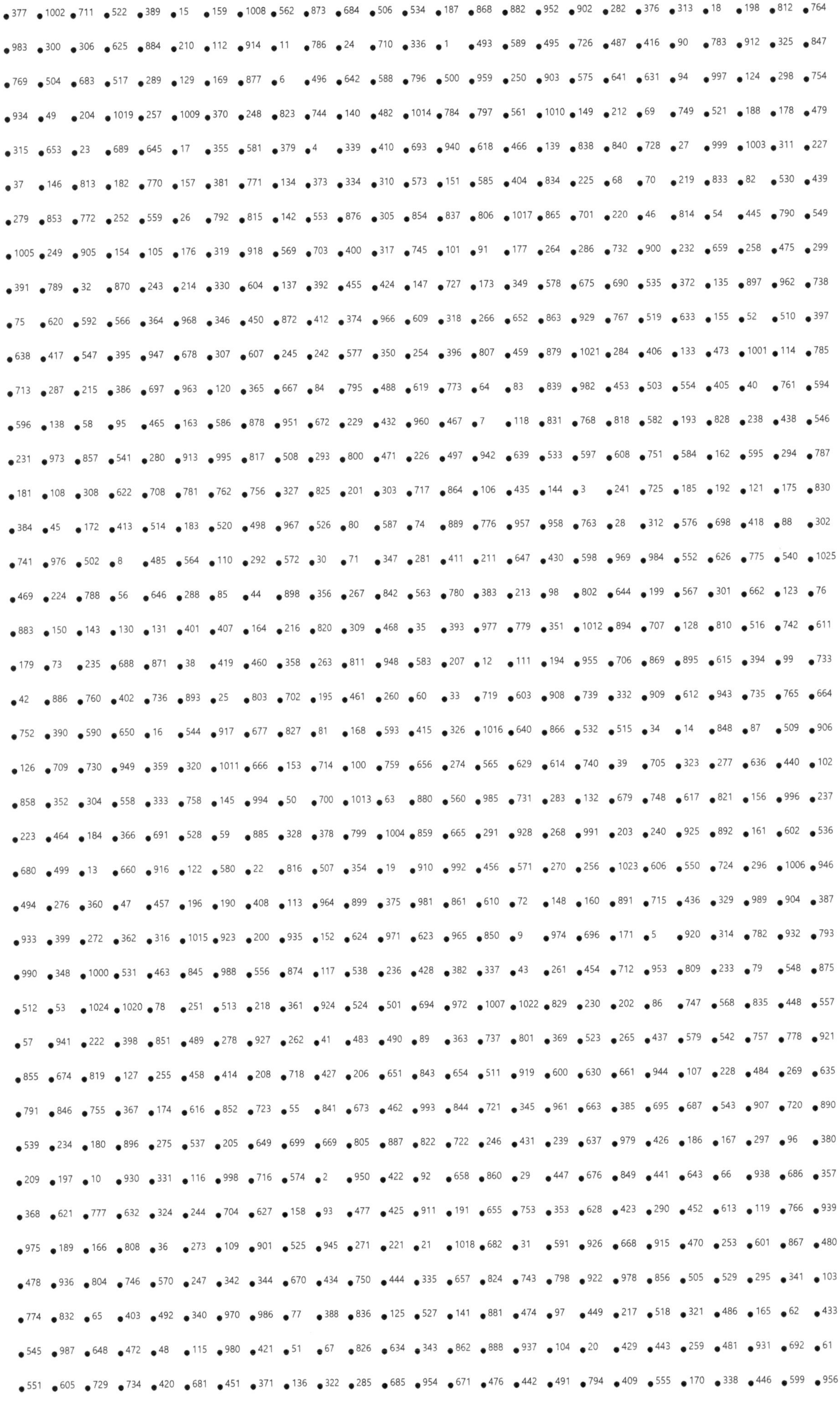

We would like to offer those who earnestly engage with this book a reward. If you complete 5 of the 100 puzzles in this book, please cut them out and send them to us in an envelope large enough to hold an 8.5x11 sheet of paper without folding it. Do not staple them together as we will likely frame them. For this you shall receive a free **𝕴𝖓𝖘𝖎𝖉𝖊 𝖙𝖍𝖊 𝕮𝖆𝖘𝖙𝖑𝖊** book. Not SEA-WITCH or Grant's giant book which cost us $50+ dollars, but definitely something in the $15 to $20 range. For our mailing address please email us at press@insidethecastle.org with the subject line "I FUCKING DID IT YOU FUCKING BASTARDS" followed by as many sobbing emojis seem appropriate.

www.ingramcontent.com/pod-product-compliance
Lightning Source LLC
LaVergne TN
LVHW072131060526
838201LV00071B/5014
* 9 7 9 8 3 3 0 4 1 1 2 8 3 *